DEIN COACH ZUM ERFOLG!

Dein ActiveBook auf My**STARK**:

Du kannst auf alle digitalen Inhalte zu diesem Band online zugreifen. Registriere dich dazu unter **www.stark-verlag.de/mystark** mit deinem **persönlichen Zugangscode**:

C05585-004902

Die Inhalte dieser Auflage stehen bis Schuljahresende zur Verfügung.

Das Active**Book** *bietet dir:*

- Die Original-Prüfungsaufgaben von 2022 mit vollständigen Lösungsvorschlägen
- Interaktive Aufgaben mit sofortiger Ergebnisauswertung zu wichtigen prüfungsrelevanten Themenbereichen, z. B. Klimageographie, Ressourcen, Bevölkerungs- und Siedlungsgeographie
- Videos zu den Themen Karteninterpretation, Bild- und Diagrammanalyse
- Ein Glossar zum schnellen Nachschlagen von Begriffen und Definitionen

MySTARK

DEIN COACH ZUM ERFOLG!

So kannst du interaktiv lernen:

Interaktive Aufgaben

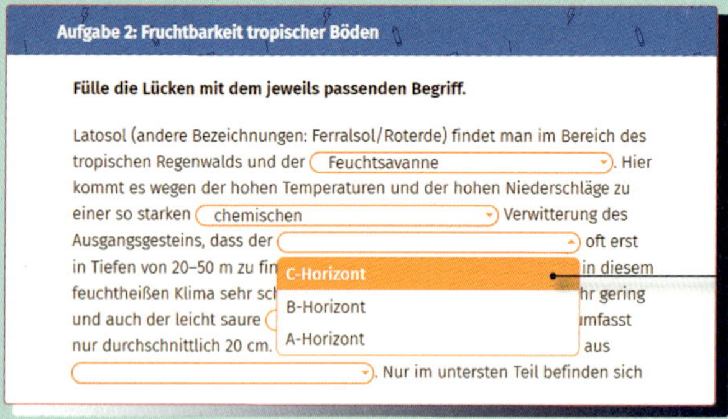

Sofortige Ergebnisauswertung

Lernvideos

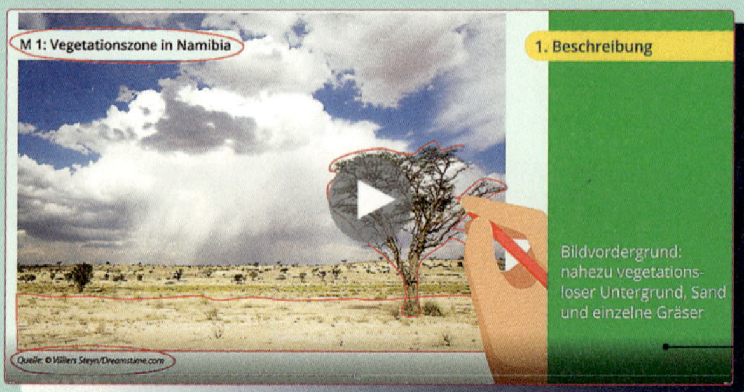

Anschauliche Erklärungen zur Analyse von Bildern, Diagrammen und Karten

Glossar

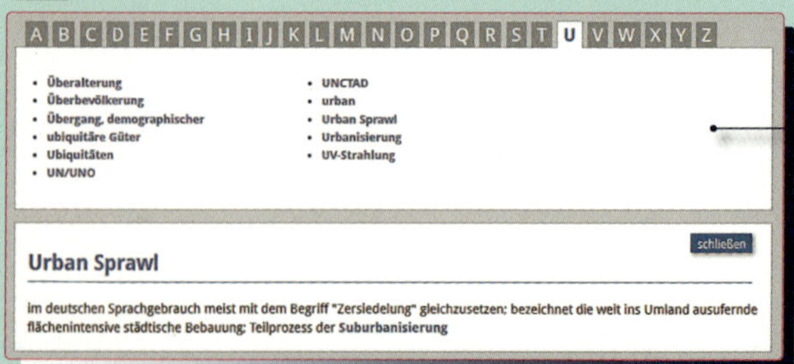

Schnelles Nachschlagen von Begriffen und Definitionen

Systemvoraussetzungen:

- Mindestens 1024×768 Pixel Bildschirmauflösung
- Chrome, Firefox oder ähnlicher Webbrowser
- Internetzugang

2023

Abitur

Original-Prüfungsaufgaben
mit Lösungen

Gymnasium · Gesamtschule NRW

Geographie

STARK

16. ergänzte Auflage
www.stark-verlag.de

Inhalt

Sobald die Original-Prüfungsaufgaben 2022 freigegeben sind, können sie als PDF auf der Plattform MyStark heruntergeladen werden (Zugangscode vgl. Farbseiten vorne im Buch/ Umschlaginnenseite).

Autor*innen

Rainer Koch (Hg.): Hinweise und Tipps; Lösungen GK 2019 bis 2021
Sandra Böker: Lösungen LK 2019 bis 2021

Vorwort

Liebe Abiturientinnen und Abiturienten,

Sie werden bald die schriftliche oder mündliche Abiturprüfung im **Fach Geographie** ablegen. Dieses Buch wird Ihnen dabei helfen, sich erfolgreich darauf vorzubereiten.

Das einführende Kapitel „**Hinweise und Tipps zum Zentralabitur**" informiert Sie über die offiziellen Rahmenvorgaben, macht Sie mit den unterschiedlichen Arbeitsanweisungen (Operatoren) vertraut und erläutert die verschiedenen Schwierigkeitsstufen (Anforderungsbereiche) innerhalb jeder Aufgabe sowie deren Bewertung. Außerdem erhalten Sie wertvolle **Tipps**, wie Sie die gestellten Aufgaben am besten lösen können. Auch über alles Wissenswerte zur **mündlichen Prüfung** im Fach Geographie werden Sie informiert.
Sollten nach Erscheinen dieses Bandes vom Ministerium für Schule und Bildung noch wichtige Änderungen im Abitur 2023 bekannt gegeben werden, finden Sie aktuelle Informationen dazu im Internet unter: *www.stark-verlag.de/mystark.*

Der anschließende **Übungsteil** enthält jeweils drei Aufgaben des Zentralabitur-Haupttermins der Abiturjahrgänge 2021 und 2020 sowie vier ausgewählte Aufgaben aus dem Jahr 2019. Anhand dieser Aufgaben können Sie sich auf die **inhaltlichen Vorgaben** vorbereiten und gezielt üben. Außerdem können sie wertvolle Schlüsse auf den Inhalt und die Anforderungen der kommenden Abiturprüfung ziehen.

Konkrete **Bearbeitungshinweise** zeigen, wie Sie am effektivsten an die Aufgaben herangehen. Die **Lösungsvorschläge** geben Ihnen die Möglichkeit, Ihre eigenen Lösungen damit zu vergleichen, um so Ihren Kompetenz- und Wissensstand zu kontrollieren.

Insgesamt können Sie mit diesem Buch selbstständig die im Unterricht erworbenen Kompetenzen anwenden bzw. überprüfen und sich so **effektiv auf das Abitur vorbereiten.**

Autor, Autorin und Verlag wünschen Ihnen eine erfolgreiche Prüfung!

Hinweise und Tipps zum Zentralabitur

1 Rahmenbedingungen

1.1 Vorgaben für das Zentralabitur 2023

Seit 2007 werden in Nordrhein-Westfalen die Prüfungsaufgaben für die schriftliche Abiturprüfung zentral vom Schulministerium gestellt. Wesentliche Grundlagen sind der Kernlehrplan Geographie für die Sekundarstufe II Gymnasium/Gesamtschule NRW sowie die jährlich vom Ministerium neu festgelegten thematischen Fokussierungen. Die Aufgaben für die mündliche Abiturprüfung hingegen werden weiterhin dezentral von der jeweiligen Schule entwickelt.

Alle für Sie wichtigen Informationen zur Prüfung werden auf den folgenden Seiten erläutert. Informationen zu den genauen Prüfungsterminen u. a. finden Sie im Internet.

1.2 Zeitrahmen

Bei den zentralen Abiturprüfungen im Fach Geographie werden Ihnen drei verschiedene Aufgaben vorgelegt, von denen Sie eine zur Bearbeitung auswählen müssen. Für die Auswahl haben Sie maximal 30 Minuten Zeit. Im Grundkurs stehen Ihnen danach für die Bearbeitung noch 210 Minuten (3 ½ Stunden), im Leistungskurs noch 270 Minuten (4 ½ Stunden) zur Verfügung.

1.3 Aufgabenstruktur

Jede Aufgabe stellt eine thematische Einheit dar. Diese enthält eine zwei- oder dreiteilige Arbeitsanweisung mit verschiedenen Teilaufgaben. **Grund- und Leistungskurs** unterscheiden sich im Hinblick auf den **Umfang** und/oder die **Komplexität** der vorgelegten Materialien. Ansonsten greifen sie bis auf wenige Unterschiede bei den jährlichen Vorgaben zu den inhaltlichen Schwerpunkten und Fokussierungen *(Kapitel 2!)* auf dieselben inhaltlichen und methodischen Kompetenzen zurück.

1.4 Hilfsmittel

Im Fach Geographie können Sie grundsätzlich folgende Hilfsmittel benutzen:
- den an der Schule in der Qualifikationsphase überwiegend verwendeten Atlas, in einer für alle Prüflinge gleichen Auflage,
- Wörterbuch zur deutschen Rechtschreibung,
- Taschenrechner (wissenschaftlicher Taschenrechner ohne oder mit Grafikfähigkeit/CAS-Taschenrechner).

2 Inhaltliche Schwerpunkte des Kernlehrplans Geographie und Fokussierungen im Fach Geographie für die Abiturprüfung 2023

(Grund- und Leistungskurs an Gymnasien, Gesamtschulen, Weiterbildungskollegs, Waldorfschulen und für Externe)

Quelle: Ministerium für Schule und Weiterbildung Düsseldorf 2020; vgl. auch Kernlehrplan Geographie für die Sekundarstufe II – Gymnasium/ Gesamtschule in Nordrhein-Westfalen

Inhaltsfeld 3: Landwirtschaftliche Strukturen in verschiedenen Klima- und Vegetationszonen

- Landwirtschaftliche Produktion in den Tropen vor dem Hintergrund weltwirtschaftlicher Prozesse
- Intensivierung der landwirtschaftlichen Produktion in der gemäßigten Zone und in den Subtropen
- Landwirtschaft im Spannungsfeld zwischen Ressourcengefährdung und Nachhaltigkeit

Inhaltsfeld 4: Bedeutungswandel von Standortfaktoren

- Strukturwandel industriell geprägter Räume
- Herausbildung von Wachstumsregionen
  - *Veränderung von Raumstrukturen im Kontext von Digitalisierung (Standortfaktor digitale Infrastruktur, Onlinehandel, Verlagerung von Arbeitsplätzen, digital vernetzte Güter- und Personenverkehre, Veränderung von Pendlerströmen)*

Inhaltsfeld 5: Stadtentwicklung und Stadtstrukturen

- Merkmale, innere Differenzierung und Wandel von Städten
- Metropolisierung und Marginalisierung als Elemente eines weltweiten Verstädterungsprozesses
- Demographischer und sozialer Wandel als Herausforderung für zukunftsorientierte Stadtentwicklung

- *Verlaufsmodell Gentrifizierung*
- *Veränderung von Raumstrukturen im Kontext von Digitalisierung (Standortfaktor digitale Infrastruktur, Onlinehandel, Verlagerung von Arbeitsplätzen, digital vernetzte Güter- und Personenverkehre, Veränderung von Pendlerströmen)*

Inhaltsfeld 6: Sozioökonomische Entwicklungsstände von Räumen

- Merkmale und Ursachen räumlicher Disparitäten
- Demographische Prozesse in ihrer Bedeutung für die Tragfähigkeit von Räumen
- Strategien und Instrumente zur Reduzierung regionaler, nationaler und globaler Disparitäten

Inhaltsfeld 7: Dienstleistungen in ihrer Bedeutung für Wirtschafts- und Beschäftigungsstrukturen

- Entwicklung von Wirtschafts- und Beschäftigungsstrukturen im Prozess der Tertiärisierung
- Wirtschaftsfaktor Tourismus in seiner Bedeutung für unterschiedlich entwickelte Räume

3 Leistungsanforderungen

Folgende Kompetenzen müssen Sie bei der Bearbeitung der Abituraufgabe im Fach Geographie nachweisen:

Inhaltsbezogene Kenntnisse und Fähigkeiten
Im Mittelpunkt der Abituraufgabe steht ein bestimmter Raum. Diesen müssen Sie lokalisieren und seine geographischen und topographischen Besonderheiten kennzeichnen können. Ebenso erwartet wird die sachkundige Analyse unter dem geforderten inhaltlichen Schwerpunkt. Hierbei müssen Sie im Unterricht erworbene Kompetenzen (Sach- und Urteilskompetenzen) anwenden.

Methodenbezogene Kenntnisse und Fertigkeiten
Sie sollten in der Lage sein, bezogen auf jede Teilaufgabe eine sinnvolle Auswahl aus den vorgelegten Arbeitsmaterialien zu treffen, alle wesentlichen Aspekte herauszuarbeiten und Ihre Erkenntnisse in Ihren Darstellungstext einzubauen. Wichtig ist eine eigene und sinnvolle Zuordnung der Materialien sowie gedankliche Strukturierung des Darstellungstextes.

Folgerichtige Gedankenführung und Argumentation zu den gestellten Teilaufgaben
Damit ist gemeint, dass Ihre Ausführung keine Gedankensprünge oder Widersprüche aufweisen darf und dass Sie die einzelnen Teile Ihrer Darstellung mithilfe sinnvoller Überleitungen oder Verbindungen miteinander verknüpfen.

Fach- und sachgerechte schriftliche Darstellung
Hierzu zählt der korrekte Gebrauch der deutschen Sprache ebenso wie die sichere Beherrschung der Fachsprache.

4 Anforderungsbereiche und Operatoren

Die für die gymnasiale Oberstufe wichtigen **Anforderungsbereiche (AFB) I–III** werden in den bundesweit gültigen Einheitlichen Prüfungsanforderungen in der Abiturprüfung (EPA) erläutert. Diese AFB sind sowohl für die Aufgabenstellung und die in ihnen enthaltenen **Operatoren** wichtig als auch für die Bewertung der Prüfungsleistungen. Diese drei Anforderungsbereiche entsprechen drei Leistungsstufen, die durch unterschiedliche Operatoren angesteuert werden. In der folgenden **Übersicht** werden die einzelnen Operatoren erläutert.

Operatoren	Definition	AFB-Bandbreite
nennen	Informationen/Sachverhalte ohne Kommentierung wiedergeben	I
beschreiben	Materialaussagen/Sachverhalte mit eigenen Worten geordnet und fachsprachlich angemessen wiedergeben	I–II
darstellen	aus dem Unterricht bekannte oder aus dem Material entnehmbare Informationen und Sachzusammenhänge geordnet (grafisch, verbal) verdeutlichen	I–II
lokalisieren	Einordnen von Fall-/Raumbeispielen in bekannte topographische Orientierungsraster	I–II

Beispiel:

Lokalisieren Sie die Ukraine und **beschreiben** Sie die naturräumlichen Voraussetzungen sowie Merkmale der dortigen Landwirtschaft zu Beginn der 1990er-Jahre (LK 2020, Aufgabe 3).

Operatoren	Definition	AFB-Bandbreite
einordnen/ zuordnen	einem Raum/Sachverhalt auf der Basis festgestellter Merkmale eine bestimmte Position in einem Ordnungsraster zuweisen	II
kennzeichnen	einen Raum/Sachverhalt auf der Basis bestimmter Kriterien begründet charakterisieren	II
erläutern	Sachzusammenhänge mithilfe ergänzender Informationen verdeutlichen	II

erklären	Begründungszusammenhänge, Voraussetzungen und Folgen bestimmter Strukturen und Prozesse darlegen	II
analysieren	komplexe Materialien/Sachverhalte in ihren Einzelaspekten erfassen mit dem Ziel, Entwicklungen/Zusammenhänge zwischen ihnen aufzuzeigen	II–III
vergleichen	Gemeinsamkeiten und Unterschiede zwischen (vergleichbaren) Strukturen/Prozessen erfassen und kriterienbezogen verdeutlichen	II–III
anwenden	Theorien/Modelle/Regeln mit konkretem Fall-/Raumbeispiel/Sachverhalt in Beziehung setzen	II–III

Beispiele:
Lokalisieren Sie Tansania und **kennzeichnen** Sie den Entwicklungsstand des Landes (GK 2021, Aufgabe 3).
Erläutern Sie die Entwicklung, Strukturen und Bedeutung der Automobilindustrie in der Region Zwickau-Mosel seit den 1990er-Jahren (LK 2021, Aufgabe 3).

Operatoren	**Definition**	**AFB-Bandbreite**
erörtern	einen Sachverhalt unter Abwägen verschiedener Pro- und Kontra-Argumente klären und abschließend eine schlüssige Meinung entwickeln	III
(kritisch) Stellung nehmen	unter Abwägung unterschiedlicher Argumente zu einer begründeten Einschätzung eines Sachverhalts/einer Behauptung gelangen	III
überprüfen	(Hypo-)Thesen/Argumentationen/Darstellungsweisen auf ihre Angemessenheit/Stichhaltigkeit/Effizienz hin untersuchen	III
beurteilen/bewerten	auf der Basis von Fachkenntnissen/Materialinformationen/eigenen Schlussfolgerungen unter Offenlegung/Reflexion der angewendeten Wertmaßstäbe zu einer sachlich fundierten, qualifizierenden Einschätzung gelangen/eine begründete, differenzierte eigene Meinung entwickeln	III

Beispiele:
Erörtern Sie die zukünftigen Perspektiven des Tourismus in Zermatt (GK 2021, Aufgabe 2).
Überprüfen Sie, inwieweit das Konzept der nachhaltigen Stadtentwicklung im Stadtteil Västra Hamnen umgesetzt worden ist (GK 2021, Aufgabe 1).

5 Tipps für die Anfertigung der Abiturklausur

5.1 Auswahl der Aufgabe

Am Tag der schriftlichen Prüfung können Sie aus **drei zur Wahl gestellten Aufgaben eine Aufgabe auswählen**. Hierfür haben Sie zusätzlich **30 Minuten** Zeit. Falls Sie für die Aufgabenauswahl weniger Zeit benötigen sollten, kommt Ihnen dies zugute, denn Sie dürfen auch bereits während der Auswahlzeit sofort mit der Bearbeitung beginnen. Deshalb sollten Sie sich darauf vorbereiten, nach einer sorgfältigen Prüfung von Arbeitsanweisungen und Materialteil aller gestellten Aufgaben eine zügige Entscheidung zu treffen.
Anhand der **Überschrift** wird bereits klar, um welchen **Untersuchungsraum** es sich handelt und welcher **Themenschwerpunkt** angesprochen wird (Landwirtschaft, Tourismus, Strukturwandel, Raumplanung, Stadtentwicklung etc.).
Auch wenn Sie spontan zu einer Aufgabe tendieren: Entscheiden Sie sich nicht vorschnell, **überprüfen** Sie in jedem Fall, ob Ihnen der Materialteil auch liegt!

Tipp: Überlegen Sie, ob ein ähnliches Thema – evtl. bezogen auf einen anderen Raum – bereits in einer Klausur oder in Ihrem Unterricht behandelt wurde oder ob eine der gestellten Abitur-Aufgaben einer Ihnen bekannten Übungsaufgabe in diesem Band ähnelt.

5.2 Zeiteinteilung

Beginnen Sie nicht zu früh mit der **Reinschrift**! Zunächst muss in Ihrem Kopf die Bearbeitung aller Teilaufgaben klar sein. Sie müssen anhand des Materialteils die gesamte Aufgabe gedanklich bewältigt haben und das Ergebnis muss, soweit ein solches in der letzten Teilaufgabe gefordert wird, für Sie feststehen.

Achten Sie auf die erreichbaren **Höchstpunktzahlen**, die hinter den Teilaufgaben angegeben sind, und verwenden Sie nicht zu viel Zeit auf die Teilaufgabe 1 – sie zählt bei der Bewertung meistens weniger als die anderen Teilaufgaben *(siehe Kap. 6!)*.
Je nachdem, wie viele Teilaufgaben zu bearbeiten und welche Arbeitsmaterialien auszuwerten sind, teilen Sie sich am besten die 3 ½-stündige (Grundkurs) bzw. die 4 ½-stündige Bearbeitungszeit (Leistungskurs) so ein, dass auch für die letzte Teilaufgabe ausreichend Zeit bleibt. Berücksichtigen Sie, dass Sie für Ihr abschließendes **Fazit** ebenfalls Zeit benötigen.

Für einen letzten **Korrekturgang** sollten Sie am Ende ca. 15 Minuten einplanen. Während dieser Zeit gilt es, formale Aspekte (Rechtschreibung, Zeichensetzung, Layout-Anforderungen wie Deckblattgestaltung, Seitenzahlen-Hinweise u. a.) zu überprüfen. Hier ist auch Gelegenheit, ggf. Lesehilfen in Form von Unterstreichungen und Zwischenüberschriften, soweit nicht schon beim Schreiben geschehen, nachträglich als Gliederungshilfen einzufügen *(siehe auch Kap. 5.4!)*.

5.3 Notizen beim ersten Sichten des Materialteils

Markieren Sie jeden **Operator**, rufen Sie sich ins Gedächtnis, welcher **Anforderungsbereich** hiermit gemeint ist, und halten Sie sich unbedingt daran! So vermeiden Sie Themaverfehlungen.
Arbeiten Sie beim **Sichten des Materials** mit Randanmerkungen und Textmarker, schreiben Sie sich zentrale Fachbegriffe neben das einzelne Material. Machen Sie sich eine Notiz, wo Sie den Atlas zur Unterstützung von Aussagen hinzuziehen. Markieren Sie, welches Material zu welcher Teilaufgabe passt (manche Materialien gehören zu mehreren Teilaufgaben).
Gehen Sie bei der Sichtung alle Materialien von Anfang bis Ende durch, aber arbeiten Sie die Einzelmaterialien in ihren späteren Ausführungen nicht einfach der Reihe nach ab! Denn das würde bedeuten, dass Sie keine **eigenständige gedankliche Strukturierung** vornehmen. Eine solche Strukturierung stellt jedoch eine der im Abitur geforderten Leistungen dar.
Es wird von Ihnen erwartet, dass Sie sich selbstständig im Material bewegen, entsprechend dem von Ihnen gewählten gedanklichen Argumentationsansatz. Das Material ist manchmal bewusst nicht sachlogisch aneinandergereiht, manchmal spielt auch das Format für die Unterbringung auf dem einen oder anderen Blatt eine Rolle. In jedem Fall müssen Sie Ihre methodischen, materialbezogenen Kompetenzen unter Beweis stellen, indem Sie sich von der vorgegebenen **Materialreihenfolge**, wo notwendig, lösen.

5.4 Strukturierung

Überlegen Sie, wie Sie Ihre Abiturklausur **einleiten:** Zu jeder Geographieklausur gehört eine räumliche Einordnung. Ein erster Bezug zum Thema sollte ebenfalls am Anfang stehen.

Folgende Fragen helfen beim Aufbau der Arbeit:
– Wo lassen sich innerhalb der Teilaufgaben *sinnvolle Abschnitte* bilden?
– Wie lassen sich *Überleitungen* zwischen den Teilaufgaben herstellen?
– Wie wollen Sie – mit Rückbezug zum Thema – den *Schlussteil* gestalten?

Die Abituraufgaben im Fach Geographie bestehen aus **mehrteiligen Arbeitsanweisungen**. Hinter deren Reihenfolge verbirgt sich eine sachlogische gedankliche Ordnung. Insofern haben Sie hierdurch bereits die gedankliche **Grobgliederung** vorgegeben. Halten Sie sich unbedingt daran – bei jedem Operator *(siehe Kapitel 4!)* sind ganz konkrete Arbeitsanweisungen zu befolgen!
Machen Sie die Bearbeitung einzelner Hauptgedanken durch **Zwischenüberschriften** und **Absätze** deutlich; fügen Sie auch an mehreren Stellen sogenannte **Spitzmarken** ein, einzelne mit Lineal (!) unterstrichene Kernbegriffe, die alleine in einer Zeile stehen, quasi als „Unter-Untergliederung".
Grundsätzlich verdeutlichen Zwischenüberschriften, Absätze und Spitzmarken, dass Ihrer Ausführung eine klare **gedankliche Ordnung** zugrunde liegt. Vermeiden Sie auch verschachtelte Endlossätze, die Ihre Ausführungen unübersichtlich machen.

Tipp: Vergewissern Sie sich in regelmäßigen Abständen, wie die Themenstellung lautet! Nicht selten passiert es, dass man sich so über das wie von alleine aus der Feder Fließende freut, dass man ganz aus den Augen verliert, was das eigentliche Ziel der Darstellung im Sinne von Thema und Arbeitsanweisung ist.

5.5 Hilfsfragen für die Arbeit mit dem Materialteil

Bei der Arbeit mit dem Materialteil können die folgenden Fragen hilfreich sein:

- *Aus welchem Jahr stammt die jeweilige Quelle?*
  Die Antwort macht deutlich, ob das Dargestellte noch aktuell ist oder ob eine Aussage aus einer früheren Zeit stammt.
- *Wer hat die Quelle verfasst?*
  Die Antwort hierauf kann für eine geforderte Bewertung wichtig sein, z. B. wenn eine politisch begründete Meinung gedanklich einzuordnen ist.
- *Welche Querverbindungen gibt es zwischen den einzelnen Materialien?*
  Jedes Klausur-Materialpaket gleicht einem Mosaik: Seine einzelnen Bausteine gehören thematisch zueinander, fügen sich durch Ihre Bearbeitung zu einem Gesamtbild. Arbeiten Sie diese Zusammenhänge heraus und machen Sie sie sprachlich deutlich.
- *Woher stammen meine eigenen Aussagen?*
  Belegen Sie, dass sich das von Ihnen Gesagte aus dem Material ergibt. Zitieren Sie, wo es wichtig ist, kurz und prägnant *(siehe Kapitel 5.6!)*.

5.6 Materialbelege und Zitate

Materialhinweise sind keine Satzglieder, schon gar keine Subjekte. Sie sind einfache Anhänge, in eine Klammer gesetzt, und gehören grundsätzlich an das Ende eines Satzes oder Abschnittes. Fügen Sie solche Belege immer dann ein, wenn Sie einen neuen Sachverhalt vorstellen oder ein neues Argument vortragen – der **Klammerzusatz** macht keine Mühe, beweist aber Ihr **methodisch richtiges Vorgehen** und stellt für Sie selbst eine Rückversicherung dar, dass Ihre Aussage aufgrund des Materials richtig bzw. möglich ist.
Schreiben Sie: „Im Zeitraum von 2018 bis 2022 ist die Bevölkerung um 30 % gestiegen (M 3)". Nicht: „M 3 zeigt uns, dass die Bevölkerung …" oder „Die Bevölkerungszunahme kann man an M 3 erkennen". So vermeiden Sie die Vermischung von Inhalts- und Formebene.

5.7 Der Schluss

Lassen Sie, um im Bild des Hausbaus und Maurers zu sprechen, mit dem letzten Satz zur letzten Teilaufgabe nicht die Kelle fallen: Zwar ist das gedankliche Gebäude vom Grundsatz her fertig und die Argumentation dicht – aber zu einer Ausführung gehört nun einmal ein Abschluss wie zu einem Haus der äußere Verputz. Jede der Teilaufgaben hatte einen eigenen Arbeitsschwerpunkt – und alle hatten etwas mit dem Thema in der Aufgabenstellung zu tun. Dieses Thema ist quasi das Dach, das alle zwei oder drei Gebäudeteile überdeckt.
Deshalb: Formulieren Sie Ihren Schlussteil unter Rückbezug auf die Themenstellung und fassen Sie die **wesentlichen Teilergebnisse** zu einem **Fazit** zusammen, ohne hierbei bereits Gesagtes mit derselben Formulierung zu wiederholen! „Wie gesagt" gehört grundsätzlich nicht in eine Ausführung, da Sie damit eine überflüssige Wiederholung auch noch selbst ankündigen!

6 Bewertung der Abiturklausur

6.1 Bewertungskriterien

Insgesamt sind maximal **100 Punkte** in einer Abiturklausur im Geographie-Zentralabitur erreichbar. 80 Punkte können Sie über die inhaltlich-methodisch richtige Bearbeitung der Teilaufgaben erreichen, die jeweils mit einer bestimmten Punktezahl bewertet werden und die Sie den Angaben in der Aufgabenstellung entnehmen können. Deshalb ist es unbedingt notwendig, dass Sie **alle Teilaufgaben bearbeiten**! 20 weitere Bewertungspunkte erhalten Sie für die **Darstellungsleistung** *(siehe unten!)*.

Bei der Bepunktung werden folgende **Bewertungskategorien** berücksichtigt *(siehe auch Kapitel 3!)*:
- inhaltliche Leistung,
- methodische Leistung,
- Gedankenführung/Argumentation, sprachliche Leistung/Darstellungsleistung.

Für jede der gestellten Abituraufgaben gibt es einen **exakten Bewertungsschlüssel**, nach dem die korrigierende Lehrkraft die einzelnen Punkte vergibt.

Anhand eines solchen Bewertungsschlüssels für die Aufgabe ***„Agrarwirtschaftliche Entwicklungen unter dem Einfluss des Weltmarktes – Das Beispiel des Sojaanbaus in Brasilien“ (LK 2021, Aufgabe 1)*** in diesem Band können Sie sehen, wie eine Abitur-Aufgabe bepunktet wird. In der rechten Spalte ist die max. erreichbare Punktzahl angegeben.

6.2 Kriterien für die Bewertung der Schülerleistungen

a) Inhaltlich-methodische Leistung

	Anforderungen	max. erreichbare Punktzahl
	Teilaufgabe 1	
	Der Schüler/ die Schülerin	
1	ordnet die Sojaanbaugebiete Brasiliens **räumlich** ein: – etwa zwischen 5 und 30 Grad südlicher Breite, – zwischen den Tropen und den Subtropen, – in den Provinzen des Mittleren Westens und im Süden, – Hauptanbaugebiete in der Provinz Mato Grosso und den südlich und südöstlich angrenzenden Provinzen (M 1, M 2).	3
	Hinweis: *Im Zentralabitur NRW gibt es für die „Lokalisation/räumliche Einordnung“ jeweils maximal 3 Punkte. Stereotype Einordnungen, z. B. nur mithilfe des Gradnetzes, verbieten sich hierbei. Denn eine aufgabenbezogene Einordnung verlangt, dass solche Lagemerkmale angeführt werden, die einen unmittelbaren Bezug zur Themenstellung bzw. zur Problemfrage aufweisen. Im vorliegenden Fall spielt neben der peripheren Lage das Klima im Hinblick auf die landwirtschaftliche Nutzung eine wichtige Rolle.*	
2	zeigt **Eigenheiten der Sojapflanze** und deren **Ansprüche an Wachstum und Anbau** auf, z. B.: – hoher Fett- und Eiweißgehalt, – leicht anzubauen, – hohe Ertragsleistung, – vor allem Verwendung als Viehfutter (75 %), – großer Wärmebedarf, optimale Temperatur 25°C, – muss vor Frost und Trockenheit geschützt werden (M 4).	6

3	führt Gründe für die **räumliche Verteilung** des Anbaus in Brasilien an, z. B.in klimatischer Hinsicht: – mit einem Jahresdurchschnitt von 25,6 °C bei ganzjährig hohen Temperaturen ideale klimatische Voraussetzungen in der Provinz Mato Grosso, – mit 1 353 mm ausreichend Jahresniederschläge in Cuiaba im Süden von Mato Grosso, vor allem in den 9 humiden Monaten von September bis Mai, – hiervon zu unterscheidende klimatische Gegebenheiten im Süden Brasiliens, u. a. reliefbedingt, z. B. im 923 m hoch gelegenen Curitiba im Bundesstaat Paraná: + deutlich niedrigere Jahresdurchschnittstemperatur mit 16,7 °C bei einem monatlichen Temperatur-Maximum im Jan./ Februar von 20 °C und einem Minimum im Juli/ August von < 15 °C, + ganzjährige Humidität bei einem etwas höheren Jahresniederschlag von 1 436 mm (M 2, M 3).	8
4	ergänzt weitere **Standortgegebenheiten**, z. B.: – umfangreiche Flächenverfügbarkeit sowohl auf ehemaligen Regenwald- als auch auf Savannenflächen, – Möglichkeit zur Anwendung intensiver landwirtschaftlicher Methoden durch Ergebnisse des landwirtschaftlichen Forschungszentrums EMBRAPA, u. a. im Hinblick auf den Einsatz genveränderter Pflanzen, – Möglichkeit zu großflächigem Anbau in Monokultur (M 1, M 2, M 4).	4
5	erfüllt ein weiteres aufgabenbezogenes Kriterium (max. 3 Punkte).	
	Hinweis: *Sie sollten Ihre Ausführungen durchgehend an dem geforderten Raumbeispiel ausrichten. Bezüge zu Inhalten und Vergleichsbeispielen aus dem Unterricht sollten Sie kurz und knapp darin integrieren. Schreiben Sie nicht zu ausführlich über Sachaussagen, die Sie nicht im Materialteil finden! Hierfür bekommen Sie maximal 10 von 80 Punkten.*	
	Summe erste Teilaufgabe	**21**
	Teilaufgabe 2	**max. erreichbare Punktzahl**
	Der Schüler/ die Schülerin	
1	zeigt die **quantitative Entwicklung** des brasilianischen Sojaanbaus auf: – stetige Zunahme der Produktionsmenge von 15 Mio. t auf 123 Mio. t von 1980 bis 2019, – Zunahme des Anteils genveränderter Sojasorten seit 2003 von ca. 10 % auf über 95 % bis 2017, – Schwerpunkt der Produktion in 5 Bundesstaaten des Mittleren Westens, v. a. in Mato Grosso mit 27 % Anteil an der Gesamtproduktion, – überstarker Anstieg der Sojaproduktion im Vergleich mit anderen Anbaufrüchten (M 1, M 2, M 5, M 8).	5

2	gibt das **flächenmäßige Wachstum** seit 1970 an: – Ausdehnung von ca. 1 Mio. ha auf 35 Mio. ha bis 2017, – dabei zunächst Steigerung bis 2005 auf ca. 23 Mio. ha, danach kurze Stagnation bzw. leichter Rückgang der Anbaufläche bis 2010 um 2 Mio. ha, anschließend Wiederanstieg im Zusammenhang mit wachsendem Anteil genveränderter Pflanzen, – Vordringen in die Savannengebiete im Süden Brasiliens durch großflächige Abholzung der Cerrado (M 5, M 6, M 9).	5
3	stellt die **Faktoren** heraus, **die die Entwicklung** des Sojaanbaus in Brasilien maßgeblich **beeinflusst** haben, z. B.: – agrarindustrielle Innovationen wie die Genveränderung im Zusammenhang mit FuE-Maßnahmen, – Veränderung der Betriebsgrößenstruktur von Klein- und Mittelbetrieben zu Großbetrieben, – zunehmender Fleischverbrauch in Industrie- und Schwellenländern, – steigende Nachfrage nach Soja als Tierfutter und für die Herstellung von Biodiesel (M 4, M 5, M 10).	7
4	weist auf die **strukturellen Entwicklungen** beim brasilianischen Sojaanbau hin, z. B.: – Mechanisierung und Technisierung, u. a. im Zusammenhang mit dem Erntevorgang, erkennbar am Rückgang der Arbeitskräfte trotz Produktionserweiterung, – Intensivierung und Spezialisierung im Zuge des monostrukturellen Anbaus, – Rückgang der Beschäftigtenzahlen im Zuge der Veränderung der Betriebsgrößenstruktur (M 4, M 5, M 7, M 8).	7
5	stellt die Entwicklung und gegenwärtige Bedeutung Brasiliens bei der globalen Sojaproduktion heraus, z. B.: – Steigerung des Exportanteils im Zuge der industriellen Massenproduktion von ca. 4 % auf 11,6 % seit 1994, – mit 123 Mio. t ca. 35 %-Anteil an der Weltsojaproduktion, – seit 1980 Rang 2 der führenden Sojaanbauländer, – 2019 erstmals Weltmarktführer beim Sojaexport vor den USA bei deutlich gestiegener Welterntemenge, – Exporte mit 77,2 Mio. t Sojabohnen überwiegend nach Asien, gefolgt von denen nach Europa mit 5,7 Mio. t Sojabohnen und 18,4 Mio. t Sojaschrot, – Soja als wichtiges Außenhandelsgut und Devisenbringer für Brasilien (M 4, M 8, M 10).	7
7	erfüllt ein weiteres aufgabenbezogenes Kriterium (max. 4 Punkte).	
	Hinweis: *Am Ende einer Teilaufgabe kann als Überleitung zum Folgeteil ein Zwischenfazit formuliert werden, das die Teilergebnisse mit einem Oberbegriff zusammenfasst. Am Ende dieser Teilaufgabe könnte die* ***Industrialisierung der Soja-Produktion für den Weltmarkt*** *angeführt werden.*	
	Summe zweite Teilaufgabe	**31**

	Teilaufgabe 3 Der Schüler/ die Schülerin	max. erreichbare Punktzahl
1	liefert **Pro-Argumente für eine ökonomische Zukunftsfähigkeit** des brasilianischen Sojaanbaus, z. B.: – global stetig gestiegene Nachfrage nach Soja, – führende Stellung als Hauptexporteur von Soja auf dem Weltmarkt seit 2019, – zu erwartende weiterhin steigende Nachfrage in den Hauptabnehmerländern im Zusammenhang mit deren starker Bevölkerungszunahme und wirtschaftlicher Entwicklung (M 8, M 10, Unterrichtswissen).	6
2	ergänzt **weitere Indikatoren bzgl. künftig positiver Absatzchancen** von brasilianischem Soja auf dem Weltmarkt, z. B.: – weltweit gestiegener Fleischkonsum seit 1998, besonders stark seit 2006 und vor allem in den bevölkerungsreichen Staaten China und Indonesien, – weltweite Steigerung der Fleischproduktion seit 1961, v. a. nach 1990 und überproportional im Hauptabnehmerland des Tierfutters Soja in China, das seine Sojaproduktion bis 2019 kaum steigern konnte (M 8, M 10).	5
3	führt **Argumente für eine kritisch-negative Bewertung** der industrialisierten Sojaproduktion in Brasilien an, z. B.: – große Konkurrenz der traditionell bäuerlichen Klein- und Mittelbetriebe durch die flächen- und produktionsmäßig dominierenden Großbetriebe, – Rückgang der Beschäftigtenzahlen im Sojasektor seit 1993, v. a. aber seit 2004 von 19 Mio. über 16 Mio. auf unter 10 Mio. bis 2019 als Beweis für abnehmende Beschäftigungsmöglichkeiten v. a. für Geringqualifizierte, – Gefahr zu starker Abhängigkeit von Hauptabnehmerländern und deren möglichem Preisdiktat auf dem Weltmarkt (M 7, M 8).	6
4	führt **ökologische Folgen und Risiken** im Zuge der bisherigen und etwaigen künftigen Ausweitung des Sojaanbaus in Brasilien an, z. B. – Zunahme von Monokulturen und damit des Risikos von Schädlingsbefall und negativen Ernteauswirkungen, – Inkaufnahme unklarer Risiken durch noch stärkeren Einsatz genveränderter Sojapflanzen, u.a. bei direktem Verzehr durch den Menschen, – Vordringen des Sojaanbaus in fast 90 % der 2 Mio. km^2 großen Flächen der artenreichen brasilianischen Cerrado, – Verlust von Flora und Fauna durch Abholzung der Cerrado-Flächen und damit starke Reduzierung der Biodiversität, – negative Auswirkung auf Temperatur und Niederschlagsmenge in regionaler und globaler Hinsicht im Hinblick auf die drohende Erderwärmung und den allgemeinen Klimawandel (M 4, M 9, Unterrichtswissen).	7

5	äußert sich abschließend begründet zur Entwicklung des Soja-anbaus in Brasilien.	4
	Hinweis: *Eine Wiederholung des bisher von Ihnen Geschriebenen ist hier nicht gemeint – es geht vielmehr darum, ein* ***schlüssiges Fazit*** *auf der Grundlage der von Ihnen gewichteten Argumente zu formulieren.*	
6	erfüllt ein weiteres aufgabenbezogenes Kriterium (max. 3 Punkte).	
	Summe dritte Teilaufgabe	**28**
	Summe inhaltliche Leistung (Teilaufgaben 1–3)	**80**

b) Darstellungsleistung

	Anforderungen Der Schüler/ die Schülerin	**max. erreichbare Punktzahl**
1	strukturiert seinen Text schlüssig, stringent sowie gedanklich klar und bezieht sich dabei genau und konsequent auf die Aufgabenstellung.	5
2	bezieht beschreibende, deutende und wertende Aussagen schlüssig aufeinander.	4
3	belegt seine Aussagen durch angemessene und korrekte Nachweise (Zitate u. a.).	3
4	formuliert unter Beachtung der Fachsprache präzise und begrifflich differenziert.	4
5	schreibt sprachlich richtig (Grammatik, Orthographie, Zeichensetzung) sowie stilistisch sicher.	4
	Summe der Darstellungsleistung	**20**
	Gesamtsumme Teil (a) und Teil (b)	**100**

6.3 Anforderungen an die Darstellungsleistung

Neben dem inhaltlich-sachlichen Ertrag kommt der sprachlichen Richtigkeit eine große Bedeutung zu. Hierbei sind folgende Kriterien wichtig:

- *Verwendung einer präzisen und differenzierten Sprache:* Missbrauchen Sie Hilfsverben nicht als Vollverben; benutzen Sie Synonyme statt Wiederholungen; variieren Sie beim Satzbau, wählen Sie Nebensatzkonstruktionen statt Hauptsatzketten.

- *Verwendung von Fachbegriffen:* Auch im Fach Geographie hat jedes Kind einen Namen: Belegen Sie also jedes Phänomen mit einem Fachbegriff. Zur Erinnerung: In Ihrem Geographiebuch gibt es, meist am Ende, ein Begriffs- oder Sachregister mit Erläuterungen. („City" heißt z. B. „City" und nicht „Stadt", denn „Stadt" ist anders definiert.)
- *Hypothesen/Vermutungen:* Kennzeichnen Sie ungesicherte Aussagen, Vermutungen und Hypothesen als solche, grenzen Sie diese gegen gesicherte Aussagen ab (z. B: „Es ist zu vermuten …", „Es könnte sein, dass …" oder „Für eine gesicherte Aussage fehlen folgende Informationen: …").
- *Syntaktisch korrekte Schreibweise:* Schreiben Sie in vollständigen Sätzen, achten Sie auf die richtige Wortstellung, variieren Sie Satzanfänge.
- *Stilistisch korrekte Schreibweise:* Unterlassen Sie umgangssprachliche Formulierungen, verwenden Sie ausschließlich Hoch- und Fachsprache.
- *Wissenschaftspropädeutik:* Stellen Sie Ihre Zitier- und Belegkompetenz unter Beweis.
- *Sachgerechte Strukturierung:* Zeigen Sie, dass Sie den Materialteil verstanden haben und die Einzelmaterialien gut in Ihre Argumentation einbauen können.
- *Rechtschreibung:* Beachten Sie die Vorschriften zur Rechtschreibung. Im Klausurraum liegt eine angemessene Anzahl von Rechtschreibduden aus: Schlagen Sie einfach darin nach, wenn Sie unsicher sind.
- *Zahlen:* Schreiben Sie die Zahlen von null bis zwölf aus und nicht als Ziffern.

6.4 Formale Anforderungen

Berücksichtigen Sie bei Ihrer Ausführung auch die Anforderungen an die äußere Form einer Klausur:

- *Deckblatt-Vorgabe:* Berücksichtigen Sie die Regelung, die an Ihrer Schule getroffen wurde.
- *Layout-Vorgabe:* Beachten Sie diese – an manchen Schulen darf z. B. nur eine halbe Seite je Bogen beschrieben werden, der Rest dient als halbseitiger Rand.
- *Zeilenende:* Respektieren Sie den Rand, trennen Sie Wörter, schreiben Sie nicht über den Rand hinaus.
- *Seitenzahlen:* Fügen Sie ab Seite 2 diese am Fuß jeder Seite bei – nummerieren Sie die Seiten erst am Schluss, wenn keine Einschübe mehr erfolgen.
- *Sauberkeit:* Streichen Sie sauber durch, setzen Sie zu Streichendes in eine Klammer oder fügen Sie eine entsprechende Fußnote zur Erklärung bei.

- *Nachträge:* Setzen Sie diese als Fußnoten durchnummeriert an den Schluss jeder Teilaufgabe oder einheitlich ganz an den Schluss, eventuell auf ein eigenes Blatt. Quetschen Sie solche Zusätze nicht nachträglich in den Text oder an den Rand.
- *Kopf- und Fußzeile:* Diese gehören zum Seitenaufbau – sie sind ebenfalls kein geeigneter Platz für Zusätze oder Nachträge.

7 Hinweise zur Benutzung dieses Buches

Zu Beginn aller in diesem Buch abgedruckten Lösungsvorschläge steht, auf welchen **inhaltlichen Schwerpunkt** des Kernlehrplans sich die Aufgabe bezieht. Vor jeder Teilaufgabe finden Sie **Hinweise**, wie Sie am besten an die Aufgabe herangehen.
Strukturierungshinweise in der **Marginalspalte** am Rand helfen Ihnen dabei, die vorgeschlagene Aufgabenlösung nachzuvollziehen, und erleichtern Ihnen so das Lernen. In den ausformulierten Lösungsvorschlägen werden wesentliche Fachbegriffe durch **Fettdruck** hervorgehoben.
Die **Bewertung** Ihrer Abiturklausur können Sie anhand der Aufgabe 1 des Leistungskurses 2021 ***„Agrarwirtschaftliche Entwicklungen unter dem Einfluss des Weltmarktes – Das Beispiel des Sojaanbaus in Brasilien"*** nachvollziehen.

Den besten Trainingserfolg werden Sie bei der folgenden Vorgehensweise erreichen:

1. Simulieren Sie die tatsächliche Klausursituation, indem Sie den vorgesehenen **Zeitrahmen** berücksichtigen und – ohne den Lösungsteil anzusehen – die Aufgabenstellung bearbeiten (GK: 3 ½ Zeitstunden, LK: 4 ½ Zeitstunden).
2. Überprüfen Sie die eigene Ausführung anhand des abgedruckten Lösungsvorschlages. Hierbei ist wichtig, dass Sie den Bezug zwischen der jeweiligen Materialaussage und Ihrer eigenen Auswertung kritisch nebeneinanderstellen.
3. Überarbeiten Sie die Passagen, die Ihnen beim ersten Mal nicht optimal gelungen sind. Dies kann u. a. bedeuten, dass Sie sich das eine oder andere Einzelmaterial noch einmal genau ansehen und dieses so intensiv wie nur möglich auswerten.

8 Die mündliche Abiturprüfung

Eine mündliche Abiturprüfung gibt es in jedem Fall im 4. Abiturfach. Daneben werden weitere mündliche Prüfungen im ersten bis dritten Abiturfach angesetzt, wenn ansonsten das Bestehen der Abiturprüfung gefährdet ist, weil die Mindestbedingungen gem. §29 Abs. 4 APO-GOSt nicht erfüllt sind. Außerdem kann sich jeder zu freiwilligen mündlichen Abiturprüfungen melden, u.a. um seine Abiturdurchschnittsnote zu verbessern. Für mündliche Prüfungen im ersten bis dritten Abiturfach gilt, dass sie inhaltlich nicht dem Stoffgebiet der Abiturklausur oder Leistungsprüfungen der Qualifikationsphase entsprechen dürfen. Es gelten ansonsten grundsätzlich dieselben Kriterien für die Bewertung wie bei den schriftlichen Anforderungen, wobei der sprachlichen Darstellung aufgrund der Kommunikationssituation eine besondere Bedeutung zukommt.

Die Prüfung dauert ca. 30 Minuten und besteht aus zwei Teilen (jeweils 10 bis 15 Minuten). Inhaltlich ist der gesamte Stoff der Qualifikationsphase relevant. Im **ersten Prüfungsteil** wird Ihnen eine **materialgestützte Aufgabe** gestellt, die aus einer oder mehreren Teilaufgaben bestehen kann. Für die Bearbeitung in einem Vorbereitungsraum haben Sie genau 30 Minuten Zeit. Während dieser Zeit sollen Sie einen 10 bis 15 Minuten langen, geschlossenen Vortrag vorbereiten. Die Kürze der Vorbereitungszeit schließt aus, dass Sie Ihren Vortrag schriftlich ausformulieren; vielmehr ist es notwendig, ähnlich wie bei der Sichtungsphase in der Klausur, durch sinnvolles Markieren und knappe Anmerkungen im Materialteil sowie auf dem Aufgabenblatt den Vortrag vorzubereiten. Beim Vortrag können Sie sich auf die Materialien sowie auf Ihre stichwortartigen Aufzeichnungen beziehen.

Im **zweiten Prüfungsteil**, der als **Prüfungsgespräch** angelegt ist, werden Hintergrundwissen und die Kompetenz, größere Sachzusammenhänge darzustellen, gefordert.

8.1 Prüfungsteil 1: Der eigenständige Vortrag

Die größten Schwierigkeiten bei der mündlichen Abiturprüfung liegen erfahrungsgemäß im ersten Teil: Hier wird ein mindestens 10-minütiger, zusammenhängender, gegliederter Vortrag gefordert. Da es für solch lange Vorträge kaum echte Übungsmöglichkeiten im Unterricht gibt, zumindest nicht für jeden Einzelnen, fehlt es weitgehend an konkreten Vorerfahrungen.

Tipps für die 30-minütige Vorbereitung

- *Zügige Bearbeitung:* Beginnen Sie sofort konzentriert mit der Bearbeitung.
- *Themenstellung:* Was ist die Zielrichtung der geforderten Bearbeitung? Wie lautet das Thema?
- *Operatoren:* Welche konkreten Anforderungen werden gestellt? Bei Mehrteiligkeit: Welche Gliederungshilfe bieten die Teilaufgaben?
- *Einstieg:* Nehmen Sie die räumliche Einordnung vor und verdeutlichen Sie den Themenschwerpunkt.
- *Atlas:* Welche Karten sind für die räumliche Einordnung oder für einzelne Aspekte zusätzlich hilfreich?
- *Materialteil:* Fachbegriffe an den Rand schreiben, Quellen-Anmerkungen ergänzen, Stichworte für den Vortrag festlegen; im Material wichtige Stellen oder Zahlenwerte/Verläufe markieren. Wichtige Materialien müssen Sie u. U. bei mehr als nur einer Aufgabenstellung hinzuziehen. Denken Sie nie: „einmal benutzt = abgehakt".
- *Strukturierung:* Nummerieren Sie Ihre Markierungen, damit Sie anhand dieser Reihenfolge Ihren Vortrag gestalten können.
- *Thema/Fazit:* Themenformulierungen beinhalten häufig regelrechte Fragestellungen; bei anderen deutet die letzte Aufgabenstellung auf eine Lösung/Bewertung/Beantwortung hin. Gestalten Sie deshalb den Schluss Ihrer Ausführung mit einem klaren Fazit, in dem Sie eine eindeutig formulierte Antwort geben.

Tipps für den Vortrag

- *Zeitmanagement:* Legen Sie eine Armbanduhr neben Ihr Konzept, schreiben Sie, bevor Sie zu sprechen beginnen, den konkreten Zeitraum für Ihren Vortrag auf Ihr Konzept – so haben Sie klare zeitliche Anhaltspunkte.
- *Grobstruktur:* Nennung der Aufgabenstellung – Einleitung – Bearbeitung der Teilaufgaben – Schlussteil.
- *Leitfaden*: Nutzen Sie Ihre Anmerkungen aus dem Vorbereitungsraum.
- *Materialbezug:* Verdeutlichen Sie während des Vortrages, woher Sie Ihre Aussagen beziehen (z. B.: „Die Probleme des kernstädtischen Verkehrs werden besonders deutlich, wenn man anhand von M X das Straßennetz innerhalb der ehemaligen Stadtmauer betrachtet: Hier erkennt man …" usw.). Damit lenken Sie Blick und Gedanken aller Anwesenden so auf den Sachverhalt, wie Sie es wünschen.

- *Sprechweise:* Sprechen Sie möglichst frei und hinreichend laut. Sprechen Sie unbedingt klar und deutlich.
- *Satzbau:* Vermeiden Sie „Endlossätze", an deren Beginn Sie sich beim Sprechen selbst nicht mehr erinnern.
- *Fachsprache:* Beweisen Sie, dass Sie Ihre „Vokabeln" gelernt haben, indem Sie diese verwenden. Die Adressaten Ihres Vortrags sind Geographie-Lehrer bzw. -Lehrerinnen, also allesamt Fachleute – bedenken Sie dies!
- *Blickkontakt:* Ein gelegentlicher Blick zu den Lehrkräften, die Ihnen gegenüber sitzen, zeugt von souveränem Umgang mit Situation und Kommunikationsregeln.
- *Logische Verknüpfung:* Verbinden Sie Ihre Gedanken durch Konjunktionen und Subjunktionen, d. h., stellen Sie sprachlich unter Beweis, dass Sie in der Lage sind, kausale Beziehungen, Wechselbeziehungen, Abhängigkeiten, Folgen, Folgerungen, Widersprüche, zeitliches Nacheinander usw. im Rahmen Ihres Vortrages zu verdeutlichen („Und … und … und …" sind hierfür ungeeignete Satzanfänge).
- *Training:* Üben Sie auch dieses Procedere mehrfach während der Qualifikationsphase – einen Teil dieser Verfahrensweisen können Sie ebenso bei Einzel- oder Gruppenvorträgen nutzen.

Training/Vorbereitung
Wenn Sie einzelne Teilaufgaben der Klausuren dieses Bandes nehmen und die hierzu passenden zwei bis vier Materialien (mehr werden es in der mündlichen Prüfung nicht sein), dann können Sie den ersten Prüfungsteil simulieren. Halten Sie die Vorbereitungszeit exakt ein, ziehen Sie zwei Kursmitglieder als fiktive Prüfungskommission hinzu und lassen Sie sich von diesen anschließend begründet rückmelden, ob sie Ihren Vortrag verstanden haben bzw. an welchen Stellen nicht.

8.2 Prüfungsteil 2: Das Prüfungsgespräch

Die zeitliche Dauer entspricht derjenigen des ersten Prüfungsteils: 10–15 Minuten je nach Verlauf. In diesem zweiten Teil der Prüfung muss der Prüfer/die Prüferin das Thema aus einem anderen Kurshalbjahr der Qualifikationsphase wählen. Meistens erfolgt durch die Lehrkraft eine Überleitung von Ihrem Vortrag zu diesem zweiten Teil. Im weiteren Verlauf sollen Sie Ihre Kommunikationskompetenzen im Rahmen eines Fachgespräches unter Beweis stellen: Zeigen Sie sich gesprächsgewandt, greifen Sie adressatengerecht und sachkundig Fragen und Impulse auf und gehen Sie möglichst selbstständig und tiefgründig damit um.

Tipps für das Prüfungsgespräch

- *Sprechanteil:* Je eigenständiger und umfassender Sie mit den Fragen und Impulsen umgehen, desto besser! Begnügen Sie sich nicht mit Kurzantworten, führen Sie länger aus.
- *Erfassen der Frageintention:* Achten Sie auf die Operatoren und auf fachliche Kernbegriffe! Führen Sie sinnvolle Beispiele oder Vergleiche aus dem Unterricht an, zeigen Sie Ihr Hintergrund- und Allgemeinwissen. Aber schweifen Sie nicht ab, bleiben Sie beim Thema.
- *Gesprächsaufbau:* In der Regel gestaltet der Prüfer/ die Prüferin ein solches Gespräch nach dem Prinzip „Vom Einfachen zum Schwierigen, vom Einzelfallbeispiel zum Allgemeinen/Modellhaften". Wenn Sie einen Bezug zu einer Ihnen passend erscheinenden Theorie oder zu einem aus dem Unterricht bekannten Modell selbst herstellen können: Tun Sie dies!
- *Unterrichtsbezüge:* Hintergrund aller Fragen und Impulse ist das aus dem Unterricht Bekannte. Stellen Sie also, wo möglich, Vergleiche zu dem im Unterricht Behandelten an, weisen Sie auf Gemeinsamkeiten und Unterschiede hin. Machen Sie somit deutlich, dass Sie den Gesprächsgegenstand der Prüfung in größere Zusammenhänge einordnen können.
- *Verständnisproblem:* Sollten Sie mit einer einzelnen Frage einmal nichts anfangen können: Verlieren Sie keine Zeit, bitten Sie an einer solchen Stelle um eine kurze ergänzende Erläuterung. Aber fragen Sie nicht bei jeder Frage nach!
- *Unterbrechungen:* Lassen Sie sich nicht irritieren. Ihre Lehrkraft möchte Ihnen entweder zurück auf den Haupt(frage)weg helfen oder den Themenschwerpunkt wechseln oder vielleicht wird die Prüfungszeit knapp: Werten Sie solche Unterbrechungen in jedem Fall als für Sie günstig und hilfreich.
- *Mimik und Gestik des Prüfers/ der Prüferin:* Lassen Sie sich nicht durch Äußerlichkeiten irritieren. Denken Sie daran, dass Ihr Lehrer/ Ihre Lehrerin i. d. R. eine Reihe von Prüfungen nacheinander abnimmt, was anstrengend ist. Nehmen Sie Blicke o. Ä. nicht persönlich.

Training/Vorbereitung

Nicht jede/r aus Ihrem Geographie-Grundkurs wird Geographie als 4. Fach gewählt haben. Vereinbaren Sie mit Ihrem Kurslehrer/ Ihrer Kurslehrerin mindestens einmal im Verlauf der Q2 die Simulation eines Prüfungsgespräches unter Abiturbedingungen. Ggf. können Sie mit anderen Kursmitgliedern wechselseitig üben; berücksichtigen Sie dabei die jeweiligen Kurshalbjahresthemen und die inhaltlichen Schwerpunkte des Kernlehrplans.

Viel Erfolg!

Grundkurs Geographie (NRW) – Abiturprüfung 2019
Aufgabe 1

Thema

Sonderkulturanbau als nachhaltiger Entwicklungsimpuls? – Das Beispiel des Vanilleanbaus auf Madagaskar

Aufgabenstellung	Punkte
1. Lokalisieren Sie Madagaskar und kennzeichnen Sie die dortige landwirtschaftliche Nutzung sowie den Entwicklungsstand um 2005.	25
2. Erläutern Sie die Entwicklung des Vanilleanbaus auf Madagaskar sowie seine wirtschaftliche Bedeutung unter Berücksichtigung der räumlichen Verteilung der Anbaugebiete.	28
3. Erörtern Sie, inwiefern der Vanilleanbau zu einer nachhaltigen Entwicklung beitragen kann.	27

Zugelassene Hilfsmittel

- der an der Schule in der Qualifikationsphase überwiegend verwendete Atlas, in einer für alle Prüflinge gleichen Auflage
- Wörterbuch zur deutschen Rechtschreibung
- Taschenrechner

Materialgrundlage

M 1 Atlaskarten nach Wahl

M 2 Madagaskar – grundlegende Daten

Fläche (km^2)			578 041	
			2004	**2017**
Einwohner (Mio.)			17,8	25,0
BIP	pro Kopf (US-$)		283	450
	Anteile der Sektoren (%)		28,7 : 15,5 : 55,8	24,7 : 19,4 : 55,9
Erwerbstätige, Sektoren (%)			78 : 7 : 15	75 : 9 : 16
Handels-bilanz (Mrd. US-$)	Exportwert / wichtige Exportgüter		0,87 Vanille (24 %), Kaffee, Garnelen, Baumwolle, Zucker, Bekleidung, Erze	2,3 Erze, Vanille (19 %), andere Gewürze, Kaffee, Garnelen, Bekleidung
	Importwert / wichtige Importgüter		2,74 Maschinen / Geräte, Brennstoffe, Nahrungs- / Transportmittel	3,0 Erdöl(-produkte), Nahrungsmittel und andere Konsumgüter, Maschinen
Haushalte unterhalb der Armutsgrenze (%)			68,8 Land: 73,5; Stadt: 52,0	70
Ernährungsunsicherheit der Bevölkerung (%)			32	48
Ärzte / 10 000 Einwohner			2,0	1,0
HDI (Wert/Rang)			0,509 / 143 von 177	0,512 / 158 von 188
lw. Nutzfläche/Einwohner (ha)			2,3	1,64
Kunstdüngereinsatz (kg / ha)			2,2	3,4
Asphaltstraßen (km / 1 000 km^2)			9,2	10,4

eigene Zusammenstellung nach: http://hdr.undp.org/en/composite/trends; https://www.tourism-watch.de/files/diplomarbeit_melaky_tourismus_sonja_biwer_2010.pdf; https://wko.at/statistik/laenderprofile/lp-madagaskar.pdf; http://akgul.bilkent.edu.tr/hdr/2006/statistics/countries/country_fact_sheets/cty_fs_MDG.html (Zugriff jeweils 27.06.2018)

M 3 Madagaskar – Landwirtschaft (siehe Farbabbildungen!)

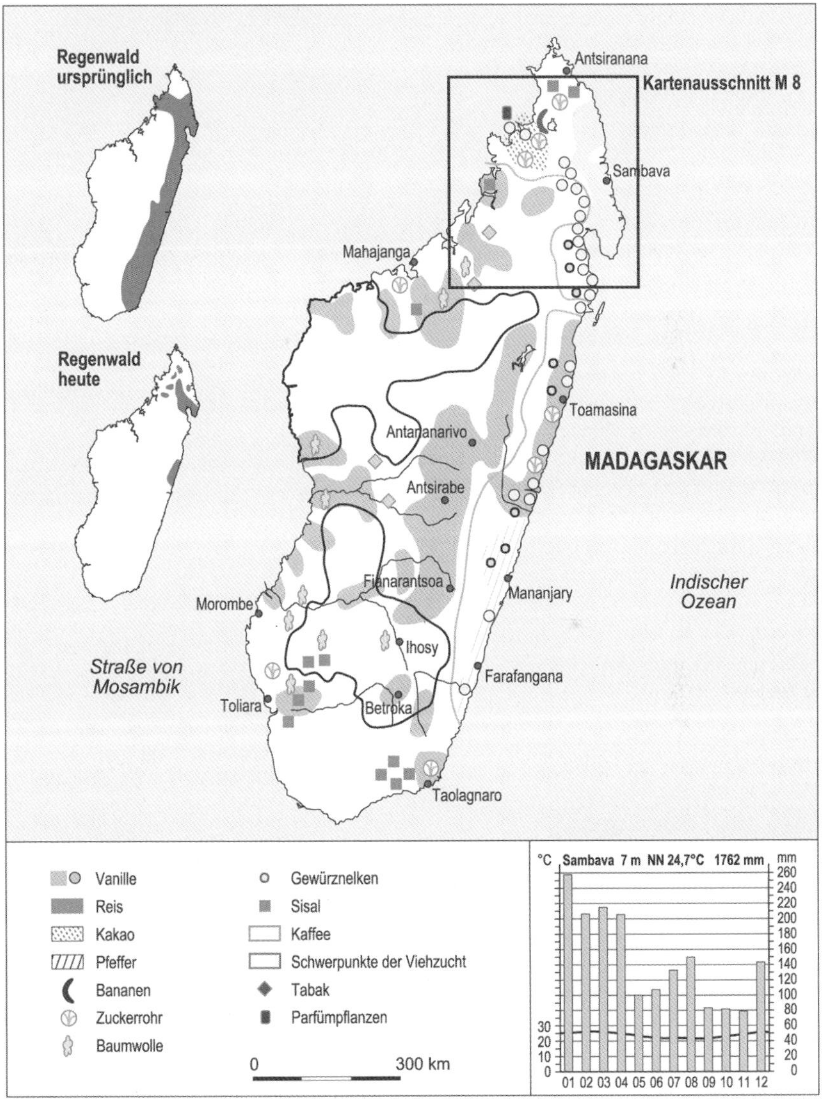

eigene Darstellung nach https://raw.githubusercontent.com/ghislainv/deforestation-maps-Mada/master/manuscript/figs/fig_fcc.png; http://fao.org/faostat/en/#data/QC; http://www.vanille-info.de/geschichte/ (Zugriff jeweils 27. 06. 2018)

M 4 Vanille – Steckbrief

Vanille (*Vanilla planifolia*): ursprünglich aus Mittelamerika stammende, um 1880 auf Madagaskar eingeführte Kletterorchidee, deren Ranken an Bäumen – in Pflanzungen (zusätzlich auch) an Pfählen – emporklettern

Ökologische Ansprüche	
Temperatur	ganzjährig 25 – 32 °C
Feuchtigkeit	1 500 – 3 000 mm, gleichmäßig über das Jahr verteilt; Trockenzeit: max. 2 Monate; Luftfeuchtigkeit ~ 80 %

Produktionsschritte

- erste Blüte nach 3 – 4 Jahren: Blütezeit der
  - Pflanzen: 2 – 3 Monate im Jahr (auf Madagaskar ab November)
  - Einzelblüten: wenige Stunden an einem einzigen Tag
- regelmäßiger Formschnitt der Ranken, die für 12 – 14 Jahre produktiv sind
- künstliche Bestäubung von Hand (bis zu 1 500 Blüten / Arbeiter / Tag)
- Ernte der grüngelben Schoten von Hand nach 7 – 9 Monaten
- arbeits- und zeitintensive Weiterverarbeitung

Vanilleanbau auf Madagaskar weit überwiegend kleinbäuerlich geprägt:

- 2014 ca. 80 000 Betriebe
- 2016 ca. 100 000 Betriebe

traditioneller kleinbäuerlicher Vanilleanbau auf Madagaskar in weitgehend intaktem Regenwald

kleinbäuerlicher Vanilleanbau auf Madagaskar auf gerodeter Fläche mit Sonnenschutz

Natürliches/künstliches Vanillin

natürliches Vanillin:

Aromastoff der Vanilleschoten; Verwendung in Lebensmitteln (Backwaren, Getränken, Schokolade, Speiseeis) sowie in der Parfüm- / Pharmaindustrie; Vanillingehalt der Madagaskar-Vanille: 1,6 – > 3%, in Amerika und Asien angebauter Vanille: < 1%

künstliches Vanillin:

erste Synthetisierung 1874; heute Herstellung aus Holz oder Erdöl, v. a. in den USA, Japan, China, europäischen Ländern; Weltmarktpreis: 10 – 20 € / kg

eigene Zusammenstellung nach: http://www.spiegel.de/spiegel/agraringenieure-wollen-vanille-in-gewaechshaeusern-anbauen-a-1156988.html; https://www.online.uni-marburg.de/botanik/nutzpflanzen/marina_lindackers/Vanilla_planfolia_-_Bluete_und_Bestaeubung.html (Zugriff jeweils 22. 04. 2018); Fotos: http://www.uni-goettingen.de/de/531390.html; © SOMRERK WITTHAYANANT/Shutterstock.com; http://www.uni-goettingen.de/de/531390.html

M 5 Madagaskar – Vanilleanbau

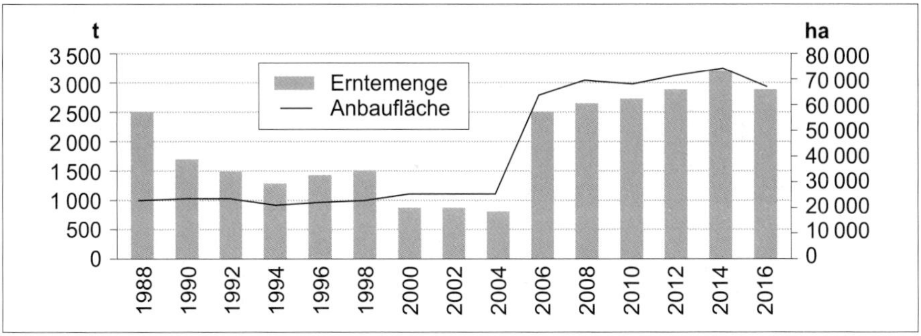

eigene Darstellung nach Daten von http://www.fao.org/faostat/en/#data/QC; http://www.vanille-info.de/ geschichte/ (Zugriff jeweils 22.07.2018)

M 6 Madagaskar – Vanillehandel

Vanille als Spekulationsobjekt

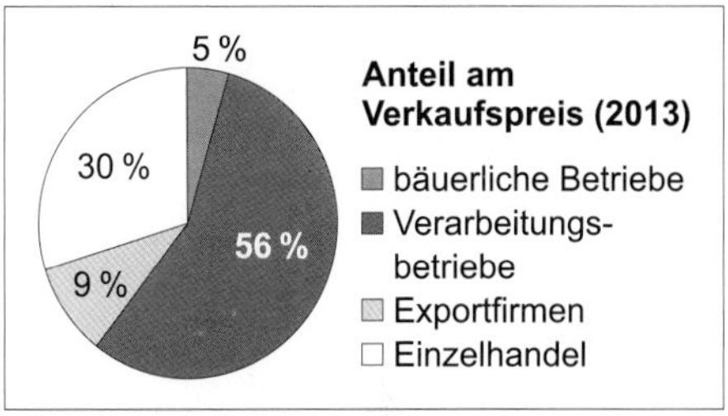

Mit illegalen Geldern kauften madagassische wie chinesische Händler ohne Quittung große Vanille-Mengen auf.

Zunächst kam den Kleinfarmern dies gelegen, konnten sie doch nun ihre Ernten zu einem guten Preis verkaufen. Die Wertsteigerung der Schoten zog jedoch Diebe an, und große Teile der Ernte wurden von den Feldern gestohlen. Daher gingen die Farmer dazu über, die Vanille sehr früh zu ernten. Die Verarbeitungsbetriebe entwickelten nun eine Technik, die unreif geernteten Schoten über längere Zeiträume aus Spekulationsgründen zu lagern. Die Qualität dieser Schoten ist jedoch deutlich geringer. Dadurch gerate die Marke „Madagaskar-Vanille" international in Gefahr, so das Handelsministerium. Anlass zur Sorge gäben darüber hinaus – so das madagassische Vanilla Board – die ab 2020 zu erwartenden Erträge neu angelegter Vanille-Plantagen in Indien und Indonesien.

eigene Zusammenstellung nach:
Johannes Dieterich, Teures Gewürz: Geldwäsche löst Vanillekrise aus, Badische Zeitung vom 06. 05. 2016, http://www.badische-zeitung.de/wirtschaft-3/teures-gewuerz-geldwaesche-loest-vanillekrise-aus 121710348.html; Paul Richardson, Fanja Razafimahatratra, Unruhe auf dem Vanillemarkt macht Erzeugern und Käufern Sorgen, Die Welt vom 01. 04. 2016, https://www.welt.de/newsticker/bloomberg/ article153889895/Unruhe-auf-dem-Vanillemarkt-macht-Erzeugern-und-Kaeufern-Sorgen.html

M 7 Vanille als Welthandelsgut

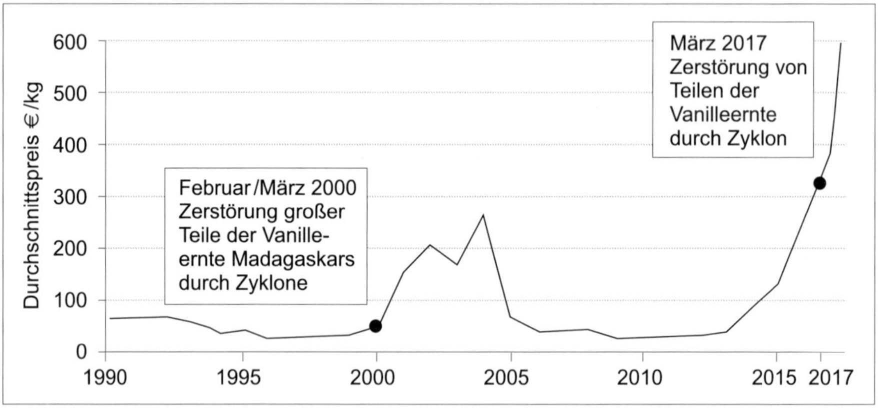

Die Top 6-Vanilleproduzenten (t)

	2004		2014		2016	
1	Indonesien	2 252	Madagaskar	3 139	Madagaskar	2 926
2	Papua-Neuguinea	1 000	Indonesien	2 000	Indonesien	2 304
3	China	900	Papua-Neuguinea	509	China	885
4	Madagaskar	839	Mexiko	420	Mexiko	513
5	Mexiko	252	China	286	Papua-Neuguinea	502
6	Uganda	170	Türkei	276	Türkei	303
Anteil Madagaskars an der weltweiten Produktion (%)						
		14,4		43,8		36,8

eigene Darstellung nach Daten von Eurovanille Nielsen Massey;
eigene Zusammenstellung nach: http://v=onepage&q=indlala%20zyklon%20madagaskar&f=false;
http://vanilla.wollenhaupt.com/images/downloads/Market_Report_November_2016.pdf;
http://www.fao.org/faostat/en/#rankings/countries_by_commodity (Zugriff jeweils 22. 04. 2018)

M 8 Die Region Sava – grundlegende Daten (siehe Farbabbildungen!)

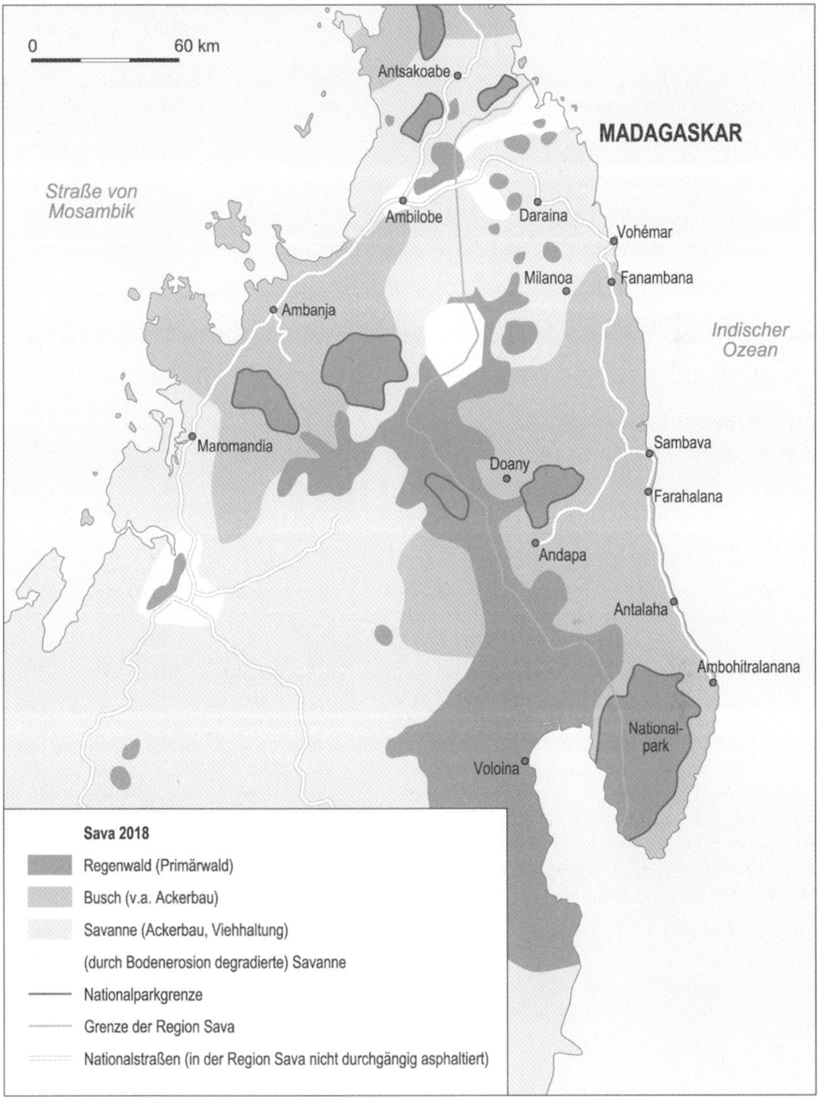

Die Region Sava – grundlegende Daten

Fläche (km^2)	25 518	
	2004	**2017**
Einwohner (Mio.)	0,85	1,01
Ernährungsunsicherheit der Bevölkerung (%)	34,7	44,1
Haushalte unterhalb der Armutsgrenze (%)	72,5	85
Vanille-Bauern (in der Regel auch Anbau von Reis)	64 000	70 000
Anteil der Region am Vanilleanbau Madagaskars (%)	85	90
Anteil der Vanille-Bauern, die weniger als 1 US-$ / Tag erwirtschaften (%)	k. A.	75
auf Vanillepflanzungen arbeitende Kinder	k. A.	ca. 20 000
gesamte Waldfläche (km^2)	15 920	12 887
2 955 km^2 Regenwald in den beiden Nationalparks (Weltnaturerbe), hier in den letzten Jahren Abholzung >1 km^2/Woche		

eigene Zusammenstellung nach: https://www.instat.mg/madagascar-en-chiffre/; https://www.pnae.mg/docs/ecf/fcc-05-10-2013.pdf; https://sustainabledevelopment.un.org/content/documents/1717The%20State%20of%20Food%20Insecurity%20in%20the%20World%202014.pdf

Die Aufgabe bezieht sich auf die folgenden Elemente des Kernlehrplans und die Vorgaben 2019:

- **Inhaltsfeld 3:** Landwirtschaftliche Strukturen in verschiedenen Klima- und Vegetationszonen
  - Landwirtschaftliche Produktion in den Tropen vor dem Hintergrund weltwirtschaftlicher Prozesse
  - Landwirtschaft im Spannungsfeld zwischen Ressourcengefährdung und Nachhaltigkeit
- **Inhaltsfeld 6:** Sozioökonomische Entwicklungsstände von Räumen
  - Merkmale und Ursachen räumlicher Disparitäten

Lösungsvorschlag

Berücksichtigen Sie die Tipps für die Anfertigung der Abiturklausur auf den ersten Seiten dieses Buches. Denken Sie z. B. daran, Ihre Ausführungen mithilfe von Zwischenüberschriften zu gliedern. Geben Sie am Ende eines (Sinn-)Abschnittes die Materialbelege in Klammern an, wenn Sie dort einen neuen Sachverhalt vorstellen. Achten Sie auf eine allgemein- und fachsprachlich angemessene Darstellung.

Teilaufgabe 1

Zuerst müssen Sie mithilfe des Atlas die geographische Lage Madagaskars bestimmen (Operator „lokalisieren"). Berücksichtigen Sie dabei die Faktoren, die für die Landwirtschaft eine Rolle spielen, u. a. das Klima. Der Operator „kennzeichnen" verlangt in dieser Teilaufgabe von Ihnen, dass Sie darlegen, welche Voraussetzungen es für die landwirtschaftliche Nutzung um 2005 gab und welchen Entwicklungsstand die Landwirtschaft Madagaskars damals aufwies. Werten Sie dazu M 2 und M 3 im Hinblick auf wichtige Entwicklungsindikatoren und die räumlichen Schwerpunkte der Landwirtschaft aus. Es empfiehlt sich, ein kurzes Zwischenfazit zu ziehen.

Lage

Madagaskar ist ein **Inselstaat** auf der südlichen Hemisphäre, **im Indischen Ozean** vor der afrikanischen SO-Küste gelegen. Vom afrikanischen Festland ist Madagaskar durch die an der schmalsten Stelle ca. 450 km breiten Straße von Mosambik getrennt. Madagaskar, eine ehemalige französische Kolonie, erstreckt sich in NNO-SSW-Richtung über ca. 1 500 km zwischen dem 12. und 26. südlichen Breitenkreis sowie 43. und 51. östlichen Längenkreis und weist an der breitesten Stelle ca. 600 km auf. Die Hauptstadt Antananarivo liegt in einer Hochebene in ca. 1 500 m ü. NN.

Die Landhöhe steigt von der Westküste, deren Tieflandbereich deutlich breiter ist als an der Ostküste, nach Osten hin an, wobei der höchste Punkt mit 2876 m im NO im Tsaratananamassiv liegt. Zur Ostküste fällt das **Relief** zum Teil wieder steil ab bis auf Meereshöhe. Madagaskar liegt in zwei unterschiedlichen **Klimazonen**: Der größte Teil, zwischen Äquator und südlichem Wendekreis gelegen, ist tropisch. Die Südspitze südlich des Wendekreises gehört zu den Subtropen (M 1, M 3).

Natürliche Voraussetzungen für die Landwirtschaft

Das **Relief** ist deutlich in NNO-SSW-Richtung gegliedert. Aufgrund des SW-Passats und der Lage im Einfluss des Südäquatorialstroms liegen die Niederschlagsmaxima an der Ostküste und der Ostseite des Zentralgebirges, mit dem Niederschlagsschwerpunkt in den Monaten Januar bis April. Nach Westen nehmen die Jahresniederschläge entsprechend der Reliefabdachung bis auf unter 25 mm pro Monat in der Trockenzeit an der SW-Küste ab.

Entsprechend unterschiedlich zeigt sich die Verteilung der natürlichen **Vegetation** und der **Böden:** Während der Osten des Landes durch tropische Regenwälder und lateritische Böden geprägt ist, weist der Westen rotbraune und rote Böden der Trockensavanne und im äußersten Süden der Dornstrauchsavanne auf (M 1, M 3).

Räumliche Schwerpunkte der Landwirtschaft um 2005

Nur etwa 10–15 % der Landfläche Madagaskars sind für eine intensive Landwirtschaft nutzbar. Die geeigneten Regionen befinden sich an der Ostküste, im Hochland in einer ca. 100 km langen Zone südwestlich der Hauptstadt, an der Südwestküste sowie nordöstlich von Mahajanga an der Nordwestküste. Während im Norden und Osten im Bereich der ehemaligen Regenwälder, die flächenmäßig auf nur noch weniger als ein Zehntel geschrumpft sind, vor allem Zuckerrohr, Kaffee und Gewürzpflanzen wie Gewürznelken oder Pfeffer angebaut wurden, findet man Tabakanbau in der Inselmitte, Faserpflanzen wie Sisal im trockenen Süden und Westen sowie lokal tropisches Obst wie Bananen. Im Einflussbereich der zur Straße von Mosambik entwässernden großen Flüsse wird im Westen Reis kultiviert, im Bereich der Feucht- und Trockensavannen befinden sich die Schwerpunkte der Viehzucht sowie Baumwollanbau. Vanille wird ausschließlich im feuchten Norden und Osten angebaut (M 1, M 3).

Entwicklungsstand Madagaskars um 2005

Die **wirtschaftlichen** und **sozialen Merkmale** Madagaskars deuten auf ein schwach entwickeltes Land hin: Mit 78 % war der Anteil der im primären Sektor Beschäftigten enorm groß. Der mit nur knapp 30 % geringe Beitrag dieses Sektors zum BIP lässt auf eine **wenig leistungsstarke Landwirtschaft** schließen. Ursachen hierfür dürften die durchschnittliche Nutzfläche von lediglich 2,3 ha pro Einwohner und der geringe Kunstdüngereinsatz (2,2 kg/ha) sein. Weitere Kennzeichen für eine rückständige Entwicklung sind auch der mit 74 % sehr hohe Anteil der unter der Armutsgrenze lebenden Landbevölkerung und die geringe Ernährungssicherheit der Gesamtbevölkerung Madagaskars. Allerdings spielten um 2005 landwirtschaftliche Erzeugnisse eine entscheidende Rolle beim Export: Allein die Vanilleproduktion trug zu fast einem Viertel zum Export bei, der aber mit 870 Millionen US-Dollar einen niedrigen Wert aufwies (M 2).

Weitere negative Strukturmerkmale

Neben dem mit 283 US-$ sehr niedrigen BIP/Kopf waren auch die Quote von nur 2 Ärzten pro 10 000 Einwohnern und das schlecht ausgebaute Straßennetz (nur 9 von 1 000 km waren asphaltiert) typische **Kennzeichen eines unterentwickelten Landes**. Dies wird durch den niedrigen HDI-Wert von 0,509 und einem hinteren Platz im Staatenranking (Platz 143 von 177) unterstrichen (M 2).

Zwischenfazit

Madagaskar stellt sich um 2005 dar als einseitig **von der Landwirtschaft geprägtes Land**, wobei diese wenig leistungsstark ist. Die schlechte **Infrastrukturausstattung** des Landes verstärkt den Charakter eines **Entwicklungslandes**.

Teilaufgabe 2

Der Operator „erläutern" verlangt von Ihnen, dass Sie alle vorliegenden Materialien mit Blick auf die Entwicklung des Vanilleanbaus in Madagaskar auswerten und dabei auf das regionale Verteilungsmuster im Jahr 2017 eingehen. Außerdem sollen Sie darlegen, welchen wirtschaftlichen Stellenwert der Vanilleanbau für die Gesamtwirtschaft Madagaskars 2017 besessen hat.

Räumlicher Schwerpunkt des Vanilleanbaus

Der eindeutige **Schwerpunkt des Vanilleanbaus** liegt **im NO Madagaskars in der Region Sava**. Hier findet die Kletterorchidee Vanille die idealen klimatischen Voraussetzungen für ihr Wachstum: Ganzjährig liegt die Temperatur um 25 Grad Celsius; im dortigen vollhumiden Klima sind die über 1 500 mm Jahresniederschlag über alle zwölf Monate verteilt. Ein Beispiel hierfür ist Sambava mit zwölf humiden Monaten, dem Niederschlagsmaximum im Januar mit ca. 260 mm und 1 762 mm Jahresniederschlag. Kleinere Anbauregionen finden sich ebenfalls an der feuchtwarmen Ostküste (M 3, M 4).

Entwicklungen des Vanilleanbaus auf Madagaskar

Im Zeitraum zwischen 1988 und 2004 blieb die Gesamtanbaufläche der Vanille mit ca. 25 000 ha gleich. Die Ernteerträge gingen hingegen zunächst von 2 500 t im Jahr 1988 auf 1 500 t im Jahr 1992 zurück und sanken dann auf nur noch 750 t im Jahr 2000. Der

Vanilleanbau stagnierte bis 2004; dann stieg die **Anbaufläche** rasant um das Zweieinhalbfache auf 60000 ha und in einem zweiten Schritt zwischen 2006 und 2014 sogar auf über 70000 ha. Die **Erntemengen** erhöhten sich parallel dazu auf 2500 t im Jahr 2006 und bis auf 3100 t im Jahr 2014. Die kurze Phase danach bis 2016 weist einen leichten Rückgang von Anbaufläche und Erntemenge auf (M 5).

Besitz- und Produktionsstrukturen

Der Großteil der Vanillebetriebe befindet sich im kleinbäuerlichen Besitz. Die Anzahl dieser Betriebe stieg von 2014 bis 2016 um 20000 auf ca. 100000. Die **Pflege** der Vanillepflanzen ist äußerst **arbeitsaufwendig:** Ganzjährig ist u. a. eine künstliche Bestäubung per Hand, ein regelmäßiger Formschnitt und eine zeitintensive Weiterverarbeitung nach der Ernte erforderlich. Die Vanille-Bauern bauen meist auch Reis als Grundnahrungsmittel zur Selbstversorgung an (M 2, M 4, M 8).

Ursachen der quantitativen und qualitativen Entwicklung seit 1988

Die ursprünglichen **Regenwaldflächen** Madagaskars, darunter auch viele Gebiete im NO des Landes, schrumpften auf weniger als 10 % in der Gegenwart (M 3). Da auf den gerodeten Arealen keine Bäume mehr Schutz vor dem unmittelbaren Sonnenlicht boten, wurde der **Anbau unter Folien und Planen** stark intensiviert (M 4). Die Ausweitung des Anbaus erfolgte auch aufgrund besserer Absatzperspektiven der Bauern, deren Ernten aus **Spekulationsgründen** frühzeitig mit illegalen Geldern von chinesischen und madagassischen Händlern aufgekauft wurden. Zunächst führte dies zu einem sehr starken Anstieg von Produktion und Ertrag. Die Gewinne riefen jedoch auch Diebe auf den Plan, die große Teile der Ernten von den Feldern entwendeten. Als Folge davon kam es in den Jahren danach zu frühzeitigen Ernten vor dem optimalen Erntezeitpunkt, was die **Qualität** des Markenproduktes „Madagaskar-Vanille“ **minderte** und sich negativ auf die Vermarktung auswirkte (M 6). Eine weitere Bedrohung für den Vanilleanbau sind die **Zyklonen**, die von Zeit zu Zeit die Insel tangieren. Unter den beiden letzten in den Jahren 2000 und 2017 litten Erntemengen und Erlöse erheblich (M 7).

Ökonomische Bedeutung in der Gegenwart

Weltweit hat der Vanilleanbau seit Beginn des 21. Jh. deutlich zugenommen, wobei Madagaskar trotz leichter Rückgänge der Erntemenge von 3139 t (2014) auf 2926 t (2016) seinen Platz als **Weltmarktführer** mit 36,8 % behalten hat (M 7). Die durchschnittlichen Erlöse unterlagen seit 1990 wiederholt Schwankungen, was u. a. auf die Zerstörung von Teilen der Vanilleernte durch Zyklonen zurückzuführen war. Seit 2013 stieg der **Weltmarktpreis** rapide von 30 €/kg bis auf über 600 €/kg im Jahr 2017 (M 7). Entsprechend schwankten auch die Vanille-Exporterlöse Madagaskars. Der Anteil der Vanille am insgesamt gestiegenen Gesamtexportwert sank von 24 % im Jahr 2004 auf 19 % im Jahr 2017 (M 2).

Als starker Konkurrent taucht verstärkt **künstliche Vanille**, hergestellt aus Holz oder Erdöl, auf. Der Marktpreis von künstlicher Vanille lag 2017 mit 10–20 €/kg deutlich unter dem von natürlicher Vanille mit über 600 €/kg (M 4, M 7).

Während der absolute Wert der Vanilleexporte deutlich gestiegen ist – 19 % von 2,3 Mrd. US-$ 2017 sind deutlich mehr als 24 % von 0,87 Mrd. 2004 – hat Madagaskar zeitgleich versucht, durch **Diversifizierung** seiner Exportstruktur die **wirtschaftliche Abhängigkeit** von der Vanille zu reduzieren (M 2).

Teilaufgabe 3

Der Operator der dritten Teilaufgabe, „erörtern", gibt Ihnen die Strukturierung Ihrer Ausführungen vor: Sie müssen zunächst die Chancen und Risiken des Vanilleanbaus aufzeigen, diese dann gegeneinander abwägen und abschließend ein eigenes begründetes Urteil zur Frage der Nachhaltigkeit formulieren. Die Grundlage Ihrer Argumentation bilden neben den Materialien Ihre eigenen Ausführungen zu den beiden vorhergehenden Teilaufgaben. Stellen Sie Ihrer Argumentation eine kurze Einführung voran (M 2, M 4, M 6–M 8).

Bei der weiteren Entwicklung des Vanilleanbaus auf Madagaskar muss berücksichtigt werden, in welchem Verhältnis **ökonomische**, **ökologische** sowie **soziale** Chancen bzw. Risiken stehen. Schon die bisherige Entwicklung hat deutlich gemacht, dass es zwei Seiten einer Medaille gibt. Am deutlichsten kann dies am Beispiel der klimatisch begünstigten **Region Sava** aufgezeigt werden, die zu 90 % zur Vanilleproduktion Madagaskars beiträgt (M 8).

Positive Perspektiven des Vanilleanbaus

Die gegenwärtig hohen **Weltmarktpreise** bieten eine relativ gute Einnahmequelle für die ländliche Bevölkerung und sind ein wichtiger **Devisenbringer** für das gesamte Land. Die Ausweitung der Anbaufläche hat bis 2017 weiteren Menschen eine Arbeitsgrundlage verschafft, was im Hinblick auf die gewachsene Bevölkerung sowohl im ganzen Land wie auch in der **Region Sava** wichtig ist. Die **Ernährungssituation** ist dort unsicherer geworden (Ernährungsunsicherheit 44,1 %: +9,4 % gegenüber 2004). Gegenüber 2004 gab es in der Region Sava 6000 Vanille-Bauern mehr. Die gestiegenen Einnahmen durch den Vanilleexport haben zur deutlichen

Reduzierung des Handelsdefizits im Jahr 2017 – nur noch 700 Mio. US-$ gegenüber 1,87 Mrd. US-$ im Jahr 2004 – beigetragen (M 2, M 7, M 8).

Negative Perspektiven

Der einzelne Bauer profitiert mit 5 % (M 6/Kreisdiagramm) nur in äußerst geringem Umfang von den Vanilleerlösen, seine Ernährungsgrundlage hat abgenommen: Die schon 2004 sehr kleine landwirtschaftliche Nutzfläche/ Einwohner ist bis 2017 von 2,3 ha auf nur noch 1,64 ha geschrumpft, die Anzahl von Kindern, die im Vanilleanbau mitarbeiten müssen, ist mit 20000 recht groß. **Schwankende Weltmarktpreise** und **Weltmarktkonkurrenten** wie Indien und ab 2020 zu erwartende stärkere Exporte einzelner Staaten wie z. B. Indonesien verschärfen die ungünstige ökonomische Situation in Madagaskar. So ist sogar die Region Sava hinter der allgemeinen Entwicklung des Landes zurückgeblieben und wies z. B. 2017 eine geringere Ernährungssicherheit und mehr Haushalte unter der Armutsgrenze auf als 2004. Der Beitrag zum BIP/Einwohner dürfte geringer sein, da 75 % der Vanille-Bauern weniger als 1 US-$/Tag erwirtschaften. Insgesamt ist der Beitrag des primären Sektors zum BIP in Madagaskar seit 2004 gesunken, im Unterschied zum sekundären Sektor, der auf 19,4 % zugelegt hat und dessen Exportanteil (Erze) den der Vanille eingeholt hat (M 2, M 6, M 8).

Die allgemeine infrastrukturelle Situation Madagaskars hat sich seit 2004 kaum verbessert, in einzelnen Bereichen sogar verschlechtert. So wurde der Anteil asphaltierter und damit durchgängig nutzbarer Straßen geringfügig auf 10 pro 1000 km erweitert. Hingegen hat sich die ärztliche Versorgung verschlechtert: Der Anteil von Ärzten je Einwohner sank um die Hälfte auf einen Arzt/10000 Einwohner. Im **internationalen Ranking** verlor Madagaskar trotz eines gestiegenen BIP/Einwohner von 450 US-$ und eines etwas verbesserten **HDI**-Wertes von 0,512 und rangierte im Ländervergleich nur noch auf Platz 158 von 188 (M 2).

Aus ökologischer Sicht ist der weitere **Schwund der Regenwälder** kritisch anzumerken: Die bisherigen Rodungen von mehr als 90 % der ursprünglichen Regenwaldbestände gingen vielerorts einher mit Bodenerosion und Bodendegradierung, so auch in der Region Sava. Und selbst in den als Weltnaturerbe ausgewiesenen und eigentlich geschützten Restwäldern wurde in den letzten Jahren weiter abgeholzt. In der Region Sava verschwanden seit 2004 mehr als 3000 der damals noch vorhandenen 15920 km^2 Waldfläche (M 8).

Fazit

Es besteht nur geringe Aussicht darauf, dass die Ausweitung des Vanilleanbaus zu einer nachhaltigen Entwicklung der Wirtschaft Madagaskars beitragen kann. Zum einen fehlt es an **Erweiterungsflächen**, die für einen flächenmäßigen Ausbau ohne große ökologische Schäden infrage kommen. Zum anderen wird der Flächenertrag aufgrund der Ansprüche der Orchideenpflanze Vanille kaum gesteigert werden können.

Die Substitution durch das deutlich preiswertere künstliche Vanillin und die zunehmende **Konkurrenz** durch Staaten, die natürliches Vanillin exportieren, gefährdet vielmehr die bisherige ökonomische Grundlage der Vanille-Bauern, deren sozioökonomische Lage sowieso schon schwierig ist.

Wenn die Bevölkerung Madagaskars in Zukunft weiterwächst, wird dies das kaum industrialisierte Land vor große ökonomische und soziale Herausforderungen stellen, die durch eine Ausweitung des primären Sektors nicht zu bewältigen sein werden.

Grundkurs Geographie (NRW) – Abiturprüfung 2019
Aufgabe 2

Thema

Strategien touristischer Entwicklung im Spannungsfeld von Ökonomie und Ökologie – Das Beispiel Botsuana

Aufgabenstellung

		Punkte
1.	Lokalisieren Sie Botsuana und kennzeichnen Sie das touristische Potenzial des Landes unter besonderer Berücksichtigung der naturräumlichen Gegebenheiten.	25
2.	Erläutern Sie die Merkmale und die Entwicklung des Tourismus in Botsuana sowie dessen wirtschaftliche Bedeutung für das Land.	29
3.	Nehmen Sie mit Blick auf Entwicklungstendenzen in der strategischen Ausrichtung kritisch Stellung zur weiteren touristischen Entwicklung Botsuanas.	26

Zugelassene Hilfsmittel

- der an der Schule in der Qualifikationsphase überwiegend verwendete Atlas, in einer für alle Prüflinge gleichen Auflage
- Wörterbuch zur deutschen Rechtschreibung
- Taschenrechner

Materialgrundlage

M 1 Atlaskarten nach Wahl

M 2 Botsuana – Klima

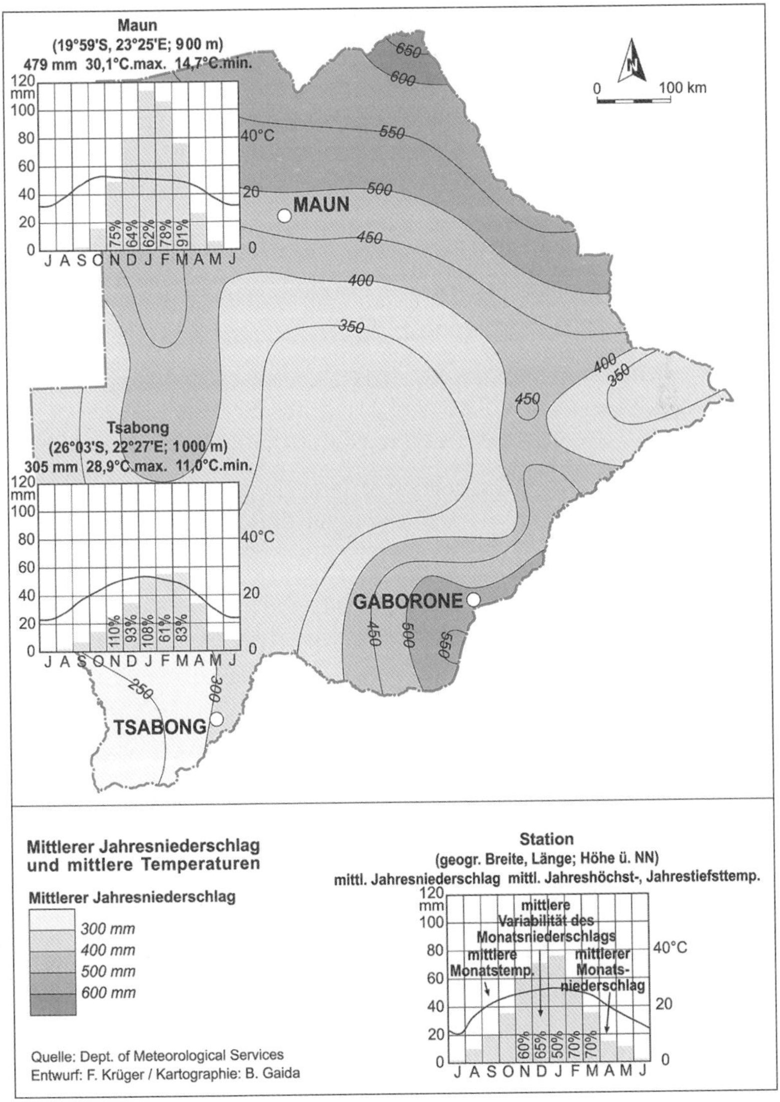

Anmerkung:
Der Norden des Landes mit dem Einzugsgebiet des Okavango befindet sich in einer Übergangszone, die Teilregionen mit hohen und sehr niedrigen Niederschlägen aufweist. Dies führt zu einer hohen saisonalen Variabilität der Wasserführung des Okavangos.

M 3 Botsuana – touristische Sehenswürdigkeiten (siehe Farbabbildungen!)

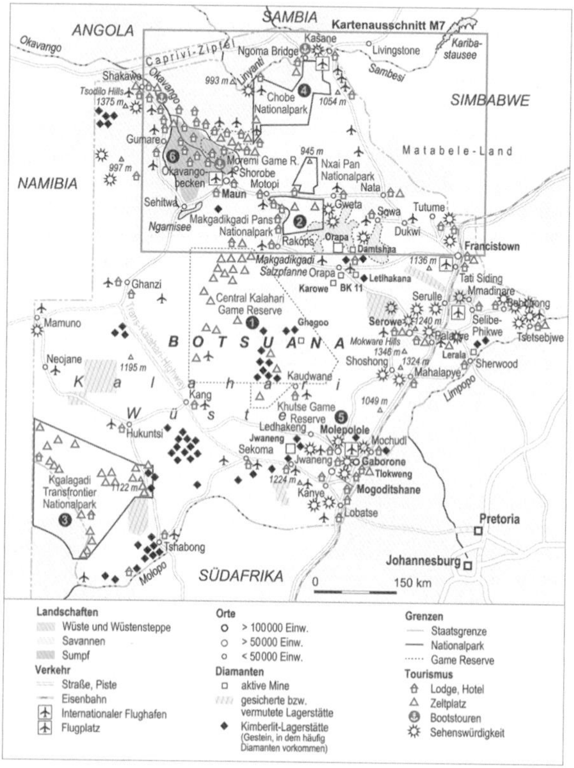

1 Central Kalahari Game Reserve*
- zählt zu den fünf größten Naturreservaten der Erde
- seit 1998 für Individualtourismus geöffnet

2 Makgadikgadi Pans
- mit 12 000 km^2 weltweit größte Salzpfanne
- zahlreiche archäologische Spuren
- Möglichkeit zu Jeep-Safaris

3 Kgalagadi-Transfrontier-Nationalpark
- Wilderness Trail (Möglichkeit zum Outdoor-Erlebnis)
- spektakuläre Dünen

4 Chobe-Nationalpark
- ca. 60 000 Elefanten und 440 Vogelarten
- zahlreiche Lodges und Bush Camps

* Game Reserve: privates kommerzielles Naturreservat für exklusiven Safaritourismus mit weitaus weniger Touristen als in staatlichen Nationalparks

5 Gaborone
- boomende Hauptstadt (208 000 Einwohner)
- internationales Kongresszentrum, Spielcasino
- internationaler Flughafen

6 Okavango-Delta
- größtes Binnendelta der Welt mit einzigartiger Fauna und Flora, UNESCO Weltkulturerbe
- mit Abstand wichtigste Tourismusdestination Botsuanas
- Anreise von Maun aus mit kleinen Flugzeugen zu den Lodges und Zeltcamps
- Möglichkeit zu Safaris (per Jeep oder Flugzeug) sowie zu Bush Walk-Touren
- Gefährdung durch Staudammprojekte in den Nachbarländern

© cartomedia, Karlsruhe; eigene Zusammenstellung nach: http://botswanatourism.eu/category/hoehepunkte/ (Zugriff jeweils 15. 11. 2017)

M 4 Botsuana – ausgewählte Strukturdaten

Fläche (km²): 582 000 (BRD: 357 000)
ca. 17 % der Fläche Botsuanas sind Nationalparks und Game Reserves, weitere 20 % Natur- und Wildschutzgebiete

	2005	2016
Demographie/Soziales		
Bevölkerung (Mio.)	1,876	2,25
HDI	0,610	0,698 (Rang: 108 von 188)
Bevölkerungswachstum (%)	1,4	1,8
Bevölkerungsdichte (Einwohner/km²)	3,3	4,0
städtische Bevölkerung (%)	55,9	67,9
Lebenserwartung bei Geburt (Jahre)	52,2	66,8
Alphabetenrate (%)	k. A.	88,5
Wirtschaft		
BIP je Einwohner in KKP* (US-$)	10 314	16 961
Entwicklung des BIP (%/Jahr)	4,6	4,3
Anteile der Wirtschaftssektoren am BIP (%)		
Landwirtschaft	2,2	1,8
Industrie (inkl. Bergbau)	45,8	27,6
Dienstleistungen	52	70,6
Anteil des Tourismus am BIP (%)	3,76 (2008)	3,82
Auslandsverschuldung (Mrd. US-$)	0,5	2,1
Währungs- und Goldreserven (Mrd. US-$)	6,3	7,2
Außenhandel		
Außenhandelsbilanz (Mrd. US-$)	+1,3	+1,2

Hauptexportgüter (2017)
88,4 % Bodenschätze (überwiegend Diamanten)
2,5 % Düngemittel
1,9 % Maschinen
1,4 % Fleisch

* KKP: Kaufkraftparitäten; Bereinigung von Wechselkursschwankungen durch Berücksichtigung der tatsächlichen landesspezifischen Konsumkaufkraft

eigene Zusammenstellung nach: https://wko.at/statistik/laenderprofile/lp-botsuana.pdf; https://www.cia.gov/library/publications/the-world-factbook/goes/bc.html; http://www.gtai.de/GTAI/Content/DE/Trade/Fachdaten/PUB/2015/11/; http://www.factfish.com/de/statistik-land/botswana/arbeitslosigkeit (Zugriff jeweils 25. 08. 2016)

M 5 Botsuana – touristische Eckdaten

Ankünfte internationaler Touristen

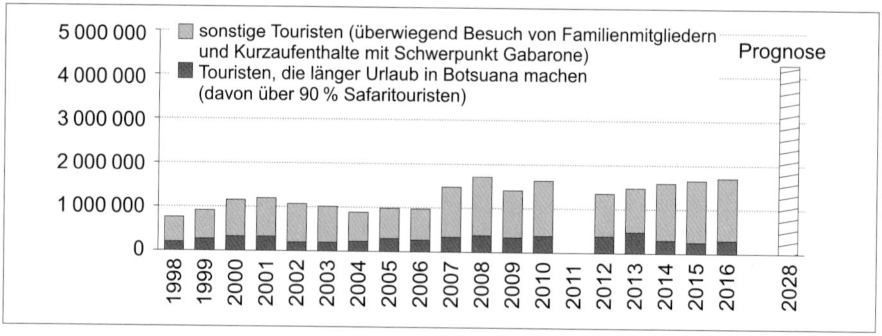

Anmerkung:
für 2011 liegen keine Daten vor

Arbeitsplätze im Tourismussektor

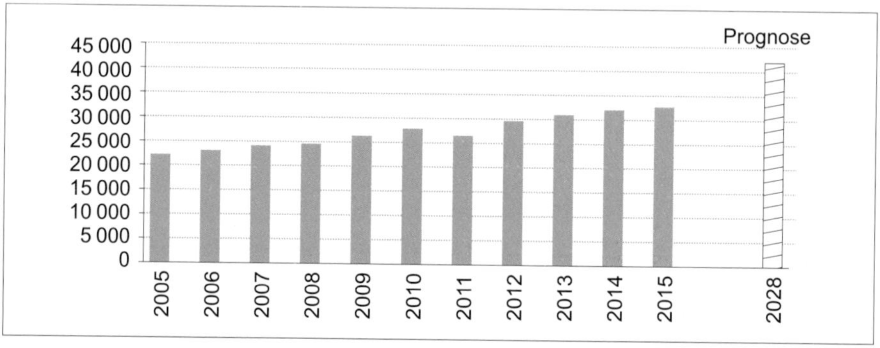

Touristenankünfte nach Monaten (2014)

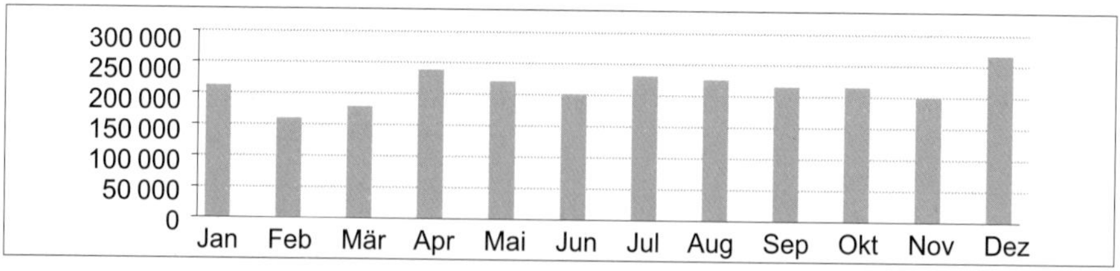

eigene Zusammenstellung nach: http://www.statsbots.org.bw/sites/default/files/publications/Selected%20Statistical%20Indicators%201966-2016-%20Sept%202016.pdf; Tourism Statistics 2005–2009, Tourism Statistics Annual Report 2010–2015; Tourism Statistics Report 2016 Revision 2; https://www.wttc.org/-/media/files/reports/economic%20impact%20research/countries%202015/botswana2015.pdf (Zugriff jeweils 26. 08. 2016)

M 6 Botsuana – Tourismuseinnahmen und Reiseangebote

Tourismuseinnahmen

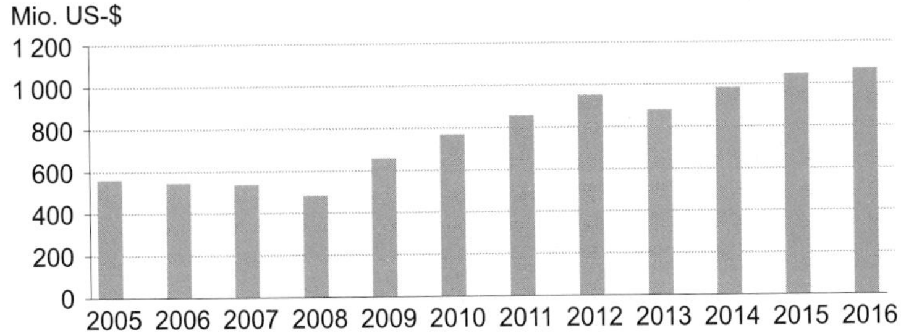

Typische aktuelle Reiseangebote

Best of Botswana Premier Lodge-Safari
Diese einzigartige Lodge-Safari durch Botswana und Sambia vereint herausragende Naturerlebnisse wie das Okavango Delta, Nachhaltigkeit und höchsten Luxus. Um die Wildnis so unberührt wie möglich zu lassen, ist die Anzahl der Besucher in den entlegenen Gebieten dieser Reise streng begrenzt.

Dauer	11 Tage/ 10 Nächte
Reiseart	Individualreise, Flugsafari, Fly-In Safari
Preis	ab € 14 289,– p. P.

Botswana Classics Safari
Begegnen Sie in Botswana und Simbabwe einigen der größten Naturschauspiele Afrikas. Lassen Sie sich verzaubern von der ungebändigten Vielfalt des Lebens im Okavango Delta, bestaunen Sie eine der größten Elefantenpopulationen der Welt im Chobe Nationalpark.

Dauer	9 Tage/ 8 Nächte
Reiseart	Individualreise, Flugsafari, Fly-In Safari
Preis	ab € 4 289,– p. P.

© Duba Plains Camp, Botswana/Great Plains Conservation; Lawrence Nell, Jürgen Seiler, Best of Botswana Premier Lodge Safari, Afrikarma, https://www.afrikarma.de/angebote/botswana/privatsafaris-luxus/best-of-botswana-premier-lodge-safari/; Lawrence Nell, Jürgen Seiler, Botswana Classics Safari, Afrikarma, https://www.afrikarma.de/angebote/botswana/privatsafaris-komfort/botswana-classic-safari/

M 7 Botsuana – Tourismussektor: Strategische Ausrichtung /regionale Potenzialanalyse

bis ca. 2010	*„Low Volume/High Price“*-**Tourismus**
Entwicklungs-tendenzen seit ca. 2010	*„Modified Low Volume/Mixed Price“*-**Tourismus** • Beibehaltung der begrenzten Besucherzahlen im Hochpreissegment • Ausbau des Angebots im mittleren und niedrigen Preissegment • Erhöhung der Besucherzahlen in saisonal schwächeren Monaten • Infrastrukturausbau zur Erschließung neuer touristischer Regionen • Förderung von Kultur- und Städtetourismus

Regionale Potenzialanalyse für Luxustourismus (Zeitraum der Bestandsaufnahme: 2000–2006) (siehe Farbabbildungen!)

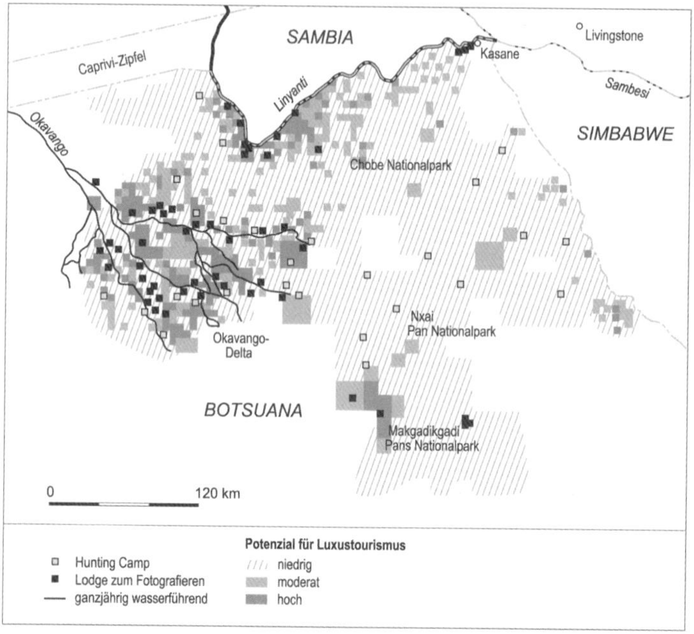

Anmerkung:
Kriterien zur Bewertung des Potenzials für Luxustourismus: Grad der Biodiversität, Quantität und Qualität der Wildtierpopulationen, Wahrscheinlichkeit von Wildtiersichtungen

Winterbach, CW., Whitesell, C., Somers, MJ.: Wildlife Abundance and Diversity as Indicators of Tourism Potential in Northern Botswana, PLoS ONE 10(8), August 2015, https://www.researchgate.net/figure/The-potential-for-High-Paying-Low-Volume-tourism-in-the-Northern-Conservation-Zone-of_fig3_281291736 (Zugriff 15. 11. 2017) (verändert), CC BY 4.0

M 8 Botsuana – Dürreereignisse

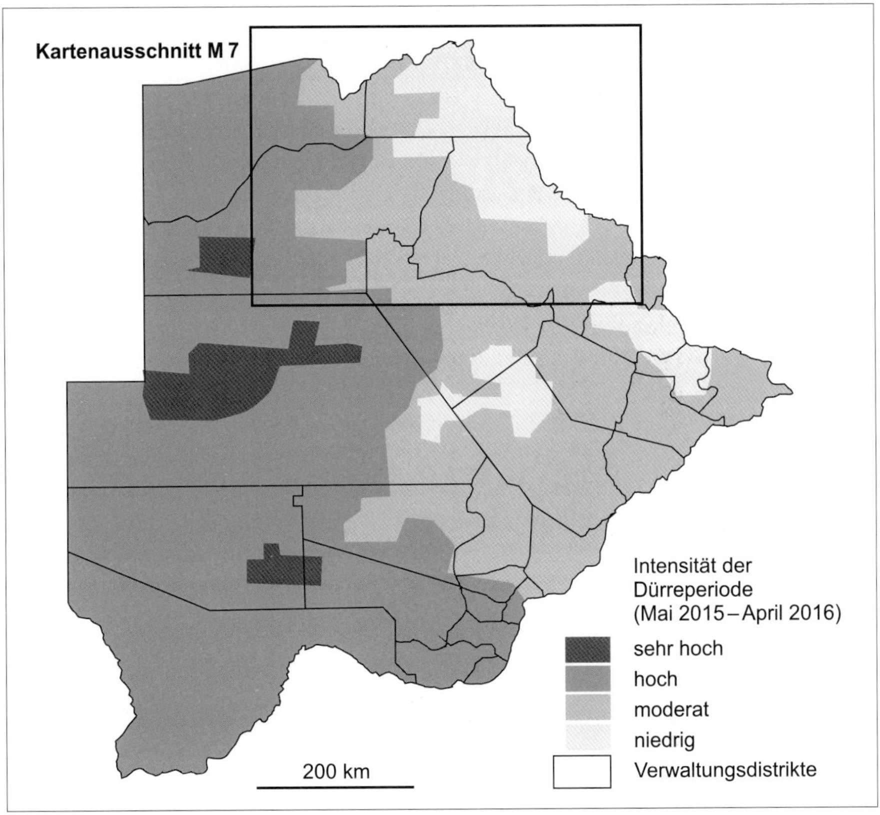

Anmerkung:
Bevölkerung mit gefährdeter Ernährungssituation:
Dürre 2012/2013: 372 472 Menschen (49,2 % der ländlichen Bevölkerung Botsuanas)
Dürre 2014/2015: 30 000 Menschen

Botswana: Vulnerability Assessment Committee Results 2015, https://reliefweb.int/sites/reliefweb.int/files/resources/rvac-botswana_2015.pdf, CC BY 4.0 (verändert)

Die Aufgabe bezieht sich auf die folgenden Elemente des Kernlehrplans und die Vorgaben 2019:

- **Inhaltsfeld 6:** Sozioökonomische Entwicklungsstände von Räumen
  - Strategien und Instrumente zur Reduzierung regionaler, nationaler und globaler Disparitäten
- **Inhaltsfeld 7:** Dienstleistungen in ihrer Bedeutung für Wirtschafts- und Beschäftigungsstrukturen
  - Entwicklung von Wirtschafts- und Beschäftigungsstrukturen im Prozess der Tertiärisierung
  - Wirtschaftsfaktor Tourismus in seiner Bedeutung für unterschiedlich entwickelte Räume

Lösungsvorschlag

Berücksichtigen Sie die Tipps für die Anfertigung der Abiturklausur auf den ersten Seiten dieses Buches. Denken Sie z. B. daran, Ihre Ausführungen mithilfe von Zwischenüberschriften zu gliedern. Geben Sie am Ende eines (Sinn-)Abschnittes die Materialbelege in Klammern an, wenn Sie dort einen neuen Sachverhalt vorstellen. Achten Sie auf eine allgemein- und fachsprachlich angemessene Darstellung.

Teilaufgabe 1

Zuerst müssen Sie mithilfe des Atlas kurz, aber treffend die geographische Lage Botsuanas bestimmen (Operator „lokalisieren“). Anschließend sollen Sie die Voraussetzungen für eine touristische Entwicklung untersuchen. Berücksichtigen Sie dabei vor allem die naturgeographischen Faktoren, z. B. das Klima, sowie die allgemeine Raumausstattung. Führen Sie aber auch kulturgeographische Faktoren an, die für den Tourismus von Bedeutung sind. Achten Sie bei der Analyse der Klimakarte M 2 auf die Erläuterung zu den Klimadiagrammen unten rechts, v. a. auf die Variabilität der Niederschläge. Für die Aufgabe benötigen Sie M 1–M 4, aber auch das letzte Material M 8.

Lage

Der im Süden Afrikas gelegene **Binnenstaat** Botsuana grenzt im Norden an Sambia, im Nordosten an Simbabwe, im Südosten und Süden an Südafrika und im Westen und Norden an Namibia.

Das zwischen 18° und 27° südlicher Breite sowie 20° und 29° östlicher Länge gelegene Land gehört fast ausschließlich zur **tropischen Trockenzone** und liegt – bis auf das Kalahari-Becken (200–500 m ü. NN) im Zentrum des Landes – als Hochland über 1 000 m ü. NN. Mit nur 2,25 Mio. Einwohnern wies das Land, das flächenmäßig mehr als eineinhalbmal so groß wie Deutschland ist, 2016 eine **sehr geringe Bevölkerungsdichte** von nur 4 Einwohnern/km^2 auf (M 1, M 4).

Das touristische Potenzial des Landes

Im Folgenden werden das naturräumliche Potenzial im Hinblick auf das Klima, die Vegetation und Naturschönheiten dargestellt sowie die Verkehrsinfrastruktur des Landes analysiert.

Klima

Botsuana weist ein **jahreszeitlich geprägtes Klima** auf mit dem Temperaturmaximum zwischen Oktober und April im NO sowie Dezember und Februar im SW; im Norden bei Maun werden maximal Werte um 30 Grad Celsius erreicht. Im Jahr fallen Niederschläge zwischen 250 und 650 mm, die innerhalb des Landes von außen nach innen abnehmen (Ausnahme: der SW-Zipfel bei Tsabong). Die **Regenzeit** liegt im ganzen Land zwischen Oktober und April; der SW ist geprägt von zwei **ariden Monaten**, der NW von vier ariden Monaten. Die **Variabilität der Niederschläge** liegt im Norden bei monatlich 60–90 %, nach Süden steigt sie außer im Februar auf 80–110 %. Das ganze Land ist betroffen von **Dürregefahr**, die besonders in der westlichen Landeshälfte groß ist und in der Central Kalahari sogar sehr groß (M 1, M 2, M 8).

Vegetation

In Abhängigkeit von Relief und Klima lassen sich die Landschaftszonen deutlich unterscheiden: Im **Okavango-Binnendelta** im NW befinden sich große Sumpfgebiete, im Norden und Osten herrscht **Trockensavanne** vor und im Süden sowie in der Mitte **Dornstrauchsavanne** (M 1, M 3).

Natürliche Sehenswürdigkeiten

Botsuana weist bis auf den Hauptstadtbereich um Gaborone eine geringe Siedlungsdichte auf, die Städte sind relativ klein. Das Land hat aber ein differenziertes und **attraktives Naturpotenzial** sowie mehrere Nationalparks und Naturreservate zu bieten. Dazu zählen neben dem **Central Kalahari Game Reserve**, das eines der fünf größten Naturreservate der Welt darstellt, auch die mit 12 000 km^2 weltgrößte **Salzpfanne** Makgadikgadi Pans mit Zeugnissen früherer Besiedlungen, die **Dünenlandschaft** des Kgalagadi-Transfrontier-Nationalparks, der **Chobe-Nationalpark** mit einer riesigen Zahl an Vogelarten und Elefanten sowie **das Okavango-Delta**, das größte Binnendelta der Welt mit einer einzigartigen Fauna und Flora (M 3).

Verkehrsinfrastruktur

Nur wenige **Straßen** durchziehen das Land, von einem „Netz" kann man nicht sprechen. Im Osten verläuft grenzparallel eine durchgehende Fernverbindung. Im Westen verlaufen der Trans-Kalahari-Highway und die das Okavango-Becken tangential berührende, von Shakawe nach Ghanzi führende Fernstraße. Etwas mehr Straßen gibt es in der Region der Hauptstadt Gaborone. Es existiert eine einzige **Eisenbahnlinie** im Land, die von Simbabwe grenzparallel über Gaborone nach Südafrika führt. Botsuana hat fünf internationale **Flughäfen,** der größte befindet sich in der Hauptstadt; dazu gibt es eine große Anzahl kleinerer Flugplätze, man findet sie über das ganze Land verteilt (M 1, M 3).

Zwischenfazit

Mit seinen Nationalparks und Schutzgebieten sowie dem UNESCO-Weltnaturerbe Okavango-Delta, in denen u. a. unterschiedliche und große Wildtierpopulationen anzutreffen sind, und mit seinen Möglichkeiten, Safaris und Outdoor-Aktivitäten anzubieten, verfügt Botsuana über ein **großes touristisches Potenzial**. Die **Erreichbarkeit** der einzelnen Regionen (vor allem in der Landesmitte) stellt dabei ein **Problem** dar.

Teilaufgabe 2

Der Operator „erläutern" verlangt von Ihnen, dass Sie die aus dem Material entnehmbaren Zusammenhänge verdeutlichen. In dieser Teilaufgabe sollen Sie aufzeigen, welche Entwicklung der Tourismus in Botsuana genommen und welche wirtschaftliche Bedeutung er für das Land hat. Achten Sie hierbei sowohl auf regionale, saisonale und preisliche Unterschiede und vergleichen Sie den Beitrag des Tourismus zum BIP im Vergleich zu anderen Wirtschaftsbereichen (M 5 und M 6, zusätzlich auch M 2–M 4 sowie M 7).

Räumliche und strukturelle Schwerpunkte des Tourismus

Der Tourismus konzentriert sich in Botsuana auf die **Regionen mit Nationalparks** und die **Hauptstadt** Gaborone. Erstere sind mit Kleinflugzeugen gut und schnell zu erreichen, so kommt man z. B. von Maun aus zum Okavango-Becken. Die Hauptstadt ist für Ferntouristen mit dem Flugzeug und für andere auch über Eisenbahn und Fernstraßen zu erreichen.

Bis 2010 hat Botsuana den **Schwerpunkt auf das Hochpreis- und Luxussegment** gelegt, vor allem in der Region des Okavango-Beckens. Reisepreise von über 14 000 € pro Person für einen 11-tägigen Aufenthalt belegen dies. Dort wurde in Lodges und Zeltcamps investiert, und neben Angeboten für Safaris per Jeep oder Flugzeug gab es auch solche für Bush Walk-Touren. Höhepunkte der Safaris waren der Besuch bei den größten Elefantenherden der Welt und die Begegnung mit anderen Wildtieren in freier Wildbahn, z. B. im Chobe Nationalpark. Mit dieser Ausrichtung war eine strikte Reglementierung der jährlichen Besucherzahlen („Low Volume/High Price") verbunden (M 3, M 6, M 7).

Entwicklung der Touristenzahlen

Nach einem ersten Maximum mit ca. 1,1 Mio. ausländischer Touristen 2001 fielen die Ankünfte bis 2006 wieder auf knapp unter 1 Mio. zurück. Der Anteil der Touristen mit einem längeren Aufenthalt betrug etwa ein Viertel; der Großteil der internationalen Touristen besuchte Familienmitglieder in Gaborone oder stattete dem Land einen Kurzbesuch in der Hauptstadt ab. 2007 stieg die Ankunftszahl sprunghaft auf 1,5 und im Folgejahr auf ca. 1,75 Mio., bevor der Wert bis 2012 wieder auf ca. 1,3 Mio. zurückging. Der Anteil der Langzeittouristen blieb hierbei in etwa konstant, derjenige der anderen schwankte stark.

Seit 2012 ist ein kontinuierlicher, leichter jährlicher Anstieg zu verzeichnen: 2016 übertraf der Wert erstmals denjenigen des alten Maximums und lag bei 1,8 Mio. Personen. Dabei sank der Anteil der **Langzeit- und größtenteils Safaritouristen** stetig bis auf nur noch 200 000 jährlich ab, derjenige der **Kurzzeitbesucher** stieg dagegen bis auf 1,6 Mio. an.

Bis zum Jahr 2028 soll die Gesamtanzahl der jährlichen internationalen Touristenankünfte um mehr als das Doppelte auf über vier Mio. Besucher gesteigert werden (M 5).

In Botsuana handelt es sich um **keinen ausgeprägten saisonalen Tourismus**. Der Wert liegt im Dezember knapp über sowie im April und Juli knapp unter 250 000 Ankünften, alle anderen Monate weisen Ankunftszahlen zwischen ca. 160 000 und 225 000 auf. Dies kann man mit den durchgängig ähnlichen klimatischen Gegebenheiten und dem infolgedessen gleichbleibenden Tourismusangebot erklären (M 2, M 5).

Sozioökonomische Bedeutung des Tourismus

Die Einnahmen des Tourismus sind in Botsuana seit 2008 – abgesehen vom Ausnahmejahr 2013 – kontinuierlich von etwas unter 600 Mio. auf 1,2 Mrd. US-$ gestiegen. Im selben Zeitraum nahm auch die Zahl der Arbeitsplätze im Tourismus stetig von ca. 22 500 auf 33 000 zu; laut Prognose soll sie bis 2028 auf über 40 000 steigen. Mit diesen direkten und weiteren indirekten Arbeitsplätzen gilt der Tourismus als **wichtiger Arbeitgeber** im Land.

Gleichwohl trägt er nur marginal zum nationalen BIP bei; sein Anteil ist seit 2005 nur unwesentlich um 0,06 auf 3,82 % gestiegen. Verglichen mit den 70,6 %-Anteil des gesamten Dienstleistungssektors und den 27,6 % der Industrie einschließlich Bergbau (v. a. Diamantenabbau) spielt der Tourismus **ökonomisch** nur eine **untergeordnete Rolle**. Seine Beiträge zum Ausbau der Infrastruktur, z. B. im Bereich Verkehrserschließung, sind dennoch nicht ganz unbedeutend (M 4 – M 6).

Teilaufgabe 3

Der Operator der dritten Teilaufgabe fordert Sie auf, unter Berücksichtigung der geplanten Entwicklungen im Tourismussektor zu deren Chancen und Risiken Stellung zu nehmen. Legen Sie also zunächst anhand der „strategischen Ausrichtung der Tourismusentwicklung" dar, welche Weiterentwicklungen geplant sind. Danach müssen Sie die Umsetzung dieser Planungsvorhaben unter Berücksichtigung von ökonomischen, sozialen und ökologischen Gesichtspunkten beurteilen. Nutzen Sie dabei die vorliegenden Zwischenergebnisse aus dem Jahr 2016, die Sie den Diagrammen entnehmen können (M 1–M 8).

Veränderungen in der strategischen Ausrichtung des Tourismus seit 2010

Bis 2010 hatte der eindeutige **Schwerpunkt auf** dem Hochpreissektor mit der Fokussierung auf **Safari-Tourismus** in den Natur- und Nationalparks gelegen. Diese Ausrichtung auf wenige lokale Schwerpunkte hatte zur Folge, dass der Tourismus nicht als Motor oder Wegbereiter für eine großflächige infrastrukturelle Erschließung genutzt werden konnte (M 3, M 7).

Mit dem **Programm „Modified Low Volume/Mixed Price"**, das von der Regierung um das Jahr 2010 verabschiedet wurde, wurde der Tourismus anders ausgerichtet: Zwar wurde die Besucherbegrenzung im Luxus- und Hochpreissegment beibehalten, doch wurde einiges unternommen, um die Besucherzahlen im niedrigen und mittleren Preissegment zu erhöhen. Zum Beispiel werden inzwischen Pauschalreisen angeboten, die eine fast identische Safari-Ausrichtung haben, aber weniger als halb so teuer sind wie diejenigen im Hochpreissegment (ca. 4300 Euro pro Person für eine Reise ins Okavango-Delta). Zum neuen Tourismus-Programm gehört auch der Versuch, die saisonal etwas schwächer frequentierten Monate stärker zu bewerben. Zudem sollen weitere touristische Regionen erschlossen und der Städte- und Kulturtourismus außerhalb der Hauptstadt Gaborone ausgebaut werden (M 3, M 6, M 7).

Zielsetzungen

Dieser Plan zur Neuausrichtung des Tourismus verfolgte auch das Ziel, die allgemeine **Infrastruktur** des Landes in den bisher rückständigen Regionen zu entwickeln, u. a. das Straßennetz auszubauen und Straßen ganzjährig befahrbar zu machen. Von steigenden Touristenzahlen und einer längeren Verweildauer erhoffte man sich wirtschaftliche und soziale Sekundäreffekte in anderen Branchen, größere Einnahmen auch in Form von Devisen und damit einen **höheren Beitrag zum nationalen BIP** (M 7).

Ökologische Risiken

Der **Tourismus in** Botsuana findet vielerorts in **ökologisch labilen Regionen** statt – die Auswirkungen der aktuellen globalen klimatischen Entwicklungen auf das Land sind nicht vollständig abzusehen. Zu befürchten ist, dass bei zunehmender globaler Erwärmung und Verlagerung der ITC die Anzahl arider Monate zunimmt und das bereits jetzt vorhandene **Dürrerisiko** steigt. Nicht allein deshalb ist die Situation im Okavango-Delta, dem eindeutigen Tourismus-Schwerpunkt des Landes, gefährdet: Aufgrund der besonderen Naturausstattung (hohe Biodiversität und große Zahl an Wildtieren) war diese Region bisher im besonderen Maße für den Luxustourismus geeignet. Wandeln sich die Umweltgegebenheiten, verliert auch der Tourismus möglicherweise seine Basis (M 1 – M 3).

Der Kampf um das **Wasser** hat zudem schon längst begonnen: Staudammprojekte in den Nachbarländern führen langfristig zu einem Rückgang der Wasserführung im Okavango, der bereits jetzt saisonal unterschiedlich viel Wasser führt. Und in Zeiten anhaltender Dürren ist für fast die Hälfte der ländlichen Bevölkerung (Dürre 2012/2013) im ganzen Land die Ernährungsgrundlage gefährdet – eine stärkere Inanspruchnahme durch den Tourismus würde diese Problematik verstärken. Zu überlegen gilt es, in welchem Umfang die in freier Wildbahn lebenden Wildtiere durch Touristen gestört werden können, ohne die Lebensgrundlage der Tiere zu zerstören (M 2, M 3, M 7, M 8).

Fazit

Die vorliegenden Strukturzahlen für 2016 belegen, dass die aktuelle Tourismusstrategie nur bedingt erfolgreich war: Zwar hat der Tourismus quantitativ zugenommen, allerdings überproportional im Bereich des Kurzzeit- und Hauptstadttourismus. Die Einnahmen aus dem Tourismus und die Anzahl der Arbeitsplätze sind seit 2010 deutlich gestiegen, mit der allgemeinen positiven ökonomischen Entwicklung im Land konnte der Tourismussektor aber nicht mithalten, wie sein stagnierender BIP-Beitrag beweist. Mit Blick auf die gravierenden **ökologischen Risiken** sind **Zweifel am Gesamterfolg** der gegenwärtigen touristischen Ausrichtung berechtigt.

Leistungskurs Geographie (NRW) – Abiturprüfung 2019
Aufgabe 1

Thema
Demographische Entwicklung als Herausforderung – Das Beispiel Äthiopien

Aufgabenstellung	Punkte
1. Lokalisieren Sie Äthiopien und kennzeichnen Sie die Raumstrukturen sowie den erreichten Entwicklungsstand des Landes.	27
2. Erläutern Sie die demographische Entwicklung Äthiopiens und sich daraus ergebende Probleme.	26
3. Erörtern Sie am Beispiel aktueller Agrar- und Industrieprojekte Möglichkeiten und Schwierigkeiten, diesen Problemen zu begegnen.	27

Zugelassene Hilfsmittel
- der an der Schule in der Qualifikationsphase überwiegend verwendete Atlas, in einer für alle Prüflinge gleichen Auflage
- Wörterbuch zur deutschen Rechtschreibung
- Taschenrechner

Materialgrundlage

M 1 Atlaskarten nach Wahl

M 2 Äthiopien – aktuelle Raumstrukturen (siehe Farbabbildungen!)

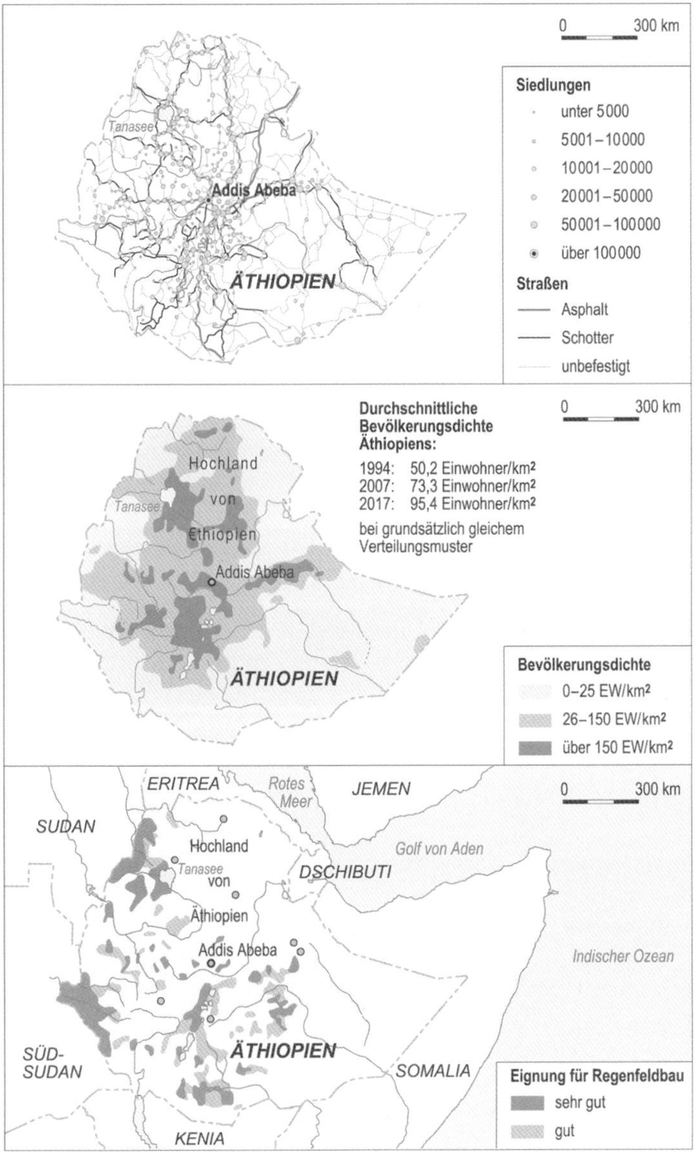

M 3 Äthiopien – grundlegende Daten zur Landwirtschaft

	1994	2015
Fläche (km²)	1 104 300	
potenziell agrarisch nutzbare Fläche (km²)	rd. 740 000	
landwirtschaftliche Nutzfläche insgesamt (km²) je Einwohner (ha)	 304 720 0,55	 362 590 0,36
Mineraldünger (kg/ha Ackerland)	8,6	18,5
Traktoren	k. A.	6 520

eigene Zusammenstellung nach: https://www.citypopulation.de/Ethiopia.html; http://www.tageo.com/index-e-et-cities-ET.htm; Fischer Weltalmanach (verschiedene Jahrgänge); http://www.austriaca.at/0xc1aa5576%200x0031e2fe.pdf (Zugriff jeweils 28. 06. 2018)

M 4 Äthiopien – sozioökonomische Daten

		1994	2015
BIP	(Mrd. US-$)	6,95	61,5
	Anteile der Wirtschaftssektoren (%)	60 : 11 : 29	41 : 16 : 43
BNE/Einwohner (US-$)		120	590
Erwerbstätige nach Sektoren (%)		75 : 8 : 17	73 : 7 : 20
Handelsbilanz (Mrd. US-$)		−0,78	−20,5
Exportgüter		Kaffee, tierische Erzeugnisse (v. a. Leder), Ölsaaten	Kaffee, Hülsenfrüchte, Leder, Fleisch, Gold
		1994	**2015**
HDI (absoluter Wert/Rang)		0,227/161 von 173	0,448/174 von 188
Alphabetisierungsrate (%)		33	m 49/w 29
Anteil von	unterernährten Menschen (%)	71,4	32,0
	Menschen mit Zugang zu sauberem Trinkwasser (%)	18,2	57,3
Straßennetz (km) davon asphaltiert (km)		rd. 19 700 k. A.	124 768 14 354
Internetanschlüsse/100 Einwohner		0	11,6
Mobilfunkverträge/100 Einwohner		0	42,8

eigene Zusammenstellung: Institut für Afrika-Kunde/Rolf Hofmeier (Hrsg.): Afrika Jahrbuch 1995. Opladen: Leske und Budrich 1996, S. 232; https://countryeconomy.com/hdi/ethiopia/; https://liportal.de/aethiopien/gesellschaft; https://www.welthungerhilfe.de/fileadmin/pictures/publications/de/studies-analysis/2015_whi_bewaffnete_konflikte.pdf; https://www.grin.com/document/41413; https://knoema.de/atlas/%c3%84thiopien/topics/Verkehrswesen/Stra%c3%9fenverkehr/Stra%c3%9fendichte/; https://atlas.media.mit.edu/en/profile/country/eth/ (Zugriff jeweils 29. 06. 2018)

M 5 Äthiopien – Bevölkerung

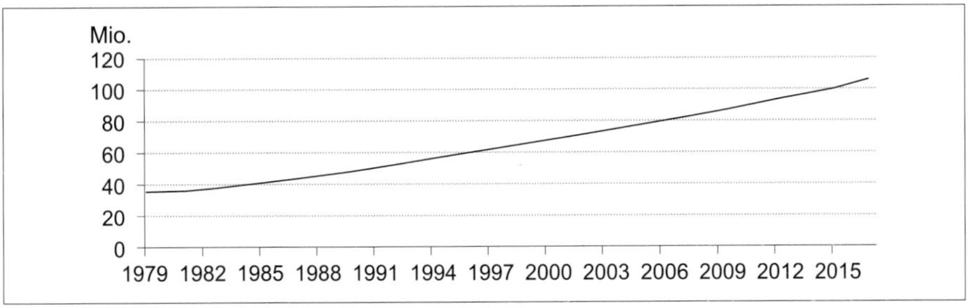

eigene Darstellung nach Daten von Länderdaten.info

M 6 Äthiopien – demographische Daten

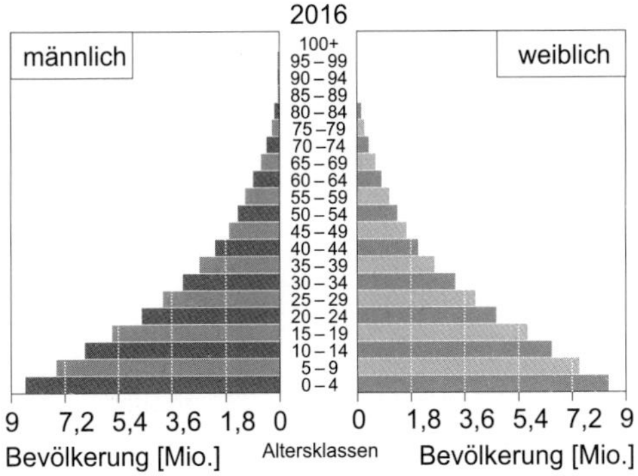

	1994	2015
Lebenserwartung (Jahre)	48	65
Fruchtbarkeitsrate (Kinder/Frau)	7,1	4,3
Säuglingssterblichkeit (%)	13,0	4,1

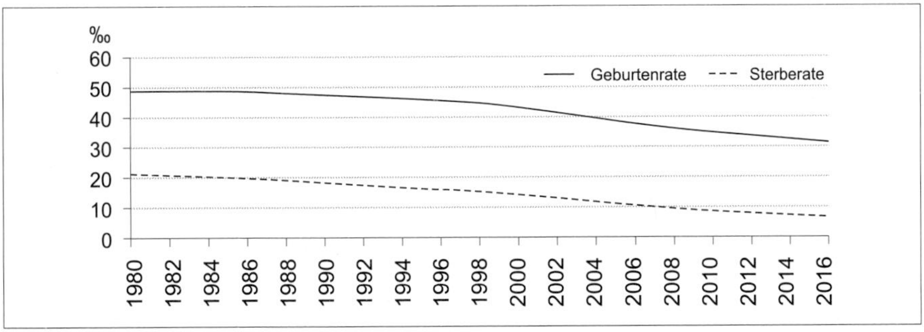

eigene Zusammenstellung: Daten nach CIA-Factbook, Länderdaten.info

M 7 Binnenmigration in Äthiopien – Akteure

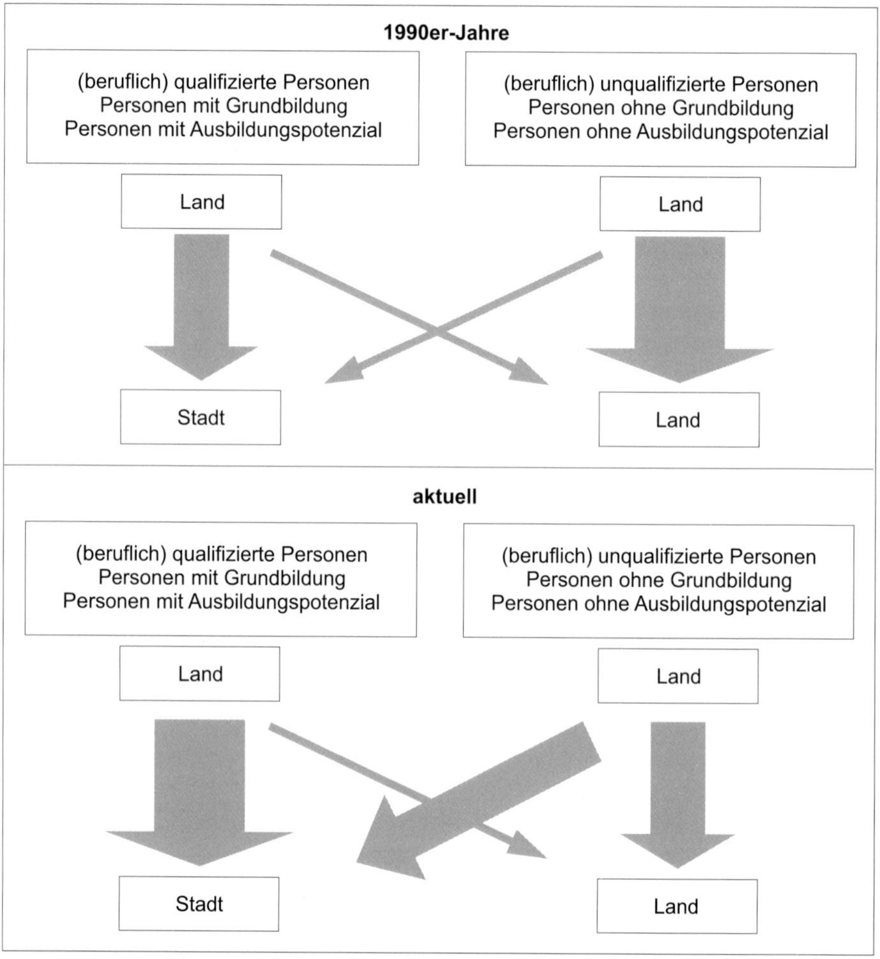

Anmerkung:
Die Breite der Pfeile stellt schematisch den Umfang der jeweiligen Wanderungsbewegung dar.

eigene Darstellung nach: https://www.nap.edu/read/2207/chapter/8#271;
http://ebrary.ifpri.org/utils/getfile/collection/p15738coll2/id/127691/filename/127902.pdf
(Zugriff jeweils 17. 04. 2018)

M 8 Äthiopien – Emigration und Immigration

Emigration	
Arbeitsmigranten von arabischen Staaten 2008–2013 angeworben	460 000 Personen
Arbeitsmigranten 2010–2015 ohne Anwerbung Ausgewanderte	> 1 Mio. Personen
Migranten mit abgeschlossener Sekundarschul-/ Hochschulausbildung an den ohne Anwerbung Ausgewanderten	97 %
Immigration und Rückwanderung	
bis 2000	ca. 600 000 Personen
2000–2015	ca. 1,1 Mio. Personen, v. a. Rückwanderer (in den EU-Staaten abgelehnte Asylbewerber) und Flüchtlinge aus den Nachbarstaaten

eigene Zusammenstellung nach:
http://developmentofpeoples.org/uploads/news/ABOUT%20MIGRATION_7%20Researches_AICS.pdf; http://regionalmms.org/images/ResearchInitiatives/RMMS_Letter_of_the_Law_-_Saudi_Arabia_report.pdf (Zugriff jeweils 17. 04. 2018)

M 9 Projekt *Sustainable Land Management Programme (SLMP)* (siehe Farbabbildungen!)

Träger: Bundesministerium für wirtschaftliche Zusammenarbeit und Entwicklung, Deutsche Gesellschaft für Internationale Zusammenarbeit, Kreditbank für Wiederaufbau, GCCA (Global Climate Change Alliance) der EU, Canadian International Development Agency, Weltbank – in Zusammenarbeit mit dem äthiopischen Ministerium für Landwirtschaft und natürliche Ressourcen

Laufzeit: Vorbereitung und Planung seit 2009, Umsetzung 2015–2017

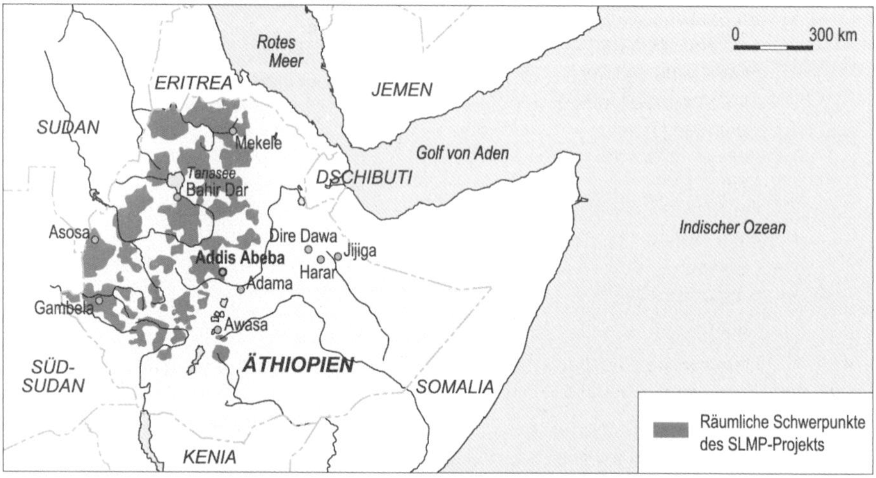

Maßnahmen: agrartechnologische Unterstützung und Beratung von Kleinbauern sowie Fortbildung äthiopischer Experten

Ergebnisse (Stand 2017):

- Aufwertung von rd. 390 000 ha degradierter, agrarisch nicht (mehr) nutzbarer Fläche, Terrassierung stark abschüssigen Geländes, Bewässerung von 2 000 ha bisher nicht bewässerter Flächen; Dauerbegrünung zur Weideverbesserung
- Wasserbewirtschaftungspläne und Wasserkonservierungsmethoden in 670 Dörfern
- Einführung von Fruchtfolgen angepasster ertragreicher Sorten
- Gründung von 500 kleinbäuerlichen Vermarktungsgenossenschaften (für den lokalen Markt)
- regionale Steigerung der Produktion um 35–80 %

eigene Zusammenstellung nach: https://www.giz.de/de/weltweit/18912.html (Zugriff 17. 04. 2018);
© cartomedia, Karlsruhe

M 10 Projekt *Addressing Root Causes of Migration in Ethiopia (ARCM)*

Träger: Europäische Kommission unter der Federführung Italiens
Laufzeit: 2016–2019
Teilprojekt: Betriebsgründungen, Betriebsförderungen

❶	**Maßnahmen: Förderung/Einrichtung von**
1–4	kleinen/mittleren • Betrieben der Textil- und Bekleidungsindustrie; Produktion für den einheimischen und internationalen Markt • Metall verarbeitenden Betrieben (Türen/Fenster, einfache Maschinen); Produktion für den einheimischen Markt • Betrieben des Baugewerbes
5	• Betrieben des Baugewerbes und Metall verarbeitenden Betrieben • Gerbereien und Leder verarbeitenden Betrieben mit Beschäftigungsmöglichkeiten für ungelernte Arbeiterinnen und Arbeiter
6/8	• größeren landwirtschaftlichen Betrieben, die mit Kleinbauern und Betrieben der Lebensmittelindustrie zusammenarbeiten
7	• Betrieben der Textil- und Bekleidungsindustrie (s. o.)

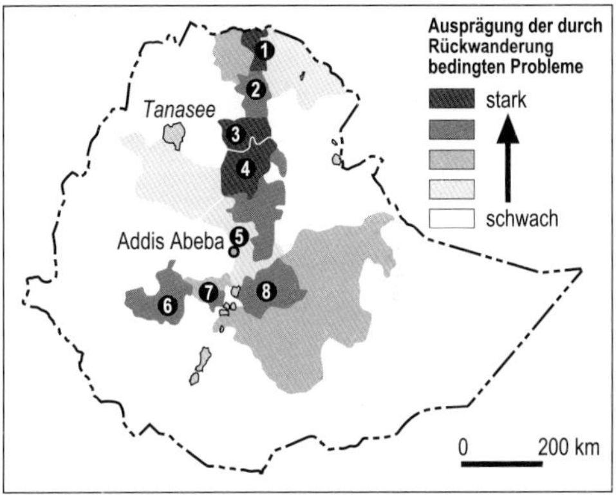

Teilprojekt: Betriebsgründungen, Betriebsförderungen

- erster Industriepark 2014
- bis 2020 rd. 20 Industrieparks (nahezu ausschließlich ausländische Firmen)

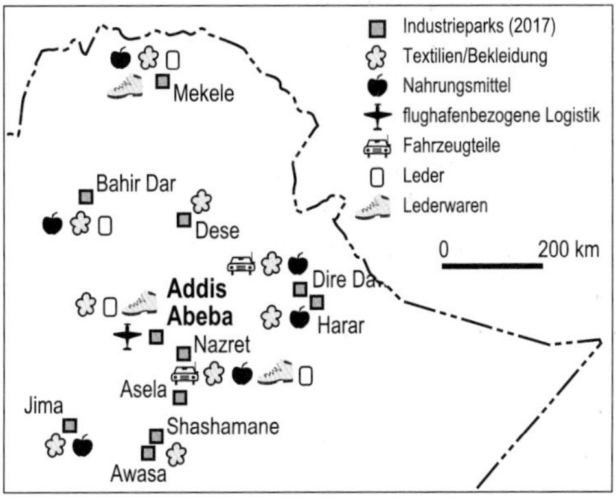

Die Aufgabe bezieht sich auf die folgenden Elemente des Kernlehrplans und die Vorgaben 2019:
- **Inhaltsfeld 4:** Bedeutungswandel von Standortfaktoren
  - Herausbildung von Wachstumsregionen
- **Inhaltsfeld 6:** Sozioökonomische Entwicklungsstände von Räumen
  - Merkmale und Ursachen räumlicher Disparitäten
  - Demographische Prozesse in ihrer Bedeutung für die Tragfähigkeit von Räumen

Lösungsvorschlag

Berücksichtigen Sie die Tipps für die Anfertigung der Abiturklausur auf den ersten Seiten dieses Buches. Denken Sie z. B. daran, Ihre Ausführungen mithilfe von Zwischenüberschriften zu gliedern. Geben Sie am Ende eines (Sinn-)Abschnittes die Materialbelege in Klammern an, wenn Sie dort einen neuen Sachverhalt vorstellen. Achten Sie auf eine allgemein- und fachsprachlich angemessene Darstellung.

Teilaufgabe 1

Der Operator „lokalisieren" (Anforderungsbereich I) erfordert zunächst eine knappe Einordnung des Raumbeispiels in räumliche Orientierungsraster mithilfe des Atlas. Im Anschluss an die räumliche Einordnung Äthiopiens sollen Sie die Raumstrukturen sowie den derzeitigen Entwicklungsstand anhand der vorliegenden Indikatoren darlegen (Operator „kennzeichnen"). Hierzu müssen Sie sich mit den ersten sechs Materialien beschäftigen und vor allem M 4 gründlich auswerten.

Lage

Der **Binnenstaat** Äthiopien liegt im Osten Afrikas und erstreckt sich von etwa 4°N bis 15°N und von 33°O bis 47°O. Das Land grenzt im Norden und Nordosten an Eritrea und Dschibuti, im Osten an Somalia, im Süden an Kenia und im Westen an den Südsudan und den Sudan. Die Hauptstadt Addis Abeba liegt im Zentrum des Landes. Klimatisch ist es mit Anteilen an der Dornstrauch- und Trockensavanne sowie Halbwüsten in die tropischen Trockengebiete einzuordnen (M 1).

Raumstrukturen

Die **Infrastruktur** und auch die Verteilung der Siedlungen und der Bevölkerung ist auf die Hauptstadt Addis Abeba ausgerichtet. Das **Straßennetz** umfasst insgesamt eine Länge von 124 768 km, wovon nur 14 354 km asphaltiert sind. Sowohl die **befestigten** als auch die **geschotterten Straßen** laufen sternförmig auf das Zentrum zu. Querverbindungen sind vor allem durch ein unbefestigtes Wegenetz gegeben. Entlang der Hauptachsen Richtung Hauptstadt liegen auch die größten Siedlungen mit mehr als 10 000 Einwohnern. In den Gebieten abseits dieser Straßen gibt es kaum oder allenfalls kleinere Siedlungen bis max. 10 000 Einwohnern (M 2, M 4).

Die durchschnittliche **Bevölkerungsdichte** Äthiopiens beträgt 95,4 Einwohner pro Quadratkilometer. Diese hat sich seit 1994 fast verdoppelt. Es gibt einige sehr dicht besiedelte Gebiete mit über 150 Einwohnern pro Quadratkilometer. Neben der Hauptstadt zählen hierzu die Region südlich von Addis Abeba, aber auch Regionen im Norden und eine weitere im Osten (siehe Karte M 2). Ein solches dicht besiedeltes Gebiet erstreckt sich beispielsweise östlich um den Tanasee, wo gute Bedingungen für den Regenfeldbau herrschen, das andere liegt im Hochland von Äthiopien, wo u. a. Kaffee angebaut wird. In den dicht besiedelten Regionen im Süden und Osten kann ebenfalls Regenfeldbau betrieben werden (M 1–M 4).

Etwa drei Viertel der Gesamtfläche des Landes sind potenziell landwirtschaftlich nutzbar. Aber nur ungefähr die Hälfte, nämlich 362 590 km^2, sind tatsächlich **landwirtschaftliche Nutzfläche** (M 3).

Entwicklungsstand

Äthiopien hat seit 1994 eine **wirtschaftliche Entwicklung** durchlaufen, die sich in einem Anstieg des **BIP** um mehr als das Achtfache, von 6,95 Mrd. US-$ auf 61,5 Mrd. US-$ zeigt. Zudem haben sich die prozentualen Anteile der Wirtschaftssektoren am BIP vom primären in Richtung des sekundären, aber vor allem des tertiären Sektors verschoben.

Auch in Bezug auf die Ernährungssituation, die Trinkwasserversorgung und den Ausbau der Infrastruktur sind Verbesserungen erkennbar.

Dennoch ist Äthiopien insgesamt immer noch durch einen **niedrigen Entwicklungsstand** gekennzeichnet, wie **wirtschaftliche und soziale Indikatoren** zeigen: Das **BNE pro Kopf** liegt bei 590 US-$. Es wird zu 41 % durch den primären Sektor erwirtschaftet. Der Beschäftigtenanteil in diesem Sektor liegt bei 73 %. Nur 7 % der Erwerbstätigen arbeiten im sekundären Sektor, 20 % sind dem tertiären Sektor zuzuordnen, was nur eine geringfügige Veränderung gegenüber 1994 bedeutet. Dementsprechend sind die wichtigsten Exportgüter der Landwirtschaft bzw. dem Bergbau zuzuordnen. Zudem weist die Wirtschaft des Landes eine **negative Handelsbilanz** auf, die sich seit 1994 verschlechtert hat und inzwischen bei –20,5 Mrd. US-$ liegt (M 4).

Das **Bevölkerungswachstum** ist hoch: Die Geburtenrate liegt bei ca. 3 %, die Sterberate bei unter 1 %. Die **Lebenserwartung** in

Äthiopien ist mit 65 Jahren dagegen gering. Dies trifft auch für die **Alphabetisierungsrate** zu, die darüber hinaus geschlechtsspezifische Unterschiede aufweist. Während die Hälfte der Männer (49 %) lesen und schreiben kann, sind nur 29 % der Frauen alphabetisiert. 32 % der Bevölkerung sind unterernährt. Zudem haben nur 57 % der Bevölkerung **Zugang zu sauberem Trinkwasser**. Der **HDI** hat sich aufgrund der oben beschriebenen Verbesserung einzelner Indikatoren auf 0,448 erhöht. Die Tatsache, dass Äthiopien im Vergleich auf Platz 174 von 188 Ländern liegt, spiegelt jedoch den niedrigen Entwicklungsstand insgesamt wider und verdeutlicht, dass Äthiopien zu den **ärmsten Ländern der Welt** zählt (M 4–M 6).

Teilaufgabe 2

Der Operator „erläutern" (Anforderungsbereich II) verlangt von Ihnen, dass Sie aus dem Material entnehmbare Zusammenhänge verdeutlichen. In dieser Teilaufgabe sollen Sie die demographische Entwicklung Äthiopiens aufzeigen und daraus folgende Probleme erschließen. Denken Sie bei der Erläuterung der Migrationsbewegungen an das Modell der Push- und Pull-Faktoren. Beim Erarbeiten der sich ergebenden Problemfelder sollten Sie u. a. eine mögliche Überschreitung der Tragfähigkeit berücksichtigen (M 3–M 8).

Demographische Entwicklung

Seit 1979 ist ein stetiges **Wachstum der Bevölkerung** Äthiopiens zu beobachten. Diese hat sich seit Ende der 1970er-Jahre mehr als verdoppelt: von rund 40 Mio. auf über 100 Mio. Einwohner und Einwohnerinnen. Die Wachstumsrate zeigt sich auch in der Struktur der Bevölkerung: Die Anzahl der jungen Bevölkerung bis 19 Jahre ist mit ca. 50 Mio. sehr groß und spiegelt sich in der hohen Geburtenrate von 3 % und der Fruchtbarkeitsrate von 4,3 Kindern pro Frau wider. Beide haben sich zwar deutlich verringert, liegen aber im Vergleich zu Industrieländern immer noch auf einem hohen Niveau. Die **Säuglingssterblichkeit** ist seit 1994 ebenfalls deutlich zurückgegangen und beträgt 4,1 % im Vergleich zu 13 % vor 20 Jahren, was zusätzlich zum Bevölkerungswachstum beiträgt. Die Größe der mittleren Altersgruppen ist dagegen geringer. Ältere Bevölkerungsgruppen ab 65 sind nur mit einer sehr geringen Anzahl vertreten. Es gibt kaum Menschen, die älter als 80 werden, was durch die derzeitige **Lebenserwartung** von 65 Jahren bestätigt wird. Insgesamt lässt sich aus der sinkenden Säuglingssterblichkeit und dem höheren HDI-Wert auf eine Verbesserung der medizinischen Versorgung und der Lebensbedingungen schließen (M 4–M 6).

Probleme

Ein großes Problem des Bevölkerungswachstums in Äthiopien ist die Versorgung mit Nahrungsmitteln. Zwar hat sich der Anteil der **unterernährten Bevölkerung** seit 1994 mehr als halbiert. Die landwirtschaftliche Nutzfläche pro Einwohner hat sich im gleichen Zeitraum aber von 0,55 auf 0,36 ha pro Einwohner verringert, obwohl die landwirtschaftliche Nutzfläche insgesamt um fast 60 000 ha gestiegen ist, der Einsatz von Mineraldünger zugenommen hat und auch die Mechanisierung durch Traktoren eingesetzt hat. Dennoch wird das Potenzial der landwirtschaftlichen Nutzfläche, die rund doppelt so hoch sein könnte, nicht ausgeschöpft. Halten diese Bedingungen an, wird die Grenze der Tragfähigkeit allmählich ausgeschöpft werden (M 3–M 5).

Als Folge des großen Anteils der jungen Bevölkerung entsteht das Problem der künftigen Erwerbstätigkeit. Es gibt – bedingt durch die wirtschaftliche Struktur mit dem primären Sektor als Hauptwirtschaftssektor – nicht genug Arbeitsplätze für die nächste Generation von Erwerbstätigen, was wiederum das Problem der Nahrungsversorgung verschärft.

Umgekehrt führt der geringe Anteil der erwerbstätigen Bevölkerung dazu, dass die Kinder und Jugendlichen derzeit nicht ausreichend versorgt werden können. Sie müssen schon jung selbst arbeiten und bekommen keine Schulbildung, was sich in der immer noch geringen **Alphabetisierungsrate** zeigt und vor allem die weibliche Bevölkerung benachteiligt (M 4, M 6).

Migration

Die genannten Probleme resultieren in unterschiedlichen **Wanderungsbewegungen**. Bereits in den 1990er-Jahren fand **Binnenmigration** statt. Während beruflich qualifizierte Personen mit Grundbildung vor allem vom Land in die Stadt wanderten, zog es den größeren Teil der unqualifizierten Bevölkerungsgruppen eher in andere ländliche Regionen und nur wenige in den städtischen Raum. Diese Wanderungsbewegungen haben sich – ausgelöst durch den **hohen Bevölkerungsdruck** im ländlichen Raum – verändert: Zwar hat sich die Zahl qualifizierter Migranten, die in die Stadt ziehen, vergrößert, aber aktuell wandern zusätzlich ebenso viele unqualifizierte Personen in die Stadt wie in andere ländliche Räume. Hintergrund sind die oben genannte mangelnde Nahrungsversorgung sowie fehlende Arbeitsplätze auf dem Land als **Push-Faktoren**.

Zudem wirkt die Hoffnung auf Arbeit und bessere Lebensbedingungen in der Stadt als **Pull-Faktor** (M 4, M 7).

Ebenso ist das Modell der Push- und Pull-Faktoren auf die **Emigration** anzuwenden. So wurden 460 000 Äthiopier zwischen 2008 und 2013 von arabischen Staaten als Arbeitskräfte angeworben. Mit der Hoffnung auf bessere Lebensbedingungen, ohne ein Angebot einer Arbeitsstelle zu haben, wanderten zwischen 2010 und 2015 mehr als 1 Mio. Personen aus. Bei diesen Auswanderern handelt es sich fast ausschließlich um gut ausgebildete Personen mit Sekundarschul- oder Hochschulabschluss. Dennoch ist auch die Anzahl der Rückkehrer hoch, weil beispielsweise ihr Asylantrag in EU-Staaten abgelehnt wurde. Ebenso wandern auch **Flüchtlinge aus Nachbarstaaten** ein, z. B. aus Eritrea und dem Südsudan. Im Zeitraum von 2000 bis 2015 kamen so insgesamt 1,1 Mio. Personen ins Land, wodurch die bestehenden Probleme verfestigt werden (M 8).

Teilaufgabe 3

Der Operator „erörtern" (Anforderungsbereich III) verlangt von Ihnen das Abwägen von Pro und Kontra mit dem Ziel einer abschließenden eigenen Meinungsbildung. In dieser Teilaufgabe sollen Sie klären, welche Möglichkeiten aktuelle Agrar- und Industrieprojekte bieten, um den in Aufgabe 2 dargestellten Problemen zu begegnen, aber auch, welche Schwierigkeiten diese Projekte mit sich bringen. Abschließend sollen Sie ein begründetes Urteil fällen. Hierfür müssen Sie insbesondere M 9 und M 10 auswerten, aber auch alle anderen Materialien im Blick haben.

Es gibt verschiedene Agrar- und Industrieprojekte, die den dargestellten Problemen begegnen und die Folgen der demographischen Entwicklung zumindest abmildern sollen. Was diese Projekte tatsächlich bewirken können, soll im Folgenden abgewogen werden. Hierbei werden Chancen und Risiken berücksichtigt.

Projekte

Die angesprochenen Projekte zielen einerseits auf den ländlichen Raum, um **Land-Stadt-Wanderung** zu verringern. Andererseits sollen Regionen, die von **Zu- und Rückwanderung** besonders betroffen sind, durch die Schaffung von Arbeitsplätzen im sekundären Sektor wirtschaftlich gestärkt werden (M 8–M 10).

Das Projekt *Sustainable Land Management Programme* (SLMP) wird getragen vom Bundesministerium für wirtschaftliche Zusammenarbeit und Entwicklung sowie unterschiedlichen nationalen wie internationalen Institutionen und Kreditinstituten, u. a. der Kreditbank für Wiederaufbau und der Weltbank. In Zusammenarbeit mit dem äthiopischen Ministerium für Landwirtschaft und natürliche Ressourcen wurde das Projekt seit 2009 geplant und vorbereitet, die Umsetzung sollte im Zeitraum von 2015 bis 2017 stattfinden. Die räumlichen Schwerpunkte liegen im Westen des Landes, wo vor allem die **agrartechnologische Unterstützung** und Beratung von Kleinbauern sowie die Fortbildung äthiopischer Experten im Mittelpunkt standen (M 9).

In Ergänzung dazu richtet sich das von der Europäischen Kommission getragene Projekt *Addressing Root Causes of Migration in Ethiopia* (ARCM) auf die Bekämpfung der Ursachen von Migration. Verschiedene Teilprojekte sehen die Gründung und Förderung von Betrieben vor. Die räumlichen Schwerpunkte liegen an den Hauptverkehrsachsen des Landes mit größeren städtischen Siedlungen. Die geförderten Betriebe des sekundären Sektors umfassen Betriebe der Textil- und Bekleidungsindustrie, der Metall verarbeitenden Industrie, Gerbereien und Leder verarbeitende Betriebe sowie Standorte des Baugewerbes. Die Laufzeit des Projekts ist auf drei Jahre von 2016 bis 2019 angesetzt (M 2, M 10).

Chancen

Beide Projekte beinhalten positive Aspekte, die sich anhand der bisherigen Ergebnisse ablesen lassen. So wurden durch das *SLMP* beispielsweise 390 000 ha **degradierter Flächen** wieder bewirtschaftbar gemacht, Bewässerungsflächen und Dauerbegrünung zur Weideverbesserung geschaffen. Zudem wurden Maßnahmen zur **effizienteren Wassernutzung** und **Fruchtfolgen angepasster ertragreicher Sorten** eingeführt. **Kleinbäuerliche Genossenschaften** tragen zur lokalen Vermarktung landwirtschaftlicher Produkte bei. Durch dieses an den Naturraum angepasste Wirtschaften konnte die Produktion regional um 35–80 % gesteigert werden. Auf diese Weise werden lokal **Arbeitsplätze** geschaffen und die **landwirtschaftliche Nutzfläche pro Einwohner** gesteigert sowie die **Trinkwasserversorgung** verbessert, sodass die drängenden Probleme der **Unterernährung** und der Armut angegangen werden (M 3, M 4, M 9).

Auch das Projekt *ARCM* hat inzwischen durch die Gründung von **Industrieparks** gegriffen. Hier wurden in einer Art **Cluster** vor allem **arbeitsintensive Industrien** wie Textil, Nahrungsmittel und Leder angesiedelt. Letzteres zählt inzwischen zu einem der **Hauptexportgüter** und mit der Produktion von Lederwaren findet auch ein weiterer Verarbeitungsschritt im Land selbst statt, was die Bedeutung dieses Industriezweigs unterstreicht. Vereinzelt wurden auch Standorte Know-how-intensiverer Industrien (Fahrzeugteile) sowie Dienstleistungen (flughafenbezogene Logistik) gegründet. Positiv ist zu bewerten, dass hierdurch Arbeitsmöglichkeiten sowohl für unqualifizierte als auch für gut ausgebildete Personen geschaffen werden, und das nicht nur in der Nähe zur Hauptstadt, sondern auch in **peripheren Regionen**. Auf diese Weise wird dem Problem der **Land-Stadt-Wanderung** entgegengewirkt, werden gut ausgebildete Rückwanderer aufgefangen und ein Ausbau des sekundären und tertiären Sektors mithilfe von Auslandsdirektinvestitionen (ADI) gefördert. Letzteres trägt wiederum zu einer Verbesserung der **Terms of Trade** für Äthiopien bei und hilft, die Handelsbilanz langfristig auszugleichen sowie Armut zu bekämpfen (M 2, M 4, M 7, M 10).

Risiken

Demgegenüber stehen aber einige negative Aspekte, die vor allem auf die Art und Weise der Projektumsetzung zurückzuführen sind. Zum Großteil beruhen die Projekte, sowohl im Bereich Landwirtschaft als auch im Bereich Industrie, auf **ausländischem Knowhow** und **Kapital** und stellen eine Art Entwicklungshilfe dar. Hierdurch entsteht ein Abhängigkeitsverhältnis und es stellt sich die Frage, wie nachhaltig die Maßnahmen sind, wenn der Förderungszeitraum ausläuft oder ausländische Unternehmen andere Standorte bevorzugen. Da die Industrieparks fast ausschließlich von Firmen aus dem Ausland aufgebaut werden, fließen zudem **Devisen** ins Ausland ab und kommen nur teilweise der äthiopischen Wirtschaft zugute. Weiterhin ist kritisch anzumerken, dass die Mehrzahl der angesiedelten Industriebetriebe vor allem einfache Verarbeitungsschritte übernimmt und nur z. T. für den **internationalen Markt** gefertigt wird. Um am **globalen Handel** teilhaben zu können, muss sich außerdem die **digitale** und **Telekommunikationsinfrastruktur** verbessern. Zurzeit verfügen beispielsweise nur ca. 12 % der Menschen über einen Internetanschluss, ca. 43 % haben einen Mobilfunkvertrag (M 4, M 10).

Die Projekte in der Landwirtschaft eröffnen zwar einerseits die Chance, die Ernährung zu sichern, andererseits beinhalten sie aber keine direkten Maßnahmen, um das **Bevölkerungswachstum** einzudämmen. Es ist absehbar, dass die Bevölkerungszahl durch einen wachsenden Lebensstandard und eine zunehmende Lebenserwartung noch weiter steigt und sich dadurch die Versorgung mit Nahrungsmitteln und Trinkwasser verschlechtert, da die **natürlichen Ressourcen** nicht ausreichen bzw. überbeansprucht werden. Dies bedeutet auch künftig eine Abhängigkeit von Unterstützung aus dem Ausland (M 4 – M 6, M 9).

Die beschriebenen Projekte leisten einen wichtigen Beitrag zur Entwicklung Äthiopiens. Positive Effekte auf die Wirtschaftsleistung und den Arbeitsmarkt sind ebenso zu verzeichnen wie verbesserte Lebensbedingungen der Bevölkerung. Es ist aber fraglich, wie lange diese Effekte anhalten. Denn nur, wenn es gelingt, das nach wie vor **hohe Bevölkerungswachstum zu bremsen** und die lokale Bevölkerung im Hinblick auf Familienplanung und an den Naturraum angepasstes Wirtschaften auszubilden, werden die Menschen im Land nachhaltig profitieren können. Nach derzeitigem Stand ist dies nur ansatzweise erkennbar. Fazit

Leistungskurs Geographie (NRW) – Abiturprüfung 2019
Aufgabe 2

Thema

Auswirkungen von Globalisierung und Produktinnovation auf Industriebranchen – Das Beispiel der Schweizer Uhrenindustrie

Aufgabenstellung

	Punkte
1. Kennzeichnen Sie die räumliche Verteilung sowie die wirtschaftliche Situation der Uhrenindustrie in der Schweiz um 1970.	21
2. Analysieren Sie die Entwicklung der Schweizer Uhrenindustrie sowie ihrer wirtschaftlichen Bedeutung seit 1970.	34
3. Überprüfen Sie die Übertragbarkeit des Modells des Produktlebenszyklus auf die Produktion mechanischer Armbanduhren in der Schweiz.	25

Zugelassene Hilfsmittel

- der an der Schule in der Qualifikationsphase überwiegend verwendete Atlas, in einer für alle Prüflinge gleichen Auflage
- Wörterbuch zur deutschen Rechtschreibung
- Taschenrechner

Materialgrundlage

M 1 Atlaskarten nach Wahl

M 2 Die Schweiz – Wirtschaftsdaten

	1970	1990	2010	2017
Einwohner (Mio.)	6,2	6,8	7,9	8,5
Erwerbstätige (Mio.)	3,1	3,8	4,5	5,0
davon Erwerbstätige im sekundären Sektor (Mio.)	1,5	1,2	1,0	1,1
BIP (Mrd. CHF)	106,2	358,5	608,8	668,1
Beitrag des verarbeitenden Gewerbes / der Industrie zur Bruttowertschöpfung (%)	23,6	20,9	19,5	18,7

Anmerkung:
1 CHF (Schweizer Franken) = 0,92 Euro (01. 06. 2017)

eigene Zusammenstellung nach Daten vom Bundesamt für Statistik Schweiz

M 3 Historische Entwicklung der Uhrenindustrie in der Schweiz

Beginn 20. Jh.	Anteil an weltweiter Armbanduhrenproduktion: > 50 % (ausschließlich mechanische Armbanduhren*; diese entstehen in Handarbeit)
1969	ein japanisches Unternehmen stellt die erste serienmäßig gefertigte Quarzarmbanduhr** der Welt vor; Preis: rund 4 180 US-$; in wenigen Jahren sinkt der Preis für japanische Quarzuhren auf unter 50 US-$/Stück
1970	Untergrenze der Fertigungskosten mechanischer Armbanduhren in der Schweiz: 12 US-$/Stück
1974	Anteil von Quarzuhren am Weltmarkt insgesamt: 2 %
1976	japanische Hersteller fertigen Quarzarmbanduhren für unter 10 US-$/Stück
1970er-Jahre	„Uhrenkrise" in der Schweiz
1983	Gründung von *Swatch (Swiss Watch)*; der Firmengründer erkennt das Marktpotenzial einer kostengünstigen, aber zuverlässigen Plastik-Quarzuhr: die aus nur 54 Teilen bestehenden Uhren werden vollautomatisch gefertigt
1984	Anteil von Quarzuhren am Weltmarkt insgesamt: > 75 %
seit 1999	Swatch übernimmt zahlreiche Uhrenproduzenten des Prestige- und Luxussegments und steigt damit in die Produktion von mechanischen Uhren ein

* mechanische Armbanduhren: besitzen nur mechanisch bewegte Bauteile (Zahnräder, Hebel usw.) und müssen von Hand aufgezogen werden oder besitzen einen Mechanismus, der sie durch Bewegung des Armes aufzieht; gehen nicht genau (Fehler: eine bis mehrere Minuten pro Woche)

** elektronische (Quarz-)Armbanduhren: bei ihnen ist der Taktgeber ein schwingender Quarzkristall; der Quarzkristall wird von einem batteriegespeisten Chip angetrieben; sie gehen sehr genau

eigene Zusammenstellung nach: Günther Fandel et al.: Industrielle Produktionsentwicklung. Berlin: Springer Verlag 1990, S. 238ff.; Torsten Weihe: Die Analyse des Marketingkonzeptes eines innovativen Unternehmens. Diplomarbeit an der FH Kiel, 1995, S. 13; https://www.nzz.ch/die_wiedergeburt_der_schweizer_uhrenindustrie-1.6370781; https://www.ourplanet.com/swisswatches/4-Crisis-of-the-Swiss-watch-industry.pdf (Zugriff jeweils 01. 06. 2018)

M 4 Die Uhrenindustrie in der Schweiz – Betriebe und Beschäftigung

Betriebe in der Schweizer Uhrenindustrie

	1970	1990	2010	2017
Betriebe (Zahl)	1 618	572	596	672
Beschäftigte pro Betrieb	55,3	59,3	81,5	81,8

Beschäftigte in der Schweizer Uhrenindustrie

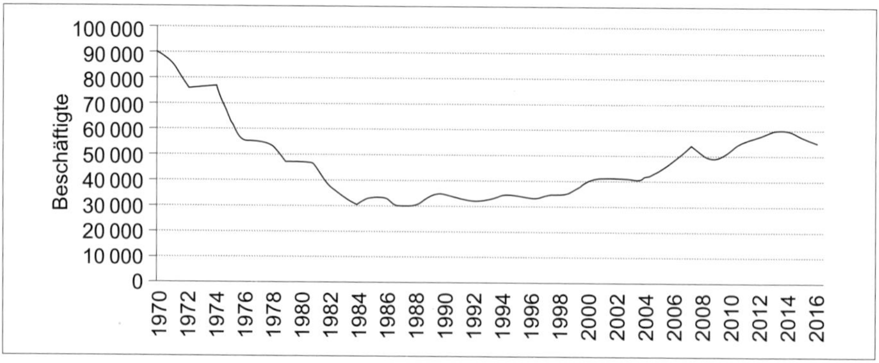

eigene Darstellung nach: Daten von Arbeitgeberverband der Schweizer Uhrenindustrie; Recensement 2017 - Du personnel et des entreprises des industries horlogère et microtechnique suisses

M 5 Die Uhrenindustrie in der Schweiz – räumliche Verteilung

Beschäftigte in der Uhrenindustrie in den Kantonen der Schweiz 1970

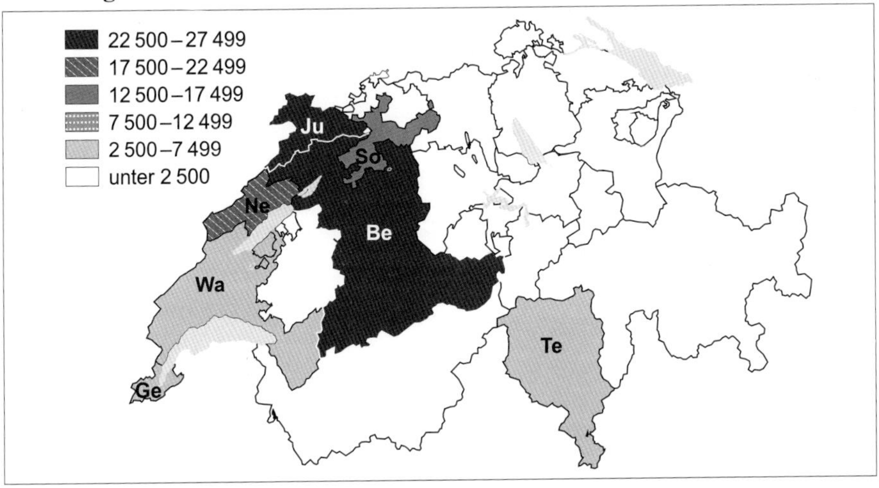

Beschäftigte in der Uhrenindustrie in den Kantonen der Schweiz 2017

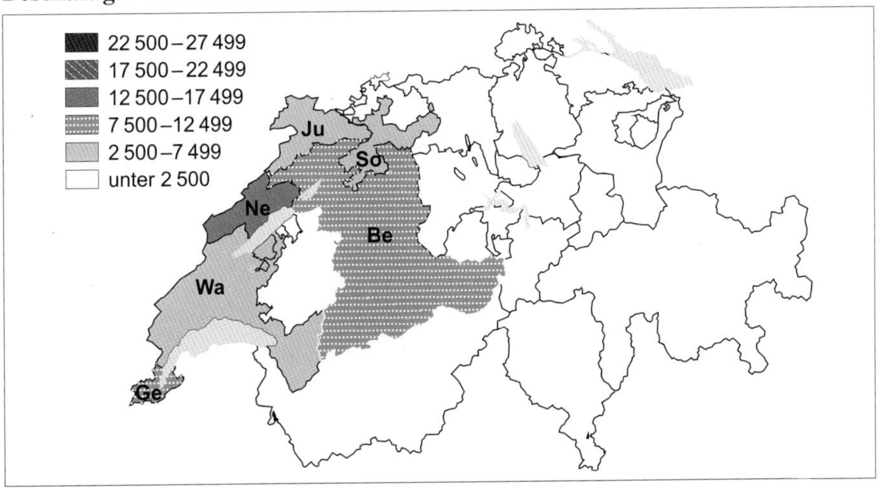

Namentlich in der Karte eingetragene Kantone:
Be = Bern; Ge = Genf; Ju = Jura; Ne = Neuenburg; So = Solothurn; Te = Tessin; Wa = Waadt

eigene Darstellung nach d-maps, https://d-maps.com/m/europa/suitzerland/suisse/suisse48.gif

M 6 Schweizer Uhrenindustrie – Exporte

Exportanteil der Schweizer Uhrenproduktion

1970	2017
97 %	95 %

Uhrenexporte der Schweiz

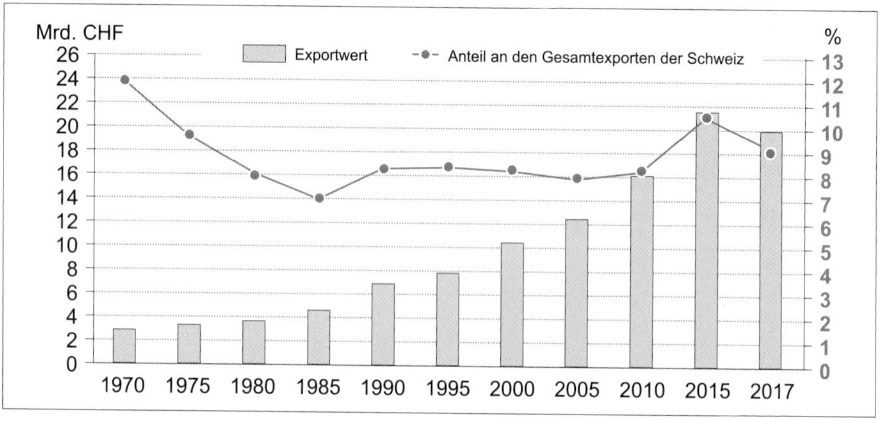

Hauptexportmärkte der Schweizer Uhrenindustrie

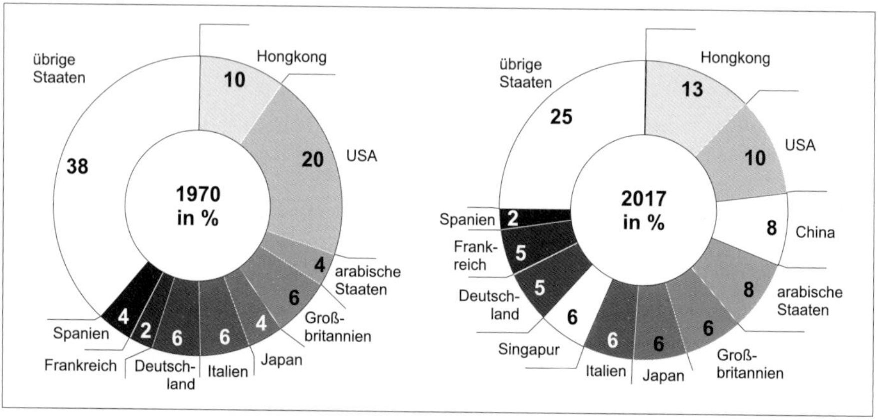

eigene Zusammenstellung nach: https://www.credit-suisse.com/media/assets/private-banking/docs/ch/unternehmen/unternehmen-unternehmer/publikationen/schweizer-uhrenindustrie-de.pdf; http://www.hls-dhs-dss.ch/textes/d/D13976.php; https://www.ezv.admin.ch/ezv/de/home/themen/ schweizerische-aussenhandelsstatistik/daten/waren.html; http://www.fhs.swiss/pdf/mt3_170112_f.pdf (Zugriff jeweils 01. 06. 2018)

M 7 Uhrenproduktion und Uhrenexporte weltweit

Anteil an der Zahl weltweit gefertigter Armbanduhren (%)			
	1970	1990	2017
Schweiz	44,3	13,1	2
Japan	13,9	44,4	5
Hongkong	–	21,9	19
China	–	9,1	57
Frankreich	6,4	3,2	1
Deutschland	4,9	0,4	1
USA	11,3	–	1
übrige Länder	19,2	7,9	14

Wert der exportierten Armbanduhren 2017 (Mrd. US-$)	
	2017
Schweiz	20,2
Japan	1,2
Hongkong	8,4
China	5,0
Frankreich	2,8
Deutschland	1,9
USA	1,7

Durchschnittspreis exportierter Armbanduhren (US-$/Stück)

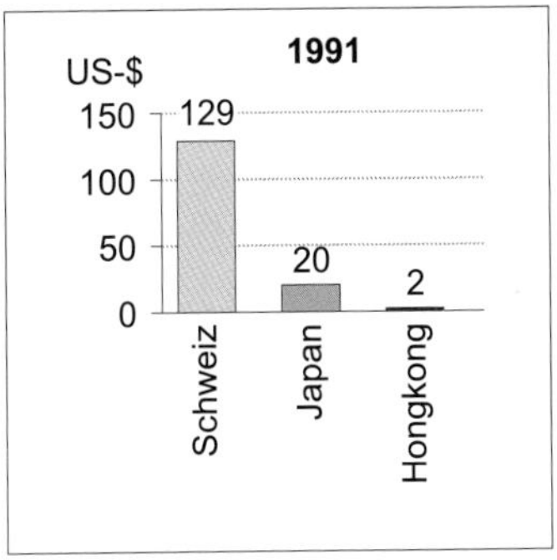

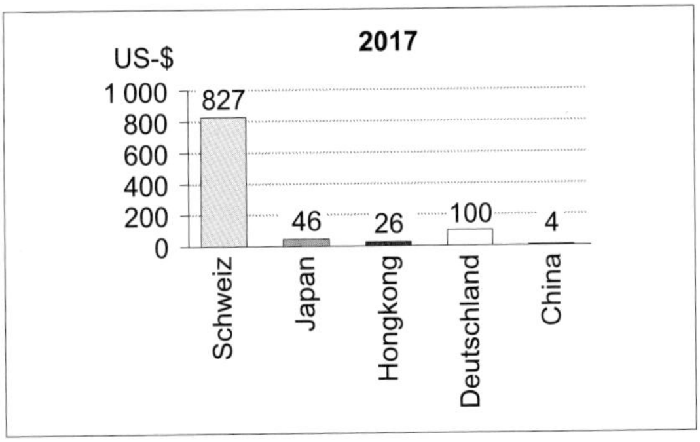

eigene Zusammenstellung nach: Chiara Bentivogli et al.: Die Uhrenindustrie: eine strategische Analyse. S. 68. IN: Hans H. Hinterhuber und Rüdiger Pieper (Hrsg.): Fallstudien zum Strategischen Management. Wiesbaden: Gabler Verlag 1993, S. 68; http://www.fhs.swiss/file/59/Uhrenindustrie_2017.pdf; http://www.jcwa.or.jp/en/data/industry/index.html (Zugriff jeweils 01. 06. 2018); Jacek Rokicki: Schweizer Uhrenindustrie. Entwicklungen und Perspektiven. Hamburg, Igel Verlag RWS 2014, S. 50

M 8 Uhrenindustrie – aktuelle Entwicklungen

Fälschungen Schweizer Uhren

- Schätzung des Verbandes der Schweizerischen Uhrenindustrie (FHS) für die 2010er-Jahre: auf 100 in der Schweiz hergestellte Uhren kommen 110–130 Fälschungen
- Gegenmaßnahmen: Sicherheitsmerkmale für Uhren; Aufbau geschützter Vertriebsnetze

Arbeitskräfte in der Schweizer Uhrenindustrie

- zunehmende Schwierigkeiten, qualifizierte Arbeitskräfte zu rekrutieren
- Ersatz von Arbeitskräften durch Roboter; Einsatz von 3-D-Druckern geplant

China als Absatzmarkt für Schweizer Uhren

- bis 2013 Luxusuhren häufig Teil eines Bestechungsgeldes
- ab 2013 Antikorruptionskampagne: Sondersteuern auf Luxusgüter
- Absatzentwicklung 2013–2016, China: minus 8 %; Hongkong: minus 42 %

	2000	2017
US-Dollar-Millionäre weltweit (Mio.)	7,0	18,1

Die Smartwatch

- in den USA und Japan (fort-)entwickelte Kombination aus Armbanduhr und Smartphone („Smartphonewatch“) mit elektronischem Display, häufig Touchscreen und verschiedenen Sensoren
- per Bluetooth mit einem Smartphone oder per SIM-Karte direkt mit dem Internet verbunden
- Erfassung von Fitness-Daten möglich
- Anfang 2013 Markteinführung der ersten kommerziell erfolgreichen Smartwatch
- Preise: unter 50 Euro bis über 4 000 Euro (Stand: Juni 2018)
- seit 2015 bieten einige Schweizer Uhrenhersteller Luxus-Smartwatches an

Zeitungsschlagzeile vom 13. 02. 2018:

iPhone-Hersteller schlägt Swatch, Rolex & Co.

Die Apple Watch entwickelt sich zum Hit. […] Acht Millionen Smartwatches soll Apple im letzten Quartal 2017 verkauft haben. 18 Millionen Stück gingen 2017 insgesamt über den Ladentisch. […] Infolge dieser neuesten Zahlen müssen sich die [Schweizer Unternehmen] Swatch, Rolex und Co. warm anziehen. Denn an acht Millionen Stück kommt selbst die gesamte Schweizer Uhrenindustrie nicht heran. Gemäß Zahlen des Verbands der Schweizerischen Uhrenindustrie verkauften Schweizer Hersteller im vierten Quartal rund 6,5 Millionen Stück.

eigene Zusammenstellung nach: https://www.watchtime.net/uhren/5-smartwatches-der-luxusuhrenherstellung/; https://www.smartwatch.de/luxus-smartwatch/ (Zugriff jeweils 23. 06. 2018); https://derstandard.at/2000057256337/Wie-die-Uhrenindustrie-gegen-Faelschungen-kaempft; http://www.fhs.swiss/file/59/Uhrenindustrie_2015.pdf; https://www.capgemini.com/wp-content/uploads/2017/09/worldwealthreport_2017_final.pdf; https://de.statista.com/statistik/daten/studie/412979/umfrage/anzahl-der-millionaere-weltweit/; http://www.theiafm.org/publications/38.pdf; Blick 2018

M 9 Modell des Produktlebenszyklus

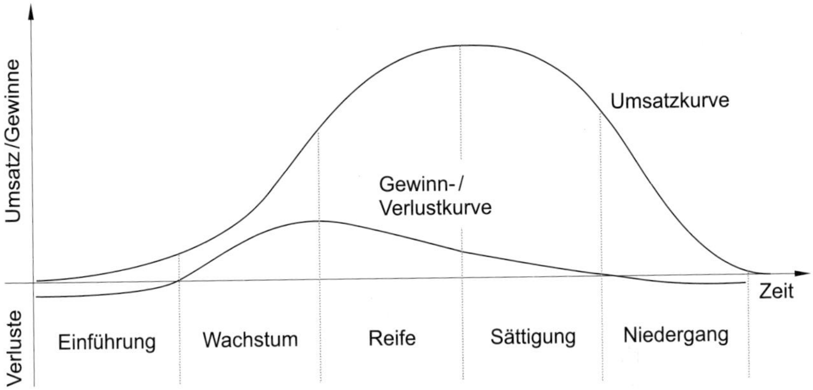

Phasen des Modells
Einführung • oft nur eine einführende Firma • kleine Stückzahlen • hohe Werbekosten • noch geringe Bekanntheit
Wachstum • steigende Bekanntheit • Eintritt von Konkurrenten
Reife • vielfältige Angebote • hohe Stückzahlen • Kampf um Marktanteile • erste Preissenkungen
Sättigung • zunehmende Marktsättigung • harter Kampf um Marktanteile
Niedergang • neue/bessere Folgeprodukte kommen auf den Markt

eigene Darstellung nach: https://blog.vorest-ag.com/kvp/produktprogrammplanung-unter-beruecksichtigung-des-lebenszyklus/; eigene Zusammenstellung nach: http://wirtschaftpedia.wikia.com/wiki/Produktlebenszyklus (verändert) (Zugriff jeweils 05. 06. 2018)

M 10 Schweizer Uhrenindustrie – Produktion und Umsatz

Produktion von Armbanduhren in der Schweiz

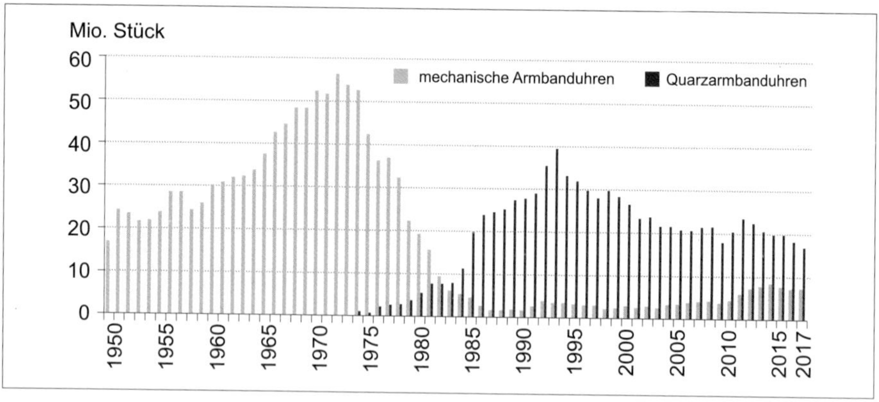

Anteile am Umsatz

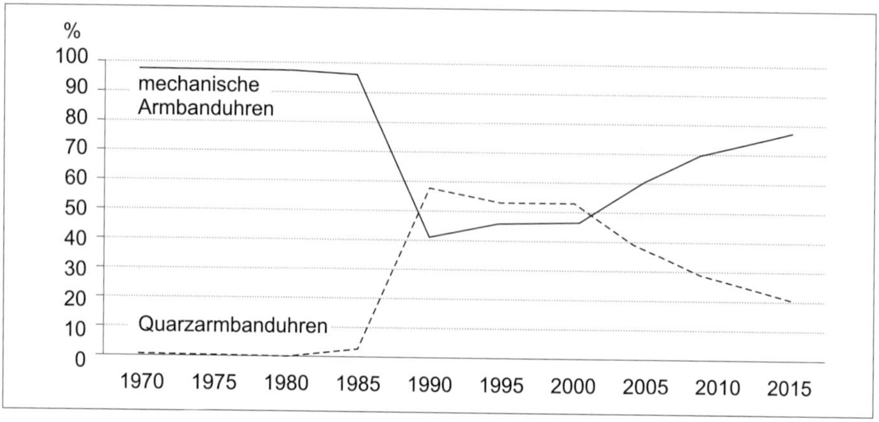

eigene Darstellungen nach: https://www.credit-suisse.com/media/assets/.../ch/.../schweizer-uhrenindustrie-de.pdf; https://www.iffp.swiss/file/7109/download; http://www.fhs.swiss/pdf/a_170112_f.pdf (Zugriff jeweils 12. 07. 2018)

Die Aufgabe bezieht sich auf die folgenden Elemente des Kernlehrplans und die Vorgaben 2019:

- **Inhaltsfeld 4:** Bedeutungswandel von Standortfaktoren
  - Strukturwandel industriell geprägter Räume
- **Inhaltsfeld 6:** Sozioökonomische Entwicklungsstände von Räumen
  - Merkmale und Ursachen räumlicher Disparitäten
  - Strategien und Instrumente zur Reduzierung regionaler, nationaler und globaler Disparitäten

Lösungsvorschlag

Berücksichtigen Sie die Tipps für die Anfertigung der Abiturklausur auf den ersten Seiten dieses Buches. Denken Sie z. B. daran, Ihre Ausführungen mithilfe von Zwischenüberschriften zu gliedern. Wenn Sie einen neuen Sachverhalt vorstellen, geben Sie am Ende des (Sinn-)Abschnittes die Materialbelege in Klammern an. Achten Sie auf eine allgemein- und fachsprachlich angemessene Darstellung.

Teilaufgabe 1

In dieser Teilaufgabe sollen Sie die räumliche Verteilung der Schweizer Uhrenindustrie um 1970 darstellen, was Sie mithilfe von M 5 bewerkstelligen können. Anschließend müssen Sie die wirtschaftliche Situation dieser Branche zu diesem Zeitpunkt aus dem Materialpool herausarbeiten. Diese Informationen entnehmen Sie den ersten sieben Materialien sowie dem Material M 10.

Räumliche Verteilung

Um 1970 lag der **Schwerpunkt** der Uhrenindustrie in der Schweiz im Westen des Landes. Hier befanden sich die Kantone mit den **höchsten Beschäftigungszahlen** in dieser Branche. Am meisten Beschäftigte wiesen die Kantone Bern und Jura auf (22 500 bis 27 499), gefolgt vom im Westen angrenzenden Kanton Neuenburg (17 500 bis 22 499) und Solothurn im Osten (12 500 bis 17 499). Weitaus weniger Beschäftigte waren in den Kantonen Waadt im äußersten Westen des Landes und dem Tessin im Süden zu verzeichnen. In diesen beiden Kantonen arbeiteten zwischen 2 500 und 7 499 Beschäftigte in der Uhrenindustrie (M 5).

Wirtschaftliche Situation

Die Uhrenindustrie in der Schweiz blickt auf eine **lange Tradition** zurück. Der Marktanteil der weltweiten Produktion lag schon zu Beginn des 20. Jahrhunderts bei über 50 % und um 1970 immer noch bei 44 %, während andere damals bedeutende Industrieländer wie Deutschland, die USA oder Japan im Vergleich dazu nur geringe Anteile aufwiesen (M 3, M 7).

In der Schweiz wurden ausschließlich **mechanische Armbanduhren** in Handarbeit produziert, die **Fertigungskosten** lagen bei mindestens 12 US-$ pro Stück. Diese Uhren nahmen folglich 100 % des Umsatzes ein, während die 1969 in Japan entwickelten **Quarzarmbanduhren** noch keine Rolle spielten. Die mechanischen Uhren wurden in 1618 Kleinbetrieben produziert, die durchschnittlich 55,3 Beschäftigte hatten. Insgesamt waren also etwa 90000 Beschäftigte in der Uhrenindustrie tätig, was 6 % der Gesamtzahl der Beschäftigten im **sekundären Sektor** entsprach. 97 % der gefertigten Uhren wurden exportiert, wobei das europäische Ausland und die USA die größten **Exportmärkte** darstellten. Aber auch nach Asien und in arabische Staaten wurden insgesamt 18 % der Uhren geliefert (M 2–M 4, M 6, M 10).

Die erste Hälfte der 1970er-Jahre markierte den **Boom** der Schweizer Uhrenindustrie. Um 1970 wurden hier mehr als 50 Mio. mechanische Armbanduhren gefertigt, bis 1973 wurde der Produktionshöhepunkt von fast 60 Mio. erreicht. Die große Beschäftigtenzahl, aber auch die **Bruttowertschöpfung** des verarbeitenden Gewerbes von 23,6 % am BIP machen die enorme wirtschaftliche Bedeutung der Uhrenindustrie zu dieser Zeit deutlich (M 2, M 10).

Teilaufgabe 2

In dieser Teilaufgabe sollen Sie die Entwicklung der Schweizer Uhrenindustrie nach 1970 herausarbeiten. Hierfür sollten Sie sich mit allen Materialien beschäftigen; nur den Atlas und das Modell M 9 benötigen Sie nicht. Sinnvoll ist es bei der Analyse (Anforderungsbereich II) zum einen, einzelne Werte innerhalb eines Materials in Beziehung zu setzen (z. B. in M 4 aus der Zahl der Betriebe und den Beschäftigten pro Betrieb die Beschäftigtenzahl zu berechnen). Zum anderen geht es vor allem darum, Informationen, die Sie verschiedenen Materialien entnehmen können, sinnvoll zu verknüpfen.

Entwicklung nach 1970

Seit 1970 hat sich die räumliche **Verteilung** der Schweizer Uhrenindustrie nur wenig, die **Anzahl der Beschäftigten** jedoch deutlich verändert. Der Kanton Tessin ist als Produktionsstandort weggefallen, in den westlich gelegenen Kantonen Bern, Genf, Waadt, Neuenburg, Jura und Solothurn werden aber nach wie vor Uhren produziert. Nur im Kanton Waadt ist die Beschäftigtenzahl gleich geblieben. Die höchste Anzahl an Beschäftigten weist Neuenburg auf (12 500 – 17 499). Der Kanton Bern hat im Jahr 2017 im Vergleich zu 1970 eine viel geringere Beschäftigtenzahl in der Uhrenindustrie

(7 500 – 12 499) und liegt damit gleichauf mit dem flächenmäßig viel kleineren Kanton Genf. Die übrigen Kantone, in denen Uhren produziert werden, haben noch 2 500 bis 7 499 Beschäftigte. Die Kantone Solothurn und Neuenburg spielen eine viel geringere Rolle als noch 1970. Dieser Bedeutungsverlust spiegelt sich auch in der Zahl der Beschäftigten in dieser Branche insgesamt wider: Nach 1970 war ein **starker Rückgang** auf nur noch ein Drittel (1980er-Jahre) zu verzeichnen. Heute hat sich die Zahl der Beschäftigten auf einem Niveau von ca. 50 000 eingependelt (M 4, M 5).

Uhrenkrise

Zurückzuführen ist dieser Einbruch auf die Entwicklungen des **Weltmarktes für Uhren** und den zunehmenden **Konkurrenzkampf**. Bereits 1976 wurden in Japan Quarzuhren zu einem niedrigen Stückpreis von unter 10 US-$ gefertigt. Dies führte zunächst zu einem **Bedeutungsverlust** der Branche in der Schweiz, die sich in den beschriebenen sinkenden Beschäftigungszahlen, aber auch in der Abnahme der Zahl der Betriebe niederschlug. 1990 gab es nur noch rund ein Drittel der Betriebe im Vergleich zu 1970, während die durchschnittliche Mitarbeiterzahl jedoch leicht gestiegen ist. Zudem zeigten sich Auswirkungen auf die Uhrenexporte. Deren Anteil an den Gesamtexporten der Schweiz ist von 1970 bis Mitte der 1980er-Jahre von 12 % auf 7 % gesunken.

Die Produktion von Quarzuhren spielte zu diesem Zeitpunkt noch keine Rolle, der Umsatz wurde rein mit mechanischen Uhren erzielt. Die Zahl der hergestellten mechanischen Uhren ging allerdings drastisch zurück und lag 1985 bei etwa 5 Mio. Stück (M 3, M 4, M 6, M 10). Der Exportwert war sogar gestiegen, vermutlich aufgrund eines höheren Verkaufspreises der Uhren.

Veränderung der wirtschaftlichen Bedeutung

Die Mitte der 1980er-Jahre stellte einen **Wendepunkt** in der Schweizer Uhrenproduktion dar. Damals wurde die Firma Swatch gegründet, deren Firmengründer das Marktpotenzial einer **kostengünstigen**, aber zuverlässigen Plastik-Quarzuhr erkannt hatte. Diese Uhren bestehen aus nur 54 Teilen und können daher **vollautomatisch** und **kosteneffizient** produziert werden. Infolgedessen veränderte sich die Struktur der Schweizer Uhrenindustrie: Der Umsatzanteil von mechanischen Uhren stagnierte bis zum Jahr 2000 nahezu auf dem niedrigen Niveau um 1984 und wurde bereits zu diesem Zeitpunkt von demjenigen der Quarzuhren übertroffen. Es wurden deutlich mehr Quarzuhren als mechanische Uhren hergestellt, der **Höhepunkt der Quarzuhrenproduktion** war mit 40 Mio. Stück im Jahr 1993 erreicht. Der Anteil der Quarzuhrenproduktion am Weltmarkt betrug bereits 1984 über 75 % (M 3, M 10).

Trotz des Bedeutungsgewinns der Quarzuhren wurde dennoch weiterhin auf die Produktion von mechanischen Uhren gesetzt. Auch diese Entwicklung wurde von der Firma Swatch vorangetrieben, die 1999 zahlreiche Uhrenproduzenten des **Prestige- und Luxussegments** übernahm. Dies bedeutete für Swatch den Einstieg in die Produktion von hochwertigen mechanischen Uhren. So gelang es, die **weltweite Bedeutung** dieser Technik aufrechtzuerhalten, was sich in **steigenden Exportwerten, Beschäftigungs- und Stückzahlen** in diesem Segment zeigte. Obwohl der Anteil an der Herstellung von Armbanduhren weltweit mit 2 % nur noch einen Bruchteil des Anteils von 1970 ausmacht und fast 80 % in China und Hongkong gefertigt werden, liegt die Schweiz in Bezug auf den Wert der produzierten Uhren bei 20,2 Mrd. US-$ – in China und Hongkong dagegen bei nur rund 13 Mrd. US-$. Der **hohe Durchschnittspreis** von 827 US-$ pro exportierter Armbanduhr setzt sich deutlich von den in Ostasien, aber auch im Nachbarland Deutschland produzierten Uhren ab. Es wird eine Fokussierung auf den Export deutlich, denn 95 % der produzierten Uhren werden ausgeführt, hauptsächlich in reiche Industrieländer, aber auch in die arabischen Staaten sowie nach China und Hongkong (M 3, M 4, M 6, M 7).

Auf diese Weise ist es gelungen, einen Beitrag zur positiven wirtschaftlichen Entwicklung der Schweiz zu leisten, die u. a. durch einen stabilen Erwerbstätigenanteil im sekundären Sektor sowie eine Versechsfachung des BIP seit 1970 deutlich wird. Allerdings birgt die **Fokussierung auf das Luxussegment** und bestimmte **Käufergruppen** ein Risiko aufgrund der **Abhängigkeit von diesem Absatzmarkt**. Zunehmende Schwierigkeiten, **qualifizierte Arbeitskräfte** zu finden, und „Konkurrenz“ durch **Fälschungen** von Schweizer Uhren stellen weitere Probleme dar (M 2, M 8).

Teilaufgabe 3

Für diese Teilaufgabe müssen Sie zunächst, basierend auf M 9, das Modell des Produktlebenszyklus darstellen. Anschließend gehen Sie der Frage nach, inwieweit dieses Modell auf die Produktion mechanischer Uhren in der Schweiz anwendbar ist (Operator „überprüfen“). Dazu müssen Sie abwägen, welche Aspekte für und welche gegen eine Übertragbarkeit sprechen, und ein kurzes Schlussfazit formulieren. Neben M 3, M 4, M 7 und M 10 müssen Sie insbesondere auch M 8 berücksichtigen.

Die **Theorie des Produktlebenszyklus** legt eine modellhafte Abfolge, die ein Produkt von seiner Einführung bis zum Niedergang durchläuft, zugrunde und setzt den **Umsatz** sowie den **wirtschaftlichen Gewinn** bzw. **Verlust** in Relation zum **zeitlichen Verlauf**. Unterteilt wird dieser Verlauf in **fünf Phasen:** Einführung, Wachstum, Reife, Sättigung und Niedergang. Diese spiegeln jeweils die **Rolle des Produktes am Markt** wider, die vom Bekanntheitsgrad, von Angebot und Nachfrage sowie Konkurrenz- und Folgeprodukten bestimmt wird. Angenommen wird eine parabelartige Umsatzkurve, deren Höhepunkt am Übergang von Reife- und Sättigungsphase liegt. In der Einführungsphase werden durch kleine Stückzahlen und hohe Werbekosten finanzielle Verluste gemacht. Steigt der Bekanntheitsgrad, steigen auch die Gewinne. Die **höchsten Gewinne** werden gegen Ende der Wachstumsphase erreicht, bis zum Ende der Sättigungsphase sinken diese aber bis in die **Verlustzone** ab. In der Niedergangsphase werden dann wieder aufgrund von wachsender Konkurrenz oder besseren Folgeprodukten Verluste gemacht (M 9).

Modell des Produktlebenszyklus

Bezogen auf die Produktion von mechanischen Uhren in der Schweiz lassen sich einige **Parallelen** zum modellhaften Verlauf ziehen. Diese sind vor allem für den Zeitraum bis 1980 offensichtlich. Unter anderem spiegelt der Verlauf der produzierten Stückzahlen von 1950 bis 1980 die Annahme wider, dass durch ein **wachsendes Angebot** bzw. **wachsende Produktionszahlen** das Produkt von der Reife- in die Sättigungsphase übergeht, was bei den mechanischen Uhren in der ersten Hälfte der 1970er-Jahre der Fall war. Der Niedergang um 1980 wurde schließlich durch das **Folgeprodukt Quarzuhr** besiegelt, das zwar schon Ende der 1960er-Jahre in Japan eingeführt worden war, aber seinen Boom erst in den 1980er-Jahren erlebte. Somit wurden die mechanischen Uhren auf dem Markt abgelöst, wodurch – wie im Modell dargestellt – **Umsatzrückgänge** und der **Kampf um Marktanteile** verbunden waren, die auch einen **Rückgang der Beschäftigtenzahlen** zur Folge hatten (M 3, M 4, M 9, M 10).

Übertragbarkeit des Modells auf die Uhrenindustrie

Allerdings sprechen einige Argumente gegen die Übertragbarkeit des Modells. Trotz Umsatz- und Produktionseinbußen in den 1980er-Jahren ist es durch die **Spezialisierung** auf das Luxussegment im Bereich der mechanischen Armbanduhren gelungen, Marktanteile zurückzugewinnen und eine Art **Monopolstellung** in dieser Produktsparte zu erlangen. Die weltweite Konkurrenz in der Uhrenproduktion hatte daher nach 1980 nur wenig Einfluss auf die

Grenzen der Anwendbarkeit

Produktion von mechanischen Uhren in der Schweiz. Nicht zuletzt leistete hier die bereits **jahrzehntelange Tradition** als Standort für die Uhrenproduktion und das damit verbundene **Know-how** einen wichtigen Beitrag. So konnten die Stückzahlen auf einem relativ konstanten Niveau gehalten werden, die **Schwankungen** über die Jahre waren **moderat**. Dies ist auch auf die starke **Exportorientierung** und die Ausrichtung auf eine **bestimmte Käuferschicht**, die sich diese Uhren leisten kann, zurückzuführen (M 3, M 7, M 10).

Aussichten

Dennoch zeigt sich schon das nächste **Konkurrenzprodukt** auf dem Markt: Die Einführung von Smartwatches im Jahr 2013, die eine Kombination aus Armbanduhr und Smartphone darstellen und einen schnellen Zugang zum Internet, aber auch die Speicherung von Fitnessdaten ermöglichen, könnte – folgt man dem **Modell des Produktlebenszyklus** – Auswirkungen auf die Stellung der mechanischen Uhren aus der Schweiz am Weltmarkt haben. Da auch hier sehr teure Modelle, die mehrere Tausend Euro kosten, verfügbar sind, wird sich die Käuferschicht für mechanische Schweizer Uhren gegebenenfalls verringern. Zwar haben Schweizer Uhrenhersteller bereits reagiert und eigene „Smartuhren" auf den Markt gebracht. Die Tatsache, dass von **Global Playern** wie Apple sehr große Stückzahlen produziert und verkauft werden, erhöht aber den Konkurrenzdruck auf die Schweizer Uhrenproduzenten (M 8).

Fazit

Festzuhalten ist, dass die Schweizer Uhrenindustrie derzeit eine gefestigte wirtschaftliche Position auf dem Weltmarkt einnimmt, die im Bereich der Produktion von mechanischen Uhren **fast konkurrenzlos** ist. Die Entwicklung zeigt, dass die Uhrenproduzenten auf globale Veränderungen in der Uhrenproduktion durch **innovative Produkte** einerseits und das Festhalten an einem **hohen Qualitätsstandard** andererseits reagiert und sich so auf dem Weltmarkt behauptet haben. In ähnlicher Weise werden sie voraussichtlich auch den neuesten Entwicklungen im Bereich der Smartwatches begegnen bzw. haben sie dies schon durch die Entwicklung eigener Produkte getan. Durch diese Anpassungsfähigkeit wird letztlich der **Produktionsstandort** Schweiz gesichert.

Grundkurs Geographie (NRW) – Abiturprüfung 2020
Aufgabe 1

Thema

Nutzungswandel städtischer Teilräume im Kontext nachhaltiger Stadtentwicklung – Das Beispiel Kaiserslautern

Aufgabenstellung Punkte

1. Lokalisieren Sie Kaiserslautern und kennzeichnen Sie die funktionsräumliche Gliederung sowie die demografische und wirtschaftliche Situation der Stadt am Ende der 1990er-Jahre. 26
2. Erläutern Sie vor diesem Hintergrund und im Kontext der Stadtentwicklung Kaiserslauterns Merkmale und Ziele der Projekte der Pfälzische Regionalentwicklung (PRE) GmbH. 26
3. Überprüfen Sie, inwieweit die Projekte der PRE GmbH einen Beitrag zur nachhaltigen Stadtentwicklung leisten. 28

Zugelassene Hilfsmittel

- der an der Schule in der Qualifikationsphase überwiegend verwendete Atlas, in einer für alle Prüflinge gleichen Auflage
- Wörterbuch zur deutschen Rechtschreibung
- Taschenrechner

Materialgrundlage

M 1 Atlaskarten nach Wahl

M 2 Kaiserslautern – Demografie

Einwohner

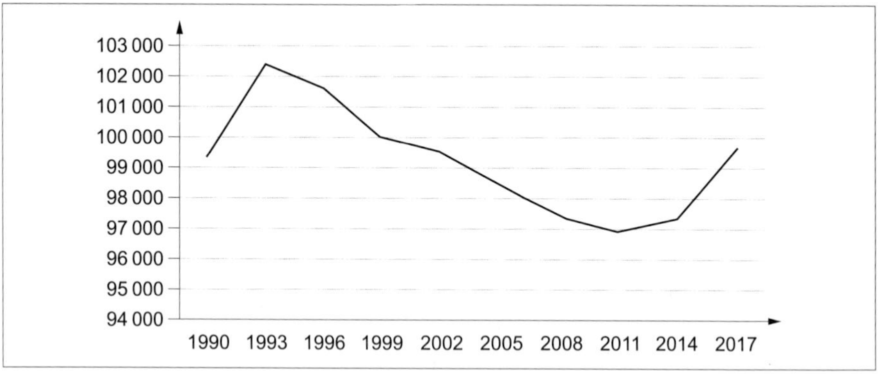

Bevölkerungssalden

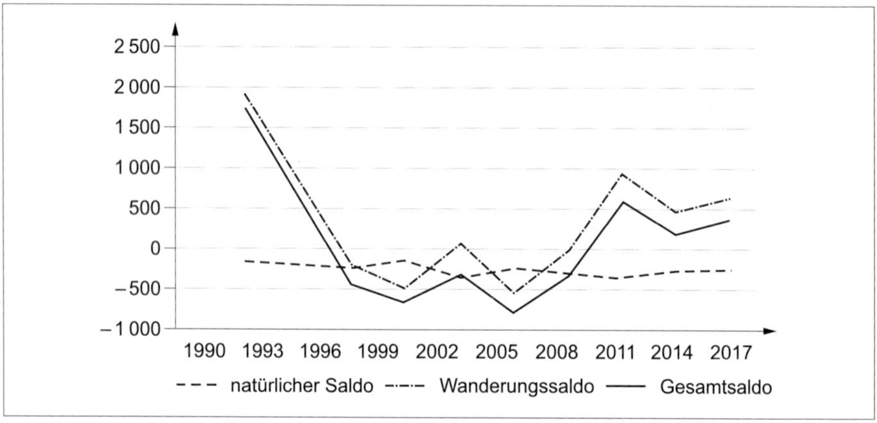

eigene Darstellung, Daten nach: Statistisches Landesamt Rheinland-Pfalz

M 3 Kaiserslautern – Wirtschaft

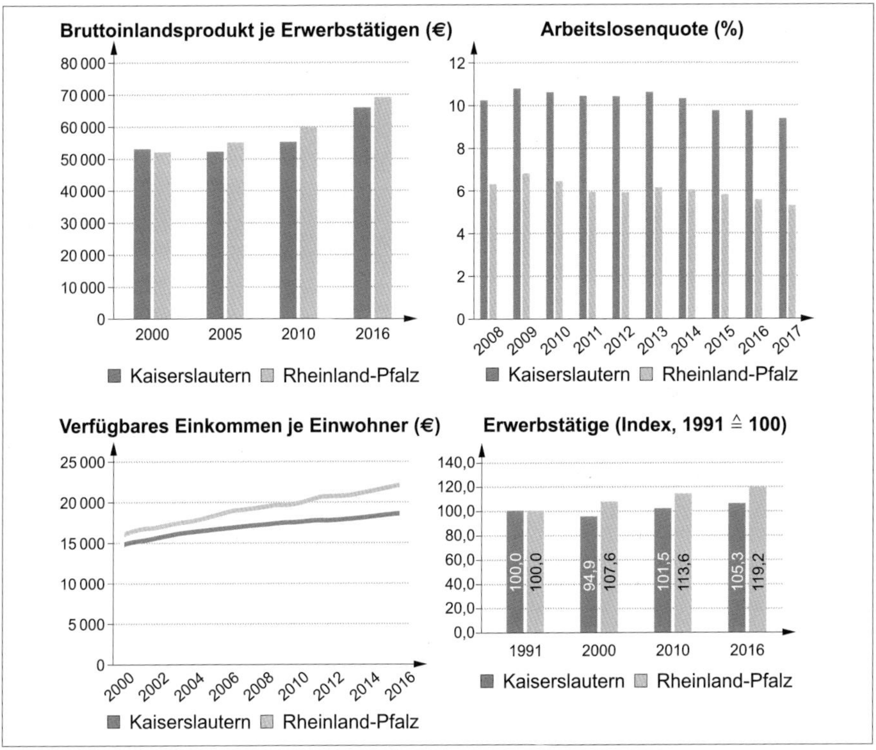

Erwerbstätige im Produzierenden Gewerbe

	Anzahl	Anteil an allen Erwerbstätigen (%)
1999	20 500	30,4
2005	18 000	27,4
2016	12 600	17,7
Empfänger von Grundsicherung (%)		
2007	13,9 (alle kreisfreien Städte des Landes: 11,1)	
2017	14,4 (alle kreisfreien Städte des Landes: 11,5)	

eigene Darstellung, Daten nach: Statistisches Landesamt Rheinland-Pfalz

M 4 Kaiserslautern – funktionale Gliederung (siehe Farbabbildungen!)

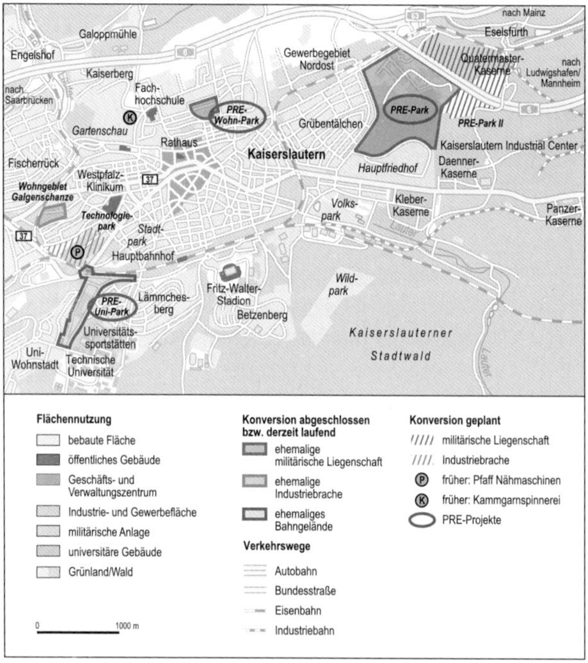

Anmerkung: PRE GmbH = Pfälzische Regionalentwicklung GmbH; Verbund sechs ortsansässiger Unternehmer

© cartomedia, Karlsruhe

M 5 Kaiserslautern – bedeutende Industrieunternehmen

Eisenwerke Kaiserslautern	Eisen- und Stahlbau	1864–2002
Gebr. Pfeiffer SE	Technische Mühlen	1864–heute
ACO Guss	Gießereiprodukte	1898–heute
Kammgarnspinnerei Kaiserslautern	Garn	1857–1981
Spinnerei Lampertsmühle AG	Stoffe	1853–heute
Motoren- und Komponentenwerk Adam Opel AG	Motoren	1966–heute
Pfaff	Nähmaschinen	1862–2009

eigene Darstellung, Daten nach: www.kaiserslautern.de

M 6 Kaiserslautern – militärische Standorte (siehe Farbabbildungen!)

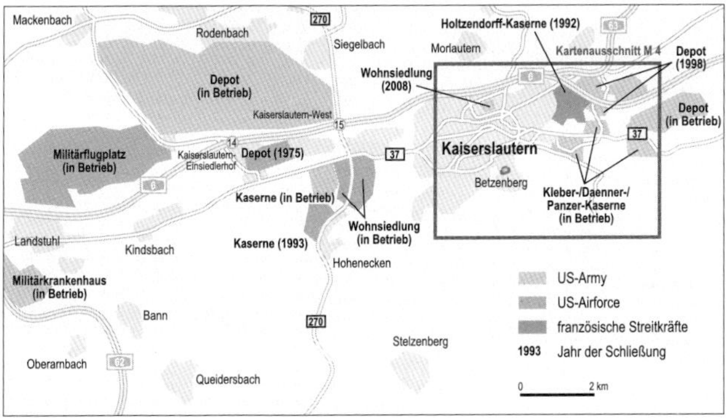

Kaiserslautern ist aktuell Standort der größten US-Militärgemeinde außerhalb der USA:

US-Staatsbürger	davon Militärpersonen	davon US-Zivilbeschäftigte	deutsche Zivilbeschäftigte
53 000	15 000	7 000	5 000

© cartomedia, Karlsruhe

M 7 PRE-Projekt „Park“ (siehe Farbabbildungen!)

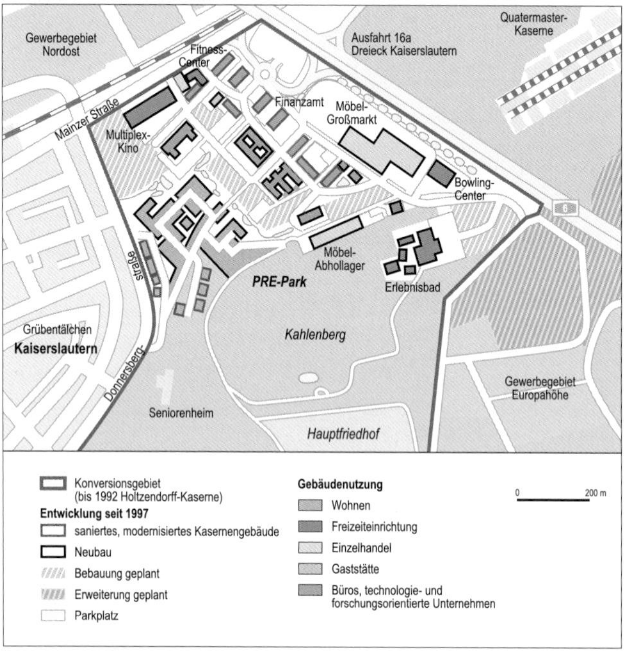

Anmerkung: südliche Grenze des Konversionsgebiets: siehe M 4

	1997	2014
Bauland	Ausweisung von 30 ha	davon 26 ha verkauft (2019 30 ha)
Gebäude	30 000 m^2 (Kaserne)	30 000 m^2 (saniert); 40 000 m^2 (Neubau)
Investitionen	200 Mio. € (geplant)	225 Mio. € (realisiert)
Arbeitsplätze	1 500 (geplant)	3 000 (realisiert)

- Erwerb des Geländes durch PRE GmbH: 1997
- Fläche: 68 ha, Erweiterungsfläche PRE-Park II: 12,5 ha
- Kostenträger der Erschließung: 90 % Rheinland-Pfalz, 10 % PRE GmbH
- Kostenträger für die Beseitigung der Altlasten: Bund
- Ausgestaltung des Bebauungsplans: PRE GmbH
- 150 Einfamilienhäuser
- 100 Firmen aus den Branchen Dienstleistung, IT-Entwicklung, Ingenieurwesen, Medizin und Verwaltung

© cartomedia, Karlsruhe; eigene Zusammenstellung, Daten nach: www.pre-projekte.de

M 8 Weitere PRE-Projekte (siehe Farbabbildungen!)

PRE-Projekt „Uni-Park"

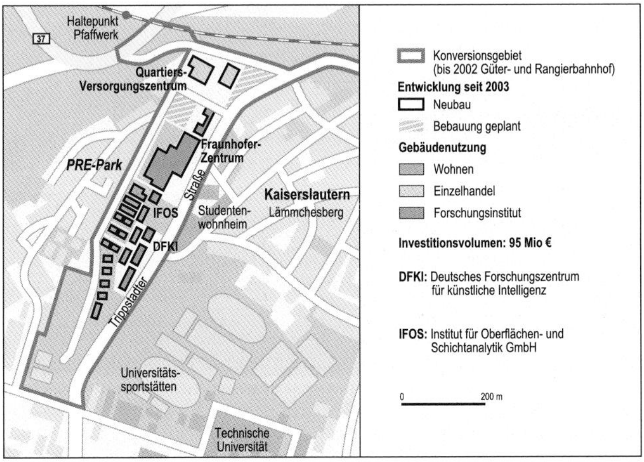

Anmerkung: Studierende in Kaiserslautern: 1999: 11 000; 2019: 20 000

© cartomedia, Karlsruhe

PRE-Projekt „Wohn-Park“

- Lage: ca. 1 km nördlich der Innenstadt (ca. 8 Gehminuten), Fläche 5 ha
- bis 2009: Wohnsiedlung für US-Militärangehörige; 2011 Abriss der Gebäude
- seit 2015: Wohngebiet mit Energieeffizienzhäusern

PRE GmbH, www.pre-projekte.de

Die Aufgabe bezieht sich auf die folgenden Elemente des Kernlehrplans und die Vorgaben 2020:

- **Inhaltsfeld 4:** Bedeutungswandel von Standortfaktoren
  - Herausbildung von Wachstumsregionen
- **Inhaltsfeld 5:** Stadtentwicklung und Stadtstrukturen
  - Merkmale, innere Differenzierung und Wandel von Städten
  - Demografischer und sozialer Wandel als Herausforderung für zukunftsorientierte Stadtentwicklung

Lösungsvorschlag

Berücksichtigen Sie die Tipps für die Anfertigung der Abiturklausur auf den ersten Seiten dieses Buches! Denken Sie z. B. daran, Ihre Ausführungen mithilfe von Zwischenüberschriften zu gliedern. Geben Sie am Ende eines (Sinn-)Abschnittes die Materialbelege in Klammern an, wenn Sie dort einen neuen Sachverhalt vorstellen. Achten Sie auf eine allgemein- und fachsprachlich angemessene Darstellung.

Teilaufgabe 1

Zuerst müssen Sie mithilfe des Atlas und der Karte (M 4) die geographische Lage Kaiserslauterns bestimmen (Operator „lokalisieren"). Berücksichtigen Sie dabei die für stadtgeographische Fragestellungen relevanten Aspekte wie Verkehrsanbindung oder Entfernung zu anderen Städten. Der Operator „kennzeichnen" verlangt in dieser Teilaufgabe von Ihnen dreierlei: Zunächst müssen Sie im Rahmen einer funktionsmäßigen Gliederung die unterschiedlichen städtischen Teilräume anführen (M 4, M 6). Danach gilt es, die demografische Entwicklung unter Berücksichtigung der natürlichen Entwicklung und der Wanderungsbilanzen von 1990 bis 1999 darzulegen (M 2). Abschließend müssen Sie die wirtschaftliche Situation Kaiserslauterns am Ende des Jahrtausends aufzeigen (M 3–M 6) sowie die sich daraus ergebenden möglichen Folgen und Probleme benennen.

Lage

Die rheinland-pfälzische Großstadt Kaiserslautern liegt am **Westrand des Pfälzer Waldes** an der Lauter. Die Grenze zu Frankreich im Süden ist ca. 40 km entfernt, ebenso wie Ludwigshafen im Osten; die Entfernung zu Homburg und Saarbrücken im Westen beträgt 35 bzw. 70 km. **Verkehrsmäßig** ist die Stadt **gut an das regionale und überregionale Netz angebunden**: zum einen durch die Eisenbahnlinien nach Pirmasens/Neustadt a. d. Weinstraße und Mannheim, zum anderen durch die Bundesautobahnen A 6 nach Saarbrücken bzw. Ludwigshafen/Mannheim und A 63 nach Mainz sowie durch die Bundesstraße B 37 (M 1, M 4).

Das Zentrum von Kaiserslautern mit Rathaus, Geschäfts- und Verwaltungsgebäuden sowie drei Kirchen befindet sich südlich und nördlich der B 37 auf einer Fläche von ca. 0,8 km^2. Dichte Wohnbebauung zieht sich im Innenstadtbereich geschlossen zwischen der A 6 im Norden und der in W-O-Richtung verlaufenden Bahnlinie im Süden hin. Außerdem gibt es Wohngebiete südlich davon in Hanglagen des Kaiserslauterner Stadtwaldes. Dort und im Osten der Stadt findet man Natur-, Naherholungs- und Freizeiteinrichtungen in großem Umfang, darunter die Sportanlagen der Universität und das Fritz-Walter-Stadion des Bundesligisten 1. FC Kaiserslautern (M 4).

Funktionsräumliche Gliederung 1999/2000

Umfangreiche militärische Liegenschaften, vor allem der US-Amerikaner, prägen das Stadtbild und das benachbarte Umland im Westen und Osten: u. a. östlich des Volksparks und des Stadtteils Grübentälchen, außerhalb der Stadt westlich an der B 37/B 270 sowie nördlich der A 6 Richtung Kindsbach, 8–10 km vom Stadtkern entfernt. Von diesen militärischen Einrichtungen wurden Teile des Depots der US-Airforce bereits 1975 geschlossen, die Holtzendorff-Kaserne der französischen Streitkräfte 1992, ein Teil der Kaserne der US-Airforce 1993 sowie Teile des Depots der US-Army 1998 (M 4, M 6).

Industrie- und Gewerbeflächen findet man bandartig entlang der Eisenbahn und im Tal der Lauter; **aufgelassene Altindustrieflächen** des Eisenwerks Kaiserslautern, der Kammgarnspinnerei und der Firma Pfaff Nähmaschinen liegen 500 m nordwestlich des Stadtkerns bzw. 1 km südwestlich in der Nähe des heutigen Technologieparks (M 4).

Demografische Entwicklung bis 1999

Bis 1993 stieg die Einwohnerzahl Kaiserslauterns auf den Höchstwert von ca. 102 000, danach sank sie bis 2011 kontinuierlich auf 97 000. Dies war ein Ergebnis des Gesamtsaldos aus natürlicher Bevölkerungsentwicklung und Wanderungsbilanz: Der **Saldo der natürlichen Bevölkerungsentwicklung** liegt **seit 1990 durchgängig im negativen Bereich** bei etwa –250 Einwohnern/ Jahr. Hingegen zeigen die jährlichen Wanderungssalden unterschiedliche Werte: Der **Migrationsüberschuss** sank von 1991 bis 1995 von rund 2 000 auf 0. Danach lagen die Werte bis 2008 ausnahmslos im negativen Bereich, der Tiefpunkt war 1999 mit einem Wert von –500 erreicht (M 2).

Ursache dieser **bevölkerungsmäßigen Schwankungen**, die weniger stark ausgefallen sind als in anderen von Altindustrie und militärischer Nutzung geprägten Städten Deutschlands (Hintergrundwissen), waren die wirtschaftlichen Entwicklungen in der Stadt seit den 1990er-Jahren. Von 1991 bis 2000 nahm die Zahl der Erwerbstätigen in Kaiserslautern um fünf Indexpunkte ab, im Unterschied zum Landesdurchschnitt, der in diesem Zeitraum um acht Indexpunkte stieg (M 3). Ursprünglich dominierten neben den Militärbeschäftigten die **Eisenwerke Kaiserslautern**, die **Kammgarnspinnerei** und die **Nähmaschinenfirma Pfaff** das Wirtschaftsgeschehen. Diese beschäftigten den Großteil der 20 500 (30,4 %) im Produzierenden Gewerbe Tätigen im Jahr 1999. Deren Zahl nahm im Zuge von Betriebsschließungen zahlenmäßig und prozentual immer mehr ab. Das BIP/Einwohner entsprach im Jahr 2000 dem Landesdurchschnitt, das verfügbare Einkommen lag nur knapp darunter (M 3, M 5).

Wirtschaftliche Situation Ende der 1990er-Jahre

Ein Teil der jüngeren arbeitsfähigen Bevölkerung hat bis zum Jahr 2000 die Stadt verlassen und mit Blick auf die sich abzeichnende weitere **negative industrielle Entwicklung** musste mit weiteren Wegzügen gerechnet werden. Die zurückbleibende Bevölkerung nahm ab und wurde älter. Als Folge hiervon drohte sich das sozialräumliche Gefüge zu verändern. Da die Zahl der Erwerbstätigen abnahm, musste die Stadt mit sinkenden Steuereinnahmen rechnen, mit der Perspektive, dass es immer schwieriger werden würde, das Infrastrukturangebot aufrechtzuerhalten. Die **aufgelassenen Industrie- und Militärstandorte** stellten hierbei gleichzeitig **Problem und Entwicklungschance** dar.

Zwischenfazit 1999/2000

Teilaufgabe 2

Der Operator „erläutern" verlangt von Ihnen, dass Sie unter Berücksichtigung der Teilergebnisse zu Teilaufgabe 1 die vorliegenden Materialien im Hinblick auf die weitere Stadtentwicklung Kaiserslauterns auswerten (M 2–M 6). Hierbei sollen Sie auf die Merkmale und Ziele der drei Projekte der Pfälzischen Regionalentwicklung GmbH eingehen (M 4, M 6–M 8). Berücksichtigen Sie hierbei, was bezüglich der brachliegenden Altindustrie- und Gewerbeflächen sowie nach Teilabzug des französischen und US-amerikanischen Militärs mit den entstandenen Konversionsflächen geschehen sollte/geschehen ist (M 4, M 8).

Kaiserslautern verzeichnete seit der Jahrtausendwende eine leicht positive **wirtschaftliche Entwicklung**, die jedoch hinter den Durchschnittswerten von Rheinland-Pfalz zurückblieb. So stieg die Zahl der Erwerbstätigen von 2000 bis 2016 um ca. 10 Indexpunkte, der Rückstand zum Landesdurchschnitt wuchs allerdings auf 14 Indexpunkte an. Das BIP/Einwohner und das verfügbare Einkommen/Einwohner nahmen in diesem Zeitraum um ca. 12 000 € bzw. ca. 3 000 € zu, die entsprechenden Werte für Rheinland-Pfalz lagen jedoch mit 17 000 € bzw. 6 000 € höher. Die **Arbeitslosenquote** in Kaiserslautern ist von 2008 bis 2017 nur geringfügig um 2 % auf 9 % gesunken, das sind deutlich mehr als die gegenwärtig 5,5 % im Landesdurchschnitt (M 3).

Wirtschaftliche Entwicklung seit 2000

Seit 2000 ist ein deutlicher **wirtschaftlicher Strukturwandel** zu erkennen: 2002 beendete das Eisenwerk Kaiserslautern seine Produktion, 2009 das Traditionsunternehmen Pfaff. 2016 waren nur noch 12 600 oder 17,7 % der Erwerbstätigen im Produzierenden Gewerbe tätig, etwa halb so viele wie im Jahr 1999. Außerdem wurde mit der Wohnsiedlung 1 km nördlich des Stadtkerns ein ehemaliger Standort des US-Militärs 2008 geschlossen (M 3 – M 6).

Demografische Entwicklung seit 2000

Kaiserslautern verlor bis 2011 zunächst weitere 2 500 Einwohner gegenüber 2000, erst danach stieg die Einwohnerzahl wieder und erreichte 2017 die Großstadtuntergrenze von 100 000. Während der Saldo der natürlichen Bevölkerungsentwicklung bei ca. –250/Jahr lag, erreichten die jährlichen Wanderungssalden nach einem Zwischentief um 2005 seit dem Jahr 2009 wieder positive Werte mit mehr als +500/Jahr, womit sich der Gesamtbevölkerungszuwachs erklären lässt (M 2).

Allgemeine Zielsetzung des Stadtumbaus in Kaiserslautern

Vor dem Hintergrund der ökonomischen und demografischen Entwicklungen hat sich Kaiserslautern schon in den 1990er-Jahren entschieden, einen **Stadtumbau** in die Wege zu leiten mit dem Ziel, die aufgelassenen und brachliegenden Flächen der früheren militärischen, industriellen und gewerblichen Nutzung umzuwidmen und einem weiteren wirtschaftlichen und sozioökonomischen Niedergang vorzubeugen. In diesem Zusammenhang wurden drei Projekte durch **private Investoren der PRE GmbH**, des Verbunds von sechs ortsansässigen Unternehmern, geplant. Diese begannen mithilfe staatlicher Zuschüsse bereits 1997 mit der Realisierung und brachten bis 2015 bereits mehr als 300 Mio. Euro an Investitionen auf: 225 Mio. im PRE-Projekt „Park“ und 95 Mio. im PRE-Projekt „Uni-Park“ (M 4, M 7, M 8).

Lage und Größe der drei Projekte der PRE GmbH

Das PRE-Projekt „Park“ ist mit einer Fläche von 68 ha das größte Projekt. Es liegt auf dem Gelände der ehemaligen französischen Kaserne sowie des Depots der US-Army östlich von Grübentälchen, erstreckt sich bis an die A 63 und grenzt an das Kaiserslautern Industrial Center. Außer der guten Verkehrsanbindung weist es mit PRE-Park II eine **Erweiterungsfläche** von 12,5 ha auf und liegt mit dem Kahlenberg unmittelbar neben einem Natur- und Naherholungsbereich (M 4, M 6, M 7).

Zum einen soll die bestehende Bausubstanz der **ehemaligen Kasernengebäude** von 30 000 m^2 nach erfolgter **Sanierung** genutzt werden, zum anderen sollen **Neubauten** im Umfang von 40 000 m^2 errichtet werden. Bund und Land beteiligen sich mit 90–100 % an den Kosten für die Erschließung und die Beseitigung von Altlasten (M 7).

Zielsetzung dieses Projektes ist eine **diversifizierte Nutzung:** Technologie- und forschungsorientierte Unternehmen aus den Bereichen Dienstleistung, IT, Ingenieurwesen, Medizin und Verwaltung bieten 1 500 **moderne und hochwertige Arbeitsplätze** für eine gebildete Bevölkerung an und machen damit Kaiserslautern als Standort attraktiver. 150 Einfamilienhäuser in naturnaher Lage mit einem umfangreichen Freizeitangebot auf der **Konversionsfläche** sollen die heimische Bevölkerung binden und weitere Zuwanderungen ermöglichen (M 7).

Das PRE-Projekt „Uni-Park“ befindet sich auf einer ca. 150 x 800 m großen **Konversionsfläche** 1–3 km südwestlich vom Stadtkern in Universitätsnähe. Diese Fläche wurde **bis 2002 als Güter- und Rangierbahnhof genutzt** und nach der **Deindustrialisierung** nicht mehr benötigt. Auch dieses Projekt ist gekennzeichnet durch eine diversifizierte Nutzung: Die Nähe zu weiteren Einrichtungen des Hochschulstandortes Kaiserslautern hat die Errichtung des DFKI (Deutsches Forschungszentrum für Künstliche Intelligenz) und des IFOS (Institut für Oberflächen- und Schichtanalytik GmbH) sowie des Fraunhofer-Zentrums beeinflusst. Dazu wurden Wohngebäude im südlichen Teil der Konversionsfläche sowie Geschäftsgebäude am nördlichen Ende errichtet. Die hochwertigen Arbeitsplätze und Wohnhäuser in aufgelockerter Bauweise sind dafür geeignet, Hochschulabsolventen am Ort zu halten (M 8).

Das PRE-Projekt „Wohn-Park“, 1 km nördlich der Innenstadt, ist mit 5 ha das kleinste der drei Projekte. **In räumlicher Nähe zur City** wurde hier mit dem Ziel der **innerstädtischen Nachverdichtung** hochwertiger Wohnraum geschaffen, der modernen ökologischen Ansprüchen genügt. Zu diesem Zweck wurde die ehemalige Wohnsiedlung für US-Militärangehörige 2011 abgerissen und die Fläche bis 2015 komplett neu und dichter als vorher bebaut (M 8).

Teilaufgabe 3

Der Operator der dritten Teilaufgabe, „überprüfen", verlangt von Ihnen, dass Sie die Projekte der PRE GmbH einer Prüfung unter stadtplanerischen Aspekten unterziehen. Sie sollen im Anschluss an eine kurze Darstellung dessen, was „nachhaltige Stadtentwicklung" der Definition nach bedeutet, anhand von Kriterien bewerten, ob und inwiefern die Zielsetzungen und Maßnahmen der PRE GmbH diesem Anspruch genügen (M 4, M 6–M 8).

Was bedeutet „nachhaltige Stadtentwicklung"?

Dieses aktuelle **Leitbild der Stadtentwicklung** vereinbart **soziale, ökonomische und ökologische Zielsetzungen** miteinander. Anstelle eines weitergehenden und flächenintensiven Suburbanisierungsprozesses soll durch innerstädtische Nachverdichtung und **intensive Umnutzung innerstädtischer Brachflächen** die Ressource Boden geschont werden. Zudem sollen die Entfernungen zur Nutzung der städtischen Teilfunktionen für seine Bewohner verringert werden. Statt monostrukturierter Viertel soll **soziale und funktionale Durchmischung** an möglichst vielen Stellen in der Stadt die Voraussetzungen für ein chancengleiches und sozialverträgliches Miteinander bieten. **Innovationen und von staatlicher Seite unterstützte Investitionen** sollen neue Arbeitsplätze schaffen und das allgemeine Wirtschaftswachstum fördern. Zur **Revitalisierung des städtischen Lebens in der Kernstadt** sollen öffentliche Plätze und Freizeitangebote geschaffen werden, die die Möglichkeit zur Begegnung und Entspannung bieten. Außerdem soll durch Verkehrsberuhigung, Begrünung und Ausweisung von innerstädtischen Freiflächen eine **ökologische Aufwertung** erfolgen.

Eigenschaften der drei PRE-Projekte

Alle drei Projekte weisen Kennzeichen der Nachverdichtung auf Konversionsflächen auf, am deutlichsten die Projekte „Uni-Park" und „Wohn-Park". Dort wurde komplett neu gebaut, teilweise mit der Perspektive weiterer Verdichtung nach 2015. Durchmischung von Funktionen weisen die Projekte „Park" und „Uni-Park" auf: **Wohnen, Arbeiten und Versorgung**. Im Projekt „Park" gibt es zudem noch „**Freizeit**", was wegen der Nähe zu den bestehenden Sport- und Naherholungseinrichtungen beim „Uni-Park"-Projekt bereits gegeben war (M 8).

Die **Schaffung zahlreicher Studien- und Arbeitsplätze in zukunftsweisenden und wachstumsorientierten Studiengängen und Branchen** spiegelt in besonderem Maße den nachhaltigen Planungsansatz in Kaiserslautern wider. Auch in ökologischer Hinsicht entsprechen die Zielsetzungen den Leitbildanforderungen: Wasser- und Freizeitflächen innerhalb der Projektfläche belegen dies ebenso wie der jeweils große Grünflächenanteil und die gewählten Gebäudeabstände. Die **Nutzung moderner Energietechnik** gehört hierzu ebenso wie die **Verkehrsanbindung durch den ÖPNV** (M 7, M 8).

Fazit

Die im Zuge des wirtschaftlichen Strukturwandels und des Teilabzugs des Militärs frei gewordenen Konversionsflächen wurden in Kaiserslautern nach dem **Leitbild einer nachhaltigen Stadtentwicklung** umgestaltet und neu genutzt. Die Tatsache, dass sich die Zahl der Studierenden seit 1999 fast verdoppelt hat, die Zahl der Zuwanderungen seit 2005 deutlich gestiegen ist und damit die Gesamtbevölkerungszahl 2017 fast wieder den Wert von 100 000 erreicht hat, deutet auf einen **erfolgreichen Stadtumbau** hin. Außerdem wurde bereits 2014 die ursprünglich vorgesehene Investitionssumme im Projekt „Park“ um 12,5 % überschritten und es wurden 3 000 neue Arbeitsplätze geschaffen, doppelt so viele wie geplant (M 7, M 8).

Grundkurs Geographie (NRW) – Abiturprüfung 2020
Aufgabe 2

Thema
Landwirtschaft im Spannungsfeld von Ernährungssicherung und Exportorientierung – Das Beispiel Laos

Aufgabenstellung	Punkte
1. Lokalisieren Sie Laos und kennzeichnen Sie die Entwicklung des Landes seit dem Jahr 2000.	22
2. Erläutern Sie die Verbreitung, Entwicklung und Bedeutung des Reisanbaus in Laos.	28
3. Erörtern Sie Chancen und Risiken neuerer Entwicklungstendenzen im laotischen Agrarsektor.	30

Zugelassene Hilfsmittel
- der an der Schule in der Qualifikationsphase überwiegend verwendete Atlas, in einer für alle Prüflinge gleichen Auflage
- Wörterbuch zur deutschen Rechtschreibung
- Taschenrechner

Materialgrundlage

M 1 Atlaskarten nach Wahl

M 2 Laos – sozioökonomische Daten

	2000	2017
Fläche (km^2)	236 800	
Bevölkerung (Mio.)	5,2	6,8
jährliches Wachstum (%)	1,70	1,51
ländlich / städtisch (%)	74/26	65/35
Lebenserwartung (Jahre)	54	65
HDI (Rang)	0,463 (120)	0,523 (139)
Alphabetisierungsrate (%)	71	80
Anteil Bevölkerung unter 2 US-$/Tag (%)	46	23
Anteil Bevölkerung unterernährt (%)	37,7	16,6
BIP (Mrd. US-$)	1,73	17,15
BIP pro Kopf (US-$)	330	2 560
BIP nach Sektoren (%)		
• primärer Sektor	67	21
• sekundärer Sektor	15	33
• tertiärer Sektor	18	46
Beschäftigung nach Sektoren (%)		
• primärer Sektor	84	73
• sekundärer Sektor	3	6
• tertiärer Sektor	13	21

Außenhandel 2017

Import: 6,9 Mrd. US-$

Wichtigste Importgüter: Halbfertigwaren 27 %, Erdölprodukte 23 %, Maschinen 16 %, Fahrzeuge und Motorräder 7 %, Pharmazeutische Produkte 6 %, Zigaretten 4 %

Export: 5,35 Mrd. US-$

Wichtigste Exportgüter: Textilien / Schuhe 65 %, Holz 12 %, Kautschuk 9 %, Fisch 5 %, Tabak 5 %, Reis 2 %

Weltrang nach Korruptionswahrnehmungsindex*: Laos (135), Deutschland (12)

** Rang 1 = Land mit geringster Korruption*

zusammengestellt nach: http://databank.worldbank.org/data/views/reports/reportwidget.aspx? Report_Name=CountryProfile&Id= b450fd57&tbar=y&dd=y&inf=n&zm=n&country=LAO; https://www.cia.gov/ library/publications/the-world-factbook/geos/la.html; https://data.worldbank.org/country/lao-pdr html (Zugriff jeweils 03. 05. 2019)

M 3 Nassreis – Steckbrief

optimale Anbautemperatur	30–32 °C
minimale Anbautemperatur	18 °C
optimale Anbauhöhe	0–800 m
Ernten pro Jahr	bis zu 3
Ertrag je ha	1,5–5,6 t
ganzjährige Wasserverfügbarkeit erforderlich	

Gerd Eichmann/Wikipedia, CC BY-SA 4.0

Nassreisanbau in Laos

M 4 Laos – Niederschlag und Reisanbau

siehe nächste Seite

M 5 Vientiane – Klima

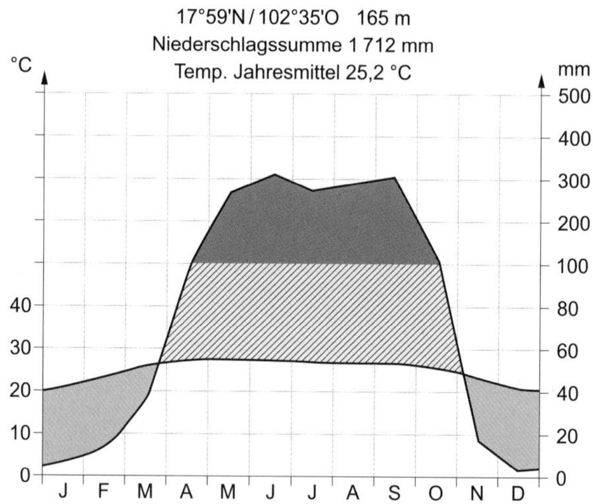

Maksim/ Wikipedia, CC BY-SA 3.0

M 4 Laos – Niederschlag und Reisanbau (siehe Farbabbildungen!)

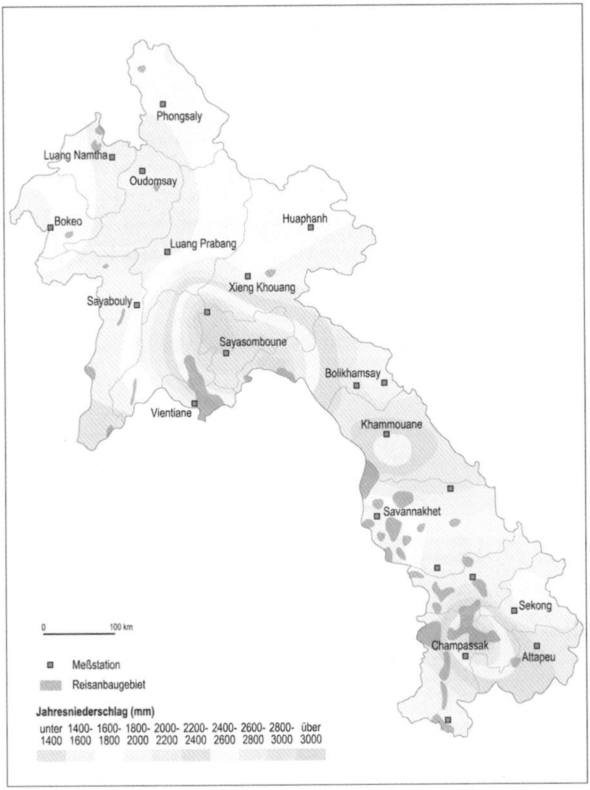

M 6 Reissektor Laos – Daten und Fakten

- landwirtschaftliche Nutzfläche 2 369 000 ha, ohne Forstwirtschaft
- 72 % der ländlichen Bevölkerung betreiben Reisanbau, ca. 70 % davon Subsistenzwirtschaft
- durchschnittliche Betriebsgröße 1,2 ha
- ca. 780 000 Beschäftigte
- Reis Hauptnahrungsmittel (deckt ca. 70 % des Kalorienbedarfs)

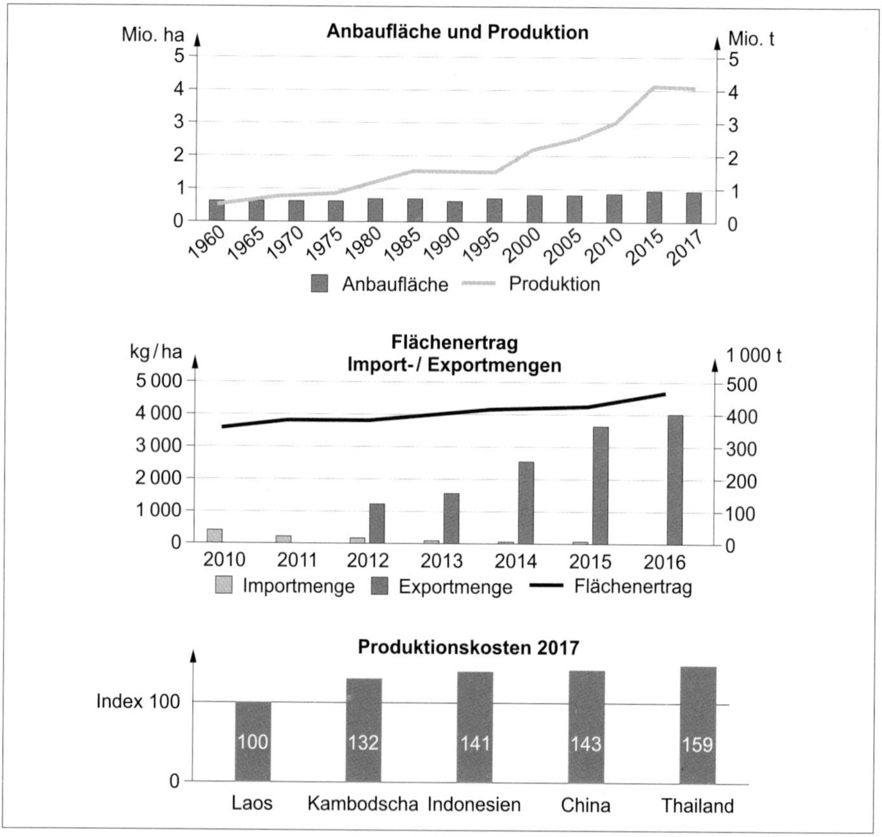

zusammengestellt nach: http://faostat3.fao.org/download/Q/QC/E; http://www.oecd.org/ official documents/publicdisplaydocumentpdf/?cote=TAD/TC/CA/WP(2018)7/FINAL&docLanguage =En; http:// www.fasmec.com/images/pictures/1%20SNEC%20Rice_Progress%20Report _Final%20 Revision.pdf; http://annx.asianews.network/content/laos-exports-imports-rice-hit-same-value-2017-58404 (Zugriff jeweils 23. 06. 2019)

M 7 Landkonzessionen und Armut – räumliche Verteilung (siehe Farbabbildungen!)

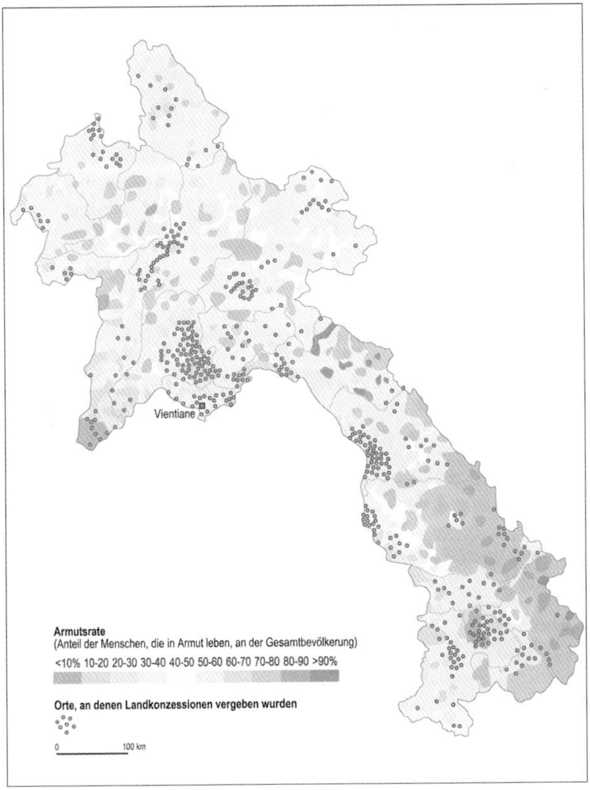

Stand der Karte: Mitte 2010er-Jahre

Anmerkung: Landkonzessionen: Vergabe von zeitlich begrenzten Nutzungsrechten an in- oder ausländische Investoren durch staatliche Behörden gegen Zahlung einer Pacht

M 8 Landkonzessionen – Entwicklung

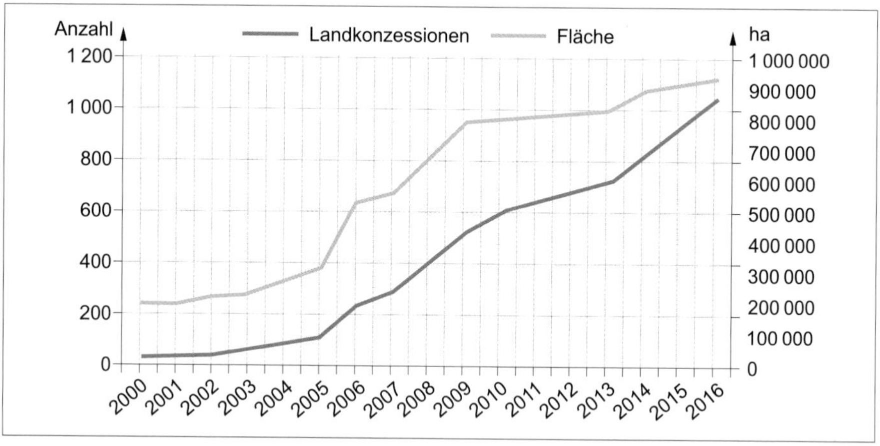

Anmerkungen:
In Laos gibt es kein Privateigentum an Boden; Land ist grundsätzlich Eigentum des laotischen Volkes.

Investoren im Agrarsektor 2015 (Auswahl)

Unternehmen	Herkunftsland	Produktionsschwerpunkt
Mitr Phol Group	Thailand	Zuckerrohr
Olam International	Singapur	Kaffee
Info-China Group	China	Maniok
RTL World Trade Company	Thailand	Maniok
SavannakhetSugarGroup	Thailand	Zuckerrohr
ThaiBev	Thailand	Kaffee
Staat Kuwait	Kuwait	Reis

zusammengestellt nach: https://laos.opendevelopmentmekong.net/dataset/?id=ae8c4c52-d3e6-4029-89bd-a3623568e62d; https://laolandissues.org/wp-content/uploads/2012/01/Kenney-Lazar-Land-Concessions-Attapeu.pdf+&cd= 9&hl=de&ct=clnk&gl=de&client=firefox-b-d; http://www.decide.la/en/publications#news (Zugriff jeweils 23. 06. 2019)

Die Aufgabe bezieht sich auf die folgenden Elemente des Kernlehrplans und die Vorgaben 2020:

- **Inhaltsfeld 3:** Landwirtschaftliche Strukturen in verschiedenen Klima- und Vegetationszonen
  - Landwirtschaftliche Produktion in den Tropen vor dem Hintergrund weltwirtschaftlicher Prozesse
  - Landwirtschaft im Spannungsfeld zwischen Ressourcengefährdung und Nachhaltigkeit
- **Inhaltsfeld 6:** Sozioökonomische Entwicklungsstände von Räumen
  - Strategien und Instrumente zur Reduzierung regionaler, nationaler und globaler Disparitäten

Lösungsvorschlag

Berücksichtigen Sie die Tipps für die Anfertigung der Abiturklausur auf den ersten Seiten dieses Buches! Denken Sie z. B. daran, Ihre Ausführungen mithilfe von Zwischenüberschriften zu gliedern. Geben Sie am Ende eines (Sinn-)Abschnittes die Materialbelege in Klammern an, wenn Sie dort einen neuen Sachverhalt vorstellen. Achten Sie auf eine allgemein- und fachsprachlich angemessene Darstellung.

Teilaufgabe 1

Zuerst müssen Sie mithilfe des Atlas (M 1) die geographische Lage von Laos bestimmen (Operator „lokalisieren"). Berücksichtigen Sie dabei die Faktoren, die für die Landwirtschaft eine Rolle spielen, u. a. die Oberflächenstruktur und das Klima. Der Operator „kennzeichnen" verlangt anschließend von Ihnen, dass Sie darlegen, welche Indikatoren eine Darstellung des Entwicklungsstandes von Laos seit dem Jahr 2000 ermöglichen und welche positiven oder negativen Entwicklungen seitdem zu beobachten sind (M 2). Es empfiehlt sich, abschließend ein kurzes Zwischenfazit zu ziehen.

Lage

Der **südostasiatische Binnenstaat** Laos liegt zwischen dem nördl. Wendekreis und ca. 10° n. Br. in der Nähe des 102. östl. Längenkreises. Das Land erstreckt sich **bandförmig von N nach S über ca. 1 700 km**, es ist an der schmalsten Stelle weniger als 100 km und an der breitesten mehr als 400 km breit. Der nördliche Landesteil liegt auf dem südostasiatischen Festland; dort sind China (N), Vietnam (O), Myanmar (NW) und Thailand (W) seine Nachbarn. Der südliche Landesteil gehört zur indochinesischen Halbinsel mit Thailand (W), Vietnam (O) und Kambodscha (S) als Nachbarländern.

Der Mekong bildet im Westen über mehr als 1 000 km den Grenzfluss zu Thailand.

Entwicklungen in Laos von 2000 bis 2017

Die **wirtschaftlichen** und **sozialen Merkmale** des mit 6,8 Mio. Einwohnern **bevölkerungsarmen** Landes, dessen Einwohner 2017 noch zu zwei Dritteln auf dem Land lebten, deuten auf ein **kaum entwickeltes Land** hin, das seinen **HDI-Rang** von 2000 bis 2017 um 19 Plätze bis auf Platz 139 **deutlich verschlechtert** hat. Dazu beigetragen haben dürften in jedem Fall die **Rückständigkeit im Agrarsektor** (73 % der Beschäftigten erwirtschafteten nur einen BIP-Anteil von 21 %) und der **äußerst schwach ausgeprägte sekundäre Sektor** mit nur 6 % der Beschäftigten. Zwar stiegen BIP und BIP/ Kopf von 2000 bis 2017, doch war der **Anteil der Unterernährten** (17 %) und **Geringstverdiener** (23 %) weiterhin im globalen Vergleich sehr hoch. Die geringe Lebenserwartung der mit 1,51 % jährlich immer noch stark wachsenden Bevölkerung spiegelt dies ebenso wider wie die mit 20 % immer noch **hohe Analphabetenquote** (M 2).

Handelsstruktur und Handelsbilanz weisen die **typischen Merkmale eines Agrarstaates** auf. Einem hohen Anteil an importierten Industrie- und Energieprodukten steht eine recht einseitige Exportstruktur gegenüber: Neben rund 30 % Naturprodukten (darunter nur 2 % Reis) werden zu zwei Dritteln Textil- und Schuhexporte ausgeführt. Der **Handel** weist ein **sehr geringes Volumen** auf und die **Handelsbilanz** war 2017 mit – 1,55 Mrd. US-$ **negativ** (M 2).

Zwischenfazit

Laos ist zu den **Least Developed Countries** zu zählen, wozu seine **Binnenlage**, die mit ca. 90 % **unwegsame Oberflächenstruktur** und seine **rückständige Landwirtschaft** entscheidend beitragen. 2017 arbeiteten immer noch annähernd drei Viertel der Bevölkerung im primären Sektor. Die Landwirte lebten überwiegend von Subsistenzwirtschaft und kaum von marktorientiertem Anbau, wie u. a. die geringen Reisexporte belegen (M 1, M 2).

Teilaufgabe 2

Der Operator „erläutern" verlangt von Ihnen, dass Sie alle vorliegenden Materialien mit Blick auf die räumliche Verbreitung (M 1–5, M 7) und Entwicklung (M 6) auswerten und dabei auf das regionale Verteilungsmuster im Jahr 2017 eingehen. Außerdem sollen Sie darlegen, welchen wirtschaftlichen Stellenwert der Reisanbau in Laos für die Gesamtwirtschaft 2017 besessen hat (M 6–8).

Räumlicher Schwerpunkt des Reisanbaus

Schwerpunktmäßig wird in Laos **im Westen des Landes Reis** angebaut, dort, wo sich die nur ca. 10 % **Tiefebenen** in der Nähe des **Mekongflusses** befinden. Die drei Hauptregionen liegen im Norden in der Nähe der Hauptstadt Vientiane, in der Mitte um Savannakhet und im Süden nördlich von Champassak. In diesen Regionen ist das für den Nassreisanbau ganzjährig notwendige Wasserangebot durch hohe Niederschläge zwischen März und Oktober (Sommermonsun) gegeben; sie liegen in Vientiane um 1 800 mm, in Savannakhet ca. 200 mm darunter und um Champassak bei über 2 800 mm (M 4). Zusätzlich bietet der Mekong die Möglichkeit zur Wasserentnahme. Die notwendige hohe Durchschnittstemperatur ist aufgrund der Lage in den Tropen gegeben, die Idealtemperatur von 30 bis 32°C wird jedoch nicht ganz erreicht: Sie liegt bei Vientiane im Jahresmittel bei über 25 °C und weist in den anderen Orten der Tiefebene ähnliche Werte auf (M 1, M 3 – M 5).

Entwicklungen des Reisanbaus in Laos

Aufgrund der **räumlichen Begrenzung möglicher Anbaugebiete**, bedingt durch das zu 90 % aus gebirgigen Bereichen gekennzeichnete Land, konnte die Anbaufläche seit 1960 nur um ca. 0,5 ha auf annähernd 1,0 Mio. ha erweitert werden. Hingegen steigerte man die Reisproduktion im selben Zeitraum um das Achtfache auf 4 Mio. t. Dies war zum einen möglich durch eine **Steigerung des Flächenertrages** von 3 700 auf 4 700 kg/ha, zum anderen aufgrund einer Zunahme der Ernten pro Jahr. In Laos werden gegenwärtig mit 4,7 kg/ha fast die Höchstmengen an Ertrag erzielt, die bei drei Ernten pro Jahr und bei max. 5,6 t/ha liegen (M 3, M 6). Dies ist vermutlich aufgrund der **Investitionen in Mechanisierung, ergänzende Bewässerung** und ggf. die **Zucht spezieller Reissorten** möglich geworden, die in- und ausländische Landkonzessionäre geleistet haben (Hintergrundwissen).

Als Folge dieser Ausweitung der Anbaufläche und **Ertragssteigerung** konnte der im Jahr 2010 noch bei 50 000 t liegende Import von Reis bis 2015 auf 0 reduziert werden. Hingegen konnten seit

2012 **stetig steigende Mengen an Reis exportiert werden**, im Jahr 2016 war das Maximum von 400 000 t erreicht (M 6).

Ökonomische Bedeutung des Reisanbaus

Der größte Teil der laotischen Bevölkerung lebt direkt und indirekt vom Reisanbau: 65 % der Bevölkerung wohnen auf dem Land, 72 % davon betreiben Reisanbau und ca. 70 % leben von **Subsistenzwirtschaft in Klein- und Kleinstbetrieben** mit einer durchschnittlichen Betriebsgröße von nur 1,2 ha. Da 2017 nur 2 % in den Export gingen, vertreiben wahrscheinlich Beschäftigte in Verkehr und Handel die geringen Überschussmengen überwiegend im Land (M 2, M 6).

Reis stellt damit die **Existenzgrundlage für den Großteil der Bevölkerung** dar, als Grundnahrungsmittel und Kalorienlieferant. Aufgrund der noch weitgehend einfachen Produktionsmittel wie Tierpflüge und des überwiegenden Einsatzes menschlicher Arbeitskräfte sind die **Produktionskosten vergleichsweise gering**. Diejenigen der Nachbarstaaten oder anderer asiatischer Produzenten liegen zwischen 32 und 59 Indexpunkten über denjenigen von Laos (M 2, M 6). Es lässt sich eine deutliche **Korrelation hinsichtlich der Armutsrate** feststellen **zwischen Regionen, in denen Landkonzessionen vergeben wurden, und solchen, in denen dies nicht der Fall ist:** Armutsraten von unter 20 % in Konzessionsorten stehen Armutswerte von bis über 90 % in anderen Orten gegenüber, letztere vor allem in den gebirgigen Regionen im Norden und Osten des Landes (M 1, M 7).

Teilaufgabe 3

Der Operator der dritten Teilaufgabe, „erörtern", gibt Ihnen die Strukturierung Ihrer Ausführung vor: Sie müssen die Chancen und Risiken der zu beobachtenden neueren Entwicklungstendenzen im laotischen Agrarsektor aufzeigen, diese gegeneinander abwägen und abschließend ein eigenes begründetes Urteil zur Frage der Nachhaltigkeit formulieren. Beziehen Sie hierbei neben den Materialien Ihre eigenen Ausführungen zur zweiten Teilaufgabe mit ein (M 2, M 7, M 8).

Neuere Entwicklungsansätze

Bei der Betrachtung der neueren Entwicklungen in der laotischen Landwirtschaft muss berücksichtigt werden, in welchem Verhältnis **ökonomische, ökologische** sowie **soziale Chancen und Risiken** stehen. Auffällig ist, dass seit Beginn des 3. Jahrtausends die **Zahl der erteilten landwirtschaftlichen Konzessionen** von 10 auf über 1 000 deutlich zugenommen hat, dass jedoch die durchschnittliche Konzessionsfläche seit 2010 leicht zurückgeht. Ende der 2010er-

Jahre waren ca. 40 % der 2,37 Mio. ha LNF (M 6, M 8) in den Händen von Konzessionären, darunter auch viele Global Player aus Asien und Kuwait (M 7). Diese haben zu einer erkennbaren **Diversifizierung** beigetragen und u. a. Zuckerrohr, Kaffee und Maniok angebaut (M 8). Festzustellen ist auch, dass sich von 2000 bis 2017 die Ernährungssituation des Einzelnen trotz der um mehr als 30 % gewachsenen Gesamtbevölkerung, die persönliche Einkommenssituation wie auch die Lebenserwartung verbessert haben (M 2).

Positive Perspektiven

Mithilfe ausländischer Investoren besteht die Chance, neue Flächen für die landwirtschaftliche Nutzung zu erschließen, indem zum Beispiel in Bewässerungsanlagen, Mechanisierung und Modernisierung investiert wird. Auf diese Weise tragen **transferiertes Know-how**, u. a. beim Anbau anderer Feldfrüchte, und **Fremdkapital** zu einer **Ertragssteigerung, Handelszunahme und steigenden Export- und Devisenerlösen** bei, die wiederum die Weiterentwicklung der Gesamtwirtschaft von Laos positiv beeinflussen können.

Mögliche Risiken

Je stärker der Anteil ausländischer Investoren jedoch steigt, desto größer ist die Gefahr einer **Abhängigkeit von deren Investitionszielen**. Berücksichtigt man den hohen Anteil der Subsistenzwirtschaft und die Notwendigkeit, Reis als entscheidendes Grundnahrungsmittel anzubauen, so droht gegebenenfalls eine zunehmende **Flächenkonkurrenz zwischen Anbau von Reis und weltmarktorientierten Produkten**. Dies könnte dazu führen, dass noch mehr Laoten nicht die notwendige Menge Reis zur Deckung ihres Kalorienbedarfs zur Verfügung haben, zumal Laos mit + 1,5 % pro Jahr auch noch 2017 eine relativ hohe Bevölkerungswachstumsrate aufweist (M 2). Falls der Import von Reis deshalb wieder in größerem Umfang notwendig werden sollte, würden hierfür Devisen benötigt. Diese jedoch braucht das Land dringend für den Ausbau seiner Infrastruktur, den Aufbau seiner Wirtschaft, die Verbesserung des Sozialwesens und anderes mehr.

Die **regionalen Disparitäten** zwischen landwirtschaftlich intensiv genutzten Regionen, vor allem im Westteil des Landes, und den von der Natur benachteiligten Höhen- und Gebirgsregionen im Osten könnten zunehmen. Nicht auszuschließen ist, dass im Zuge von Modernisierungsmaßnahmen Teile der bisherigen Landbevölkerung arbeitslos werden und eine **Landflucht** in die größeren Orte und Städte einsetzt. Dies stellt aufgrund vergleichsweise weniger Arbeitsplätze im sekundären und tertiären Sektor keine Lösung dar, sondern würde vielmehr die **sozioökonomischen Probleme der Gesamtbevölkerung verschärfen**.

Laos, auf Rang 135 des Korruptionswahrnehmungsindex, läuft gegebenenfalls Gefahr, im Zuge der Konzessionsvergabe und des Pachtnahmevorgangs noch stärker von **Korruptionsproblemen** betroffen zu werden – **innerstaatliche Unruhen** könnten die Folge sein. Und schließlich ist nicht ausgeschlossen, dass im Zuge der **Anwendung agroindustrieller Produktionsmethoden** die **ökologischen Probleme** in den landwirtschaftlichen Intensivregionen des Landes zunehmen können. Der Rückgang der durchschnittlichen Konzessionsflächengröße (M 8) weist darauf hin, dass die Flächenerträge noch mehr gesteigert werden müssten, um die ökonomischen Ziele zu erreichen.

Fazit

Eine sensible, **ausgewogene Weiterentwicklung** der Landwirtschaft ist notwendig, hieran muss die Bevölkerung angemessen beteiligt werden. Deren **Grundnahrungsbedürfnisse** müssen ebenso beachtet werden wie **Nachhaltigkeitsaspekte**. Der Aufbau einer grundständigen Industrie, die z. B. die landwirtschaftlichen Produkte im Land weiterverarbeitet, und der Ausbau des für eine Intensivierung des Handels unzureichenden Verkehrsnetzes stellen dabei wichtige **Voraussetzungen** dar.

Grundkurs Geographie (NRW) – Abiturprüfung 2020
Aufgabe 3

Thema

Zukunftsfähige Wirtschaftsentwicklung strukturschwacher Räume durch global agierende Industrieunternehmen? – Das Beispiel der Automobilindustrie in Alabama, USA

Aufgabenstellung	Punkte
1. Lokalisieren Sie den US-Bundesstaat Alabama und kennzeichnen Sie die standörtlichen Gegebenheiten der dortigen Automobilindustrie.	20
2. Erläutern Sie die Entwicklung, Strukturen und Bedeutung der Automobilindustrie in Alabama.	32
3. Nehmen Sie kritisch Stellung zur Themenfrage.	28

Zugelassene Hilfsmittel

- der an der Schule in der Qualifikationsphase überwiegend verwendete Atlas, in einer für alle Prüflinge gleichen Auflage
- Wörterbuch zur deutschen Rechtschreibung
- Taschenrechner

Materialgrundlage

M 1 Atlaskarten nach Wahl

M 2 Alabama – allgemeine Informationen

	Alabama		*USA (zum Vergleich)*
	2000	2018	*2018*
Bevölkerung (Mio.)	4,712	4,887	*327,167*
durchschnittliches Haushaltseinkommen (US-$)	42 081	46 472	*57,652*
Arbeitslosenrate (%)	8,7	4,0	*6,6*
Ende 1970er-Jahre	Niedergang der Schwerindustrie		
1980er-Jahre	wichtigste Arbeitgeber: Nahrungsmittelproduktion, Stoff- und Textilherstellung, Metallwaren, Maschinen, Elektronik- und Transportanlagen		
1994	Inkrafttreten des Nordamerikanischen Freihandelsabkommens (NAFTA- North American Free Trade Agreement) zwischen den USA, Kanada und Mexiko		
2015	Stopp eines staatlichen Subventionsprogramms für Alabama aufgrund von Streitigkeiten in der Welthandelsorganisation WTO		
rechtliche Rahmenbedingungen	„Right-to-work-state“: geringe Einflussmöglichkeiten von Gewerkschaften als Folge von Gesetzen		
Wirtschaftsförderung	hohe staatliche Subventionen; günstige Grundstücksflächen, niedrige Steuersätze		
Aus- und Weiterbildung	1971 Gründung einer Agentur zur Aus- und Weiterbildung von Arbeitskräften; Aufgaben: Aufbau von Partnerschaften zu großen Unternehmen, Schulung von Arbeitskräften, Förderung der Zusammenarbeit zwischen Universitäten und Industrie		

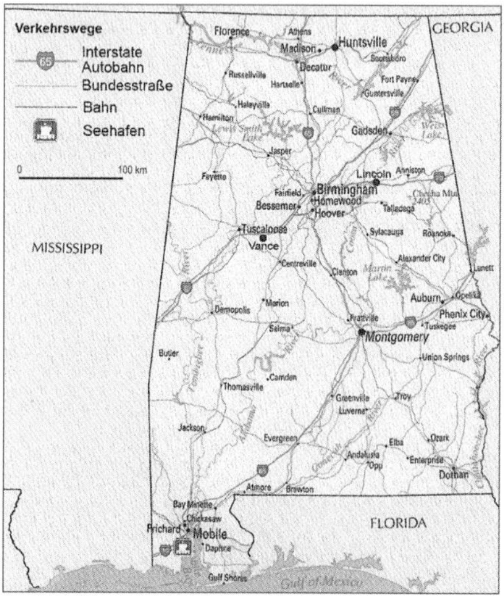

(siehe Farbabbildungen!)

zusammengestellt nach: https://nationalmap.gov/srnall_scale/printable/images/pdf/reference/pagegen_al.pdf; https://www.americanimmigrationcouncil.org/sites/default/files/research/irnrnigrants_in_alabama.pdf; https://www.roedl.de/de-de/de/themen/documents/riw-2017-usa.pdf (Zugriff jeweils 22. 05. 2019)

M 3 Automobilindustrie USA – Endmontagewerke (siehe Farbabbildungen!)

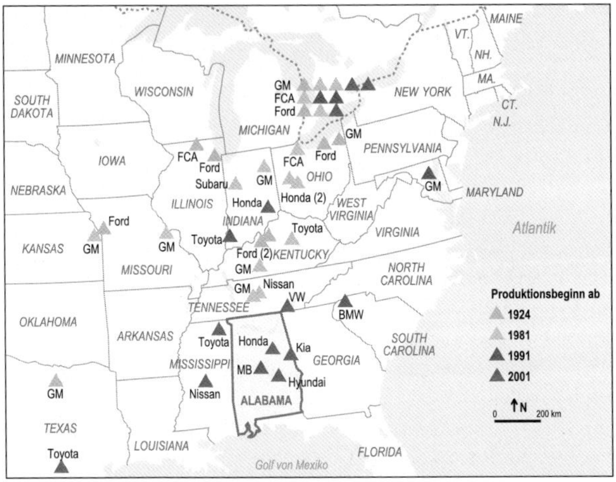

GM: General Motors / MB: Mercedes Benz / FCA: Fiat/ Chrysler

Anmerkung: Endmontagewerk: Karosseriebau inklusive Lackiererei, Einbau von individuellen Modulen wie Sitzen, Motoren etc.

© cartomedia, Karlsruhe

M 4 Automobilindustrie USA – Produktions-, Forschungs- und Entwicklungsstandorte (siehe Farbabbildungen!)

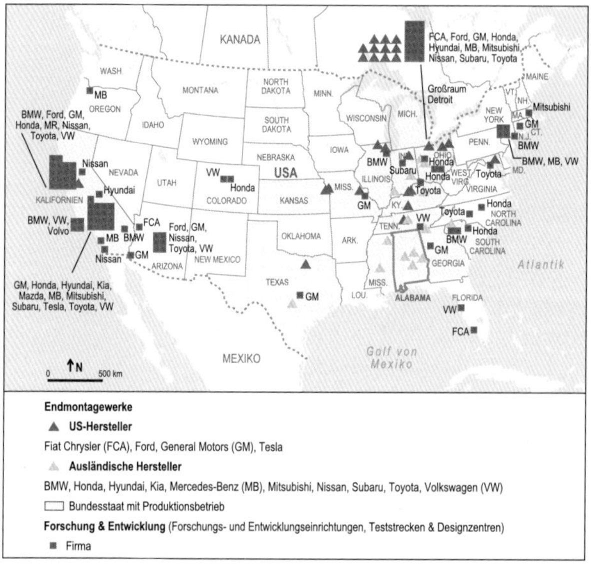

Standorte der Konzernzentralen		
General Motors; Ford	USA	
Toyota, Mazda, Honda, Mitsubishi, Nissan, Subaru	Japan	
Mercedes Benz, BMW, VW	Deutschland	
Hyundai, Kia	Südkorea	
Fiat-Chrysler	Großbritannien	
Anteil ausländischer Automobilhersteller an in den USA produzierten Fahrzeugen	1979	1 %
	2015	46 %

M 5 Alabama – Automobilproduktion

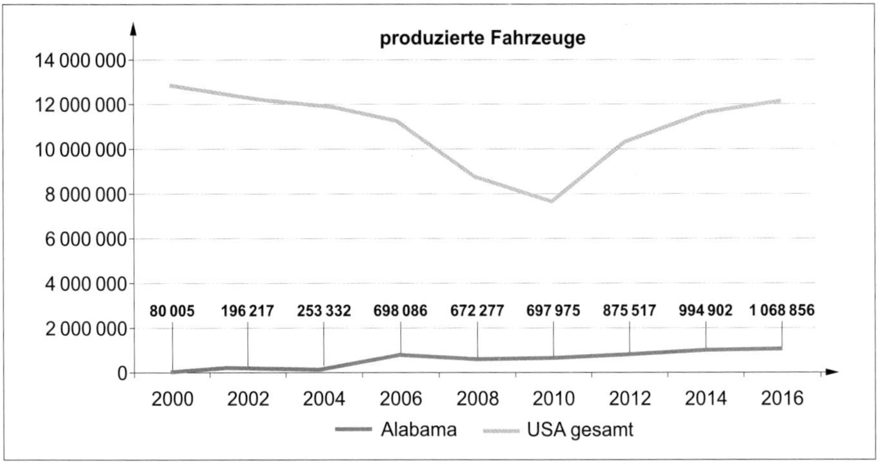

	Mercedes-Benz US International*	Honda Motor Corporation	Hyundai / Kia Corporation	Toyota**
Ort	Vance	Lincoln	Montgomery	Huntsville
Start der Produktion	1997	2001	2005	2003
Investitionen – seit Gründung bis 2017 (Mrd. US-$)	4,5	2,0	1,8	0,86
Arbeitskräfte (2017)	ca. 3 800	ca. 4 500	ca. 3 600	ca. 1 300
Kapazität (jährlich)	ca. 350 000 Fahrzeuge	340 000 Fahrzeuge + 340 000 Motoren	400 000 Fahrzeuge + 720 000 Motoren	750 000 Motoren

Anmerkung:
* Endmontagewerk für die hochpreisigen SUV-Baureihen GLE, GLS und GLE Coupé, seit 2014 auch C-Klasse Limousine (jeweils für den nordamerikanischen Markt und den Weltmarkt)
** Motorenwerk für Personenwagen und leichte LKW

Projekte

Toyota/Mazda	Joint-Venture für gemeinsames Endmontagewerk; Investition: ca. 1,6 Mrd. US-$; Produktionsbeginn 2021; Arbeitsplätze: bis zu 4 000; Kapazität: 300 000 PKW/Jahr
Mercedes-Benz	Investition von 1 Mrd. US-$ bis 2021; 600 neue Arbeitsplätze für den Bau elektrischer SUV und eine eigene Batterieproduktion in der Nähe des aktuellen Werkes

zusammengestellt nach: http://www.edpa.org/wp-content/uploads/Automotive-Industry-in-Alabama-1.pdf; http://firmengruendung-in-den-usa.de/alabama-sweet-homea-labama-ein-top-standort-der-autoindustrie/ ; https://www.automobil-produktion.de/hersteller/wirtschaft/daimler-werk-tuscaloosa-alabama-goes-eletcric-330.html;https://www.daimler.com/konzern/standorte/tuscaloosa/; https://www.bts.gov/ content/ annual-us-motor-vehicle-production-andf-actory-wholesale-sales (Zugriff jeweils 05. 05. 2019)

M 6 Alabama – Beschäftigung

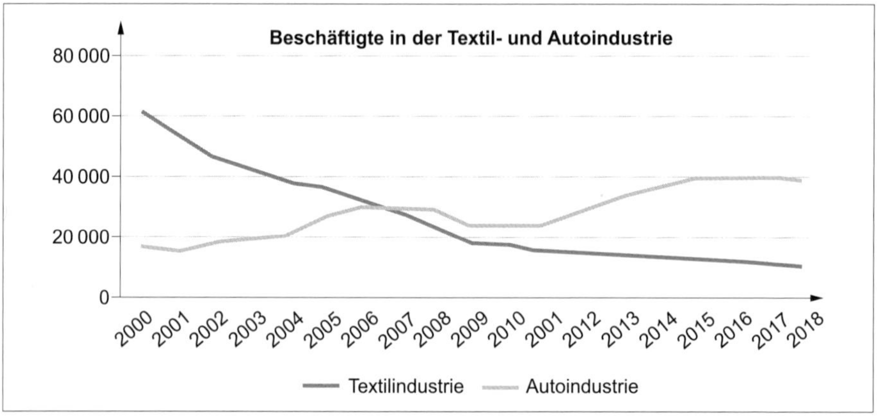

Beschäftigungsschwerpunkte nach Branchen

Branchen	Arbeitsplätze (2017)
Holzindustrie	ca. 43 000
Fahrzeugbau und Zulieferer (über 200 Zulieferfirmen, schwerpunktmäßig im Bereich der vier großen Automobilwerke)	ca. 40 000 davon 27 000 bei Zulieferern
Nahrungsmittelproduktion	ca. 36 000
Metallverarbeitung	ca. 16 500
Luft- und Raumfahrt	ca. 15 000
Informationstechnologien	ca. 15 000
Biowissenschaften	ca. 14 500

zusammengestellt nach: https://www.pri.org/stories/2018-04-03/how-alabama-becoming-auto-capital-south; https://amazingalabama.com/industries/ (Zugriff jeweils 14. 05. 2019)

M 7 Alabama – Stärkenprofil

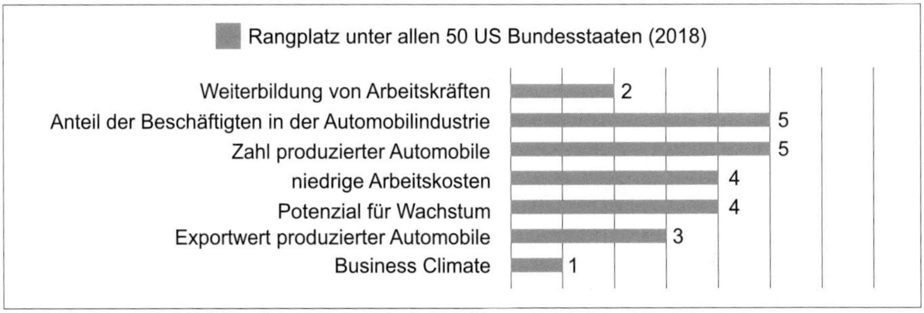

Anmerkung:
„Business Climate" zusammengesetzt aus den Indikatoren Verfügbarkeit von Büroflächen, Arbeitskosten, Steuern, Ausgaben für Fördergelder, Lebenshaltungskosten

eigene Darstellung nach: https://businessfacilities.com/2018/07/business-facilities-14th-annual-rankings-report/ (Zugriff 26. 05. 2019)

M 8 Alabama – aktuelle Entwicklungen

Wichtigste Exportländer 2017, Exportwert aller Güter (im Vergleich zu 2016):

- Kanada: 4,1 Mrd. US-$ (Abnahme 3 %)
- China: 3,0 Mrd. US-$ (Abnahme 14,8 %)
- Deutschland: 2,5 Mrd. US-$ (Abnahme 14 %)
- Japan: 0,8 Mrd. US-$ (Abnahme 17 %)

Export von Kraftfahrzeugen aus Alabama	
Land	Exportwert 2017 (Mrd. US-$)
China	2,26
Deutschland	2,00
Kanada	1,90
Mexiko	0,36
Sonstige	2,23
insgesamt	*8,75*

zusammengestellt nach: http://www.madeinalabama.com/business-development/export-and-trade/publications/ (Zugriff 13. 05. 2018); http://www.madeinalabama.com/assets/2018/03Nehicle-exports-by-states.pdf (Zugriff 26. 05. 2019)

Pressemeldung vom 08.05.2019

Auf neue US-Sonderzölle könnte China mit Vergeltung in ähnlicher Höhe reagieren. Solche „Gegenzölle" würden dann auch deutsche Autobauer wie BMW und Mercedes sowie den amerikanischen Elektroauto-Hersteller Tesla hart treffen, warnte der Experte Ferdinand Dudenhöffer von der Universität Duisburg-Essen. Alle drei exportieren im großen Stil von Produktionsstätten in den USA nach China. [...]

Auch für Mercedes stelle der Handelskrieg „ein Gewinnrisiko von 200 bis 300 Millionen Euro" dar, errechnete der Branchenfachmann. Der Export von Daimler aus den USA nach China dürfe etwa bei 40 000 Autos liegen. Besonders dürfte der US-Elektrohersteller Tesla getroffen werden, der im kommenden Jahr mit dem Bau in China starten will.

USA und China setzen Gespräche Ende der Woche fort, ZEIT/dpa vom 07. Mai 2019, https://www.zeit.de/wirtschaft/2019-05/handelsstreit-usa-china-sonderzoelle-verhandlungen-fortsetzung

Die Aufgabe bezieht sich auf die folgenden Elemente des Kernlehrplans und die Vorgaben 2020:
- **Inhaltsfeld 4:** Bedeutungswandel von Standortfaktoren
  - Strukturwandel industriell geprägter Räume
  - Herausbildung von Wachstumsregionen
- **Inhaltsfeld 6:** Sozioökonomische Entwicklungsstände von Räumen
  - Merkmale und Ursachen räumlicher Disparitäten

Lösungsvorschlag

Berücksichtigen Sie die Tipps für die Anfertigung der Abiturklausur auf den ersten Seiten dieses Buches! Denken Sie z. B. daran, Ihre Ausführungen mithilfe von Zwischenüberschriften zu gliedern. Geben Sie am Ende eines (Sinn-)Abschnittes, in dem Sie einen neuen Sachverhalt vorstellen, die Materialbelege in Klammern an. Achten Sie auf eine allgemein- und fachsprachlich angemessene Darstellung.

Teilaufgabe 1

Zuerst müssen Sie mithilfe des Atlas (M 1) und der Straßenkarte (M 2) die geographische Lage des US-Bundesstaates Alabama bestimmen (Operator „lokalisieren"). Berücksichtigen Sie dabei die Faktoren, die für die Ansiedlung eines Automobilwerkes eine Rolle spielen, u. a. die Verkehrsanbindung. Der Operator „kennzeichnen" verlangt in dieser Teilaufgabe anschließend von Ihnen, dass Sie darlegen, welche Standortfaktoren zur Ansiedlung der Automobilindustrie in Alabama geführt haben (M 1–4, M 6, M 7).

Lage

Der US-Bundesstaat Alabama liegt zwischen den Bundesstaaten Tennessee (N), Georgia (O) Florida (S) und Mississippi (W) im Süden der USA. Er hat einen ca. 100 km breiten **Zugang zum Golf von Mexiko** mit der größten Hafenstadt Mobile an der Mobile Bay. Neben diesem Zugang zum Atlantik verfügt Alabama über **gute Verkehrsverbindungen per Straße und Schiene**, u. a. durch mehrere Interstate-Autobahnen sowie die Eisenbahnfernverbindungen von Huntsville über Birmingham nach Mobile und von dort nach New Orleans oder von Gadsden über Birmingham, die Hauptstadt Montgomery nach Dothan. Ferner gibt es Kanalverbindungen, z. B. von Tennessee bis in die Bucht von Mobile (M 1, M 2).

Ein Automobilwerk erfordert aufgrund seines Produktionsvolumens und der Produktionsbereiche eine **große ebene Fläche** und aufgrund der benötigten Materialien und Zulieferteile **gute Verkehrsanbindungen** zu Wasser und zu Land. Sowohl im Hinblick auf **qualifizierte und zahlreiche Arbeitskräfte** als auch hinsichtlich des Absatzes ist die Nähe großer Städte und potenzieller neuer Märkte wünschenswert. Da es sich bei der Automobilindustrie um eine exportorientierte Branche handelt, ist bei Massenproduktion auch die **Nähe zu Häfen** wichtig (Hintergrundwissen).

Allgemeine Standortanforderungen der Automobilindustrie

Für global agierende Automobilkonzerne bietet der US-Bundesstaat Alabama eine Reihe guter Ansiedlungsvoraussetzungen. So verfügt er aufgrund der **Freisetzung Tausender Arbeitskräfte infolge des Niedergangs der Schwerindustrie** bis Ende der 1970er-Jahre und des Niedergangs der Textilindustrie seit dem Jahr 2000 über ein **industriell vorgeprägtes Arbeitskräftepotenzial**. Gezielte Umschulungs- und Fortbildungsmaßnahmen der Regierung haben diese Arbeitskräfte für Tätigkeiten in der Automobilindustrie qualifiziert. Neben dem **günstigen Lohnniveau** waren das **Vorhandensein geeigneter Flächen sowie staatliche Unterstützungsmaßnahmen** in Form von niedrigen Steuersätzen und umfangreichen Subventionen bis 2015 Standortvorteile. Zudem haben **Gewerkschaften** nur **geringe Einflussmöglichkeiten** aufgrund besonderer gesetzlicher Regelungen. Das **diversifizierte Verkehrsnetz** stellte überdies eine sehr gute Voraussetzung dar für den Vertrieb im Inland sowie den Export nach Übersee über den Hafen Mobile (M 1, M 2, M 6, M 7).

Standortgegebenheiten der Automobilindustrie in Alabama

Der Ende des zweiten Jahrtausends von einem **Deindustrialisierungsprozess** gekennzeichnete US-Bundesstaat Alabama bot seit den 1990er-Jahren **sehr gute Ansiedlungsperspektiven für Global Player der Automobilindustrie**, zumal US-amerikanische Automobil-Konkurrenten ihre Standorte traditionell im Norden der USA hatten.

Zwischenfazit

Teilaufgabe 2

Der Operator „erläutern" verlangt von Ihnen, dass Sie die vorliegenden Materialien mit Blick auf die Entwicklung (M 3, M 4) und strukturellen Gegebenheiten (M 4, M 5) der Automobilindustrie in Alabama auswerten. Außerdem sollen Sie darlegen, welchen wirtschaftlichen Stellenwert die Automobilindustrie in Alabama für die Gesamtwirtschaft besitzt (M 3–5, M 6).

Die Entwicklung des Automobilstandortes Alabama

Mit der Produktion des Mercedes-Benz-Werkes in Vance in den 1990er-Jahren begann der schrittweise Aufbau der Automobilindustrie in Alabama, in etwa zeitgleich mit dem BMW-Werk in South Carolina. Bis dahin hatte lediglich Nissan als einziger ausländischer Hersteller ein Automobilwerk im Süden der USA, im Bundesstaat Tennessee, errichtet. Danach folgten von 2001 bis 2005 mit Honda, Kia und Hyundai drei weitere asiatische Global Player mit dem Bau von Endmontagewerken sowie Toyota mit einem Motorenwerk an den Hauptverkehrsachsen in Vance (MB), Lincoln (Honda), Montgomery (Hyundai/Kia) und Huntsville (Toyota). Während in den USA die Gesamtproduktion von 2000 bis 2010 von 13 auf unter 8 Millionen Fahrzeuge sank, **stieg die Produktion in Alabama von 80 000 auf fast 700 000 an** und erreichte 2016 mit 1,069 Mio. den vorläufigen Höchstwert (M 3, M 5).

Seit 2010 erholte sich auch die Gesamtproduktion in den USA und erreichte 2016 mit 12 Mio. fast den Ausgangswert von 2000. 2015 betrug der Anteil der in den USA produzierten ausländischen Automobile bereits 46 %. Zu dieser **enormen Produktionssteigerung** trug sicherlich auch die **Erweiterung der Produktionspalette** bei (M 4, M 5).

In diesem Zeitraum **stieg die Zahl der in der Automobilindustrie Beschäftigten** auf ca. 40 000 (2018) und damit auf mehr als das Doppelte; davon arbeiteten 2017 ca. 13 000 in den vier ausländischen Endmontagewerken und der Rest in den **immer zahlreicher werdenden Zulieferbetrieben** (M 5, M 6).

Strukturen

In allen Fällen **verblieben die Konzernzentralen im jeweiligen Mutterland**; außer den Endmontagebetrieben wurden in Alabama **keine Forschungs- oder Entwicklungsstandorte** errichtet (M 1, M 4). Die Investitionssummen der ausländischen Global Player erreichten bis 2017 mehr als 9 Mrd. US-$. Zwischen den ansässigen Automobilwerken gab es nach und nach **neue und andere Kooperationen** wie das Joint-Venture zwischen Toyota und Mazda (M 3, M 5, M 6). Deren Planungen sehen bis 2021 z. B. 1,6 Mrd. US-$ für ein neues Endmontagewerk vor, das jährlich bis zu 300 000 Pkw produzieren kann und 4 000 neue Arbeitsplätze schafft. Auch Mercedes-Benz orientiert sich bei seinen Zukunftsplanungen an **geänderten Käuferwünschen und technischer Weiterentwicklung:** So sehen die Planungen für 2021 den Bau eines elektrischen SUV vor und den Bau eines eigenen Batteriewerkes – beides erfordert eine Investition von zusammen 1 Mrd. US-$ (M 5).

Die Produktion der verschiedenen Autofabrikate und Modelle erfolgt sowohl für den US-Binnenmarkt als auch für den Export. Damit treten die Werke in Alabama in Konkurrenz zu den Automobilproduzenten in den anderen US-Bundesstaaten wie auch zu denen auf den anderen Kontinenten (M 5).

Wirtschaftliche Bedeutung

Für Alabama stellt die Entwicklung der Automobilproduktion einen wichtigen **Baustein im Zuge der Reindustrialisierung und des Strukturwandels** dar, handelt es sich doch um ein **hochwertiges Konsumgut mit hohem Imagewert und internationaler Bedeutung**. Bis 2017 hat die Branche bereits den 2. Platz hinter der Holzindustrie erreicht mit ca. 40 000 Arbeitsplätzen, wovon der Großteil auf die regional verstreuten Zulieferbetriebe entfällt. Diese Arbeitsplätze stellen zumindest teilweise einen Ersatz für diejenigen dar, die in der Schwer- und Textilindustrie verloren gegangen sind (M 6).

Im Rahmen der wirtschaftlichen Gesamtproduktion und der **regionalen Handelsbilanz** Alabamas kommt der Automobilindustrie mit einem Exportwert von 8,75 Mrd. US-$ eine herausragende Bedeutung zu. Beim Haupthandelspartner Kanada machte ihr Anteil 2017 ca. 45 % aus, bei Deutschland 80 % und bei China ca. 75 %. Gegenüber dem Vorjahr lagen die Exportwerte mit Ausnahme des NAFTA-Partners Kanada (–3 %) bei etwa –15 %. Dieser starke Rückgang innerhalb eines Jahres lässt auf **aktuelle Absatzprobleme** schließen. Der geringe Rückgang beim NAFTA-Binnenhandel lässt Rückschlüsse auf die Bedeutung von Wirtschaftsbündnissen zu (M 8).

Teilaufgabe 3

Der Operator der dritten Teilaufgabe, „nehmen Sie kritisch Stellung" (Anforderungsbereich III), verlangt von Ihnen das Abwägen zwischen Pro und Kontra, ob und ggf. inwiefern Global Player als Motoren einer nachhaltigen Entwicklung in wirtschaftlich schwach strukturierten Räumen geeignet sind. Führen Sie zunächst aus, worin die Strukturschwäche des US-Bundesstaates Alabama bestand, und zeigen Sie dann auf, wie die wirtschaftlichen Entwicklungsansätze durch die Automobilindustrie aussehen. Beziehen Sie für Ihre abschließende Bewertung neben den Materialien Ihre eigenen Ausführungen zur zweiten Teilaufgabe mit ein (M 2, M 6–8).

Struktur-schwacher US-Bundesstaat

Schon anhand weniger Strukturdaten wird deutlich, dass der **US-Bundesstaat Alabama strukturschwach** war und weiterhin ist. In den 1980er-Jahren gehörten nur die Hersteller von Elektronik- und

Transportanlagen neben dem Maschinenbau zu den Wachstumsindustrien. Der Bevölkerungszuwachs zwischen 2000 und 2018 war mit 175 000 gering (+3,7 %), das durchschnittliche Haushaltseinkommen lag 2018 mit 46 472 US-$ ca. 20 % unter dem Durchschnitt der USA (M 2).

Positive Auswirkungen der angesiedelten Automobilindustrie

Die vier Global Player haben seit ihrer Ansiedlung regional verstreut unterschiedliche Arbeitsplätze in großer Zahl geschaffen. Dazu konnte sich ein Netz von mehr als 200 Zulieferbetrieben entwickeln, das eine noch größere Zahl von Arbeitsplätzen mit sich brachte (M 6). Ganz allgemein bedeutet eine positive Entwicklung der Automobilindustrie auch eine **positive Entwicklung der Gesamtwirtschaft**, da innerhalb des Automobilsektors eine starke Vernetzung unterschiedlicher Produzenten und Lieferanten besteht, wenn man an die ca. 40 000 Teile denkt, aus denen ein einziger Pkw besteht. Es ist davon auszugehen, dass der **Anstieg des durchschnittlichen Haushaltseinkommens** um mehr als 10 % von 2000 bis 2018 ebenso hierauf zurückzuführen ist wie der **Rückgang der Arbeitslosenquote** um mehr als die Hälfte auf 4,0 %, womit diese 2018 sogar deutlich unter dem Wert der USA (6,6 %) lag (M 2). Der **hohe Anteil von Kraftfahrzeugen am regionalen Export** Alabamas verdeutlicht den großen Stellenwert für die Wirtschaft dieses Bundesstaates (M 7).

Dank der Automobilindustrie konnte Alabama sein **industrielles Stärkenprofil positiv entwickeln** und rangiert unter allen 50 US-Bundesstaaten bei sieben relevanten Standortfaktoren auf Rang 1 bis 5. **Dieses positive „Business Climate“** könnte zur Folge haben, dass **Anreizeffekte zur Ansiedlung weiterer Unternehmen** führen (M 7).

Am „Tropf“ externer Unternehmensentscheidungen

Alabama hat die weitere Entwicklung des Automobilsektors aber nicht selbst in der Hand, da sich sämtliche **Konzernzentralen der ausländischen Hersteller im jeweiligen Mutterland** befinden. Sämtliche Entscheidungen werden dort getroffen und auch die technische Weiterentwicklung in den Forschungsabteilungen befindet sich außerhalb von Alabama. So besteht auch weiterhin eine **starke Abhängigkeit im Hinblick auf Direktinvestitionen, Modellentscheidungen und quantitative Produktionsziele**, was nicht zuletzt auch für die Zulieferbetriebe Auswirkungen hat.

Aktuell finden auf dem globalen Automobilmarkt deutliche Veränderungen statt, nicht zuletzt wegen der Debatte bezüglich des Klimawandels und der Verursachung durch Pkw-Emissionen; aus diesem Grund wird künftig verstärkt auf die Produktion von

E-Automobilen gesetzt. Außerdem nimmt die Zahl der Hersteller zu, vor allem aus Asien.

Abhängigkeit vom Weltmarkt

Das hochwertige Konsumgut Automobil reagiert wie ein Seismograf auf allgemeine wirtschaftliche Entwicklungen: Im Fall **weltweiter Krisen und Rezessionen** brechen Absatzzahlen sofort deutlich ein, erfolgen zeitnah Gewinnwarnungen an den Börsen, geraten Arbeitsplätze in Gefahr und wird die Produktion verlangsamt. Neben den Endmontagewerken sind dann gleichermaßen die Zulieferer betroffen.

Eine zu starke Ausrichtung auf den Automobilsektor kann in kurzer Zeit zu dramatischen Umsatzrückgängen führen, wie der Handel mit Kanada, Deutschland, Japan und China 2016 bis 2017 verdeutlicht. Ebenso können zwischenstaatliche Entwicklungen auf dem allgemeinen Handelssektor wie die Förderung oder die Beschneidung des **freien Warenverkehrs** nicht nur die jeweils ansässigen nationalen Unternehmen beeinträchtigen, sondern auch ausländische Produzenten, z. B. Mercedes-Benz in den USA bezüglich seiner Exporte nach China (M 8).

Fazit

Die „Schlüsselindustrie" Automobilindustrie verdeutlicht in besonderem Maße die **Chancen und Risiken einer stark einseitigen Ausrichtung** auf eine Branche. Das Problem wird umso größer, je umfangreicher die Beteiligung ausländischer Investoren ist, da deren Entscheidungen im jeweiligen Mutterland getroffen werden. Wenn ein ausländischer Global Player also seinen Standort verschieben oder die Ausrichtung der Produktion ändern will, kann ein einzelner Bundesstaat wie Alabama wenig daran ändern.

Nach der Wirtschaftskrise in deindustrialisierten Altindustrieregionen erscheint die Ansiedlung neuer, zukunftsorientierter Branchen **erfolgversprechend** zu sein **im Hinblick auf Strukturwandel** und **wirtschaftliche Erneuerung**. Hierbei sind Know-how und finanzielle Mittel ausländischer und global agierender Unternehmen willkommen und notwendig – die zwischenzeitlichen positiven Entwicklungen lassen eine solche optimistische Bewertung vorerst zu. Allerdings besteht die Gefahr einer erneuten ökonomischen und sozialen „Wüstung", ähnlich der nach dem Ende der Schwerindustrie in Alabama gegen Ende der 1970er-Jahre, falls solche Global Player irgendwann den Standort verlassen.

Leistungskurs Geographie (NRW) – Abiturprüfung 2020
Aufgabe 1

Thema
Leichtindustrie als Entwicklungsmotor? – Das Beispiel der Bekleidungsindustrie in Kambodscha

Aufgabenstellung Punkte

1. Lokalisieren Sie Kambodscha und kennzeichnen Sie die Entwicklung des Landes seit dem Jahr 1996. 21
2. Erläutern Sie Standortfaktoren sowie Entwicklung und Bedeutung der Bekleidungsindustrie in Kambodscha. 29
3. Nehmen Sie kritisch Stellung zu den Perspektiven der Bekleidungsindustrie in Kambodscha. 30

Zugelassene Hilfsmittel
- der an der Schule in der Qualifikationsphase überwiegend verwendete Atlas, in einer für alle Prüflinge gleichen Auflage
- Wörterbuch zur deutschen Rechtschreibung
- Taschenrechner

Materialgrundlage

M 1 Atlaskarten nach Wahl

M 2 Sozioökonomische Daten Kambodscha

	1996	2005	2018
Bevölkerung (Mio.)	11,4	13,3	16,3
ländlich / städtisch (%)	85/15	87/13	79/21
Lebenserwartung (Jahre)	56	61,7	64,1
HDI (Rang)	0,407 (141)	0,468 (136)	0,523 (139)
Bevölkerung unter 2 US-$/Tag (%)	86	89	76
Alphabetisierungsrate (%)	67	k. A.	81
BIP (Mrd. US-$)	3,5	6,3	24,5
BIP pro Kopf (US-$)	300	474	1 509
BIP nach Sektoren (%)			
• primärer Sektor	67	38	25
• sekundärer Sektor	15	32	33
• tertiärer Sektor	18	30	42
Beschäftigung nach Sektoren (%)			
• primärer Sektor	79	64	49
• sekundärer Sektor	9	14	20
• tertiärer Sektor	12	22	31
Staatsschulden (% BIP)	31	43	34
Außenhandelsdefizit (Mio. US-$)	243	1 567	2 376

Außenhandel 2017

Import: 14,0 Mrd. US-$ / Export: 12,0 Mrd. US-$
Wichtigste Exportgüter: Bekleidung/Schuhe 66 %, Holz 12 %, Kautschuk 9 %, Fisch 5 %, Tabak 5 %, Reis 2 %

zusammengestellt nach: http://bti2003.bertelsmann-transformation-index.de/l21.0.htm; https://de.tradingeconomics.com/cambodia/balance-of-trade; https://www.cia.gov/library/publications/the-world-factbook/geos/cb.html (Zugriff jeweils 24. 03. 2019)

M 3 Daten und Fakten Kambodscha

1953 erhielt Kambodscha die vollständige Unabhängigkeit (nach französischer Kolonialherrschaft). 1975 bis 1978 übernahm eine Guerillaarmee (Rote Khmer) die Macht im Land. In dieser Zeit wurden bis zu zwei Millionen Zivilisten ermordet. 1979 beendete die einmarschierende vietnamesische Armee die Gewaltherrschaft der Roten Khmer, ohne damit den Bürgerkrieg im Land beenden zu können. Aufgrund des großen internationalen Drucks musste Vietnam 1989 seine Armee aus Kambodscha abziehen. 1991 schlossen die Bürgerkriegsparteien in Paris ein Friedensabkommen, das den Weg zu den ersten freien Wahlen 1993 ebnete. Erst 1998 endete der kambodschanische Bürgerkrieg.

Steckbrief Hauptstadt Phnom Penh:
- 2,1 Mio. Einwohner (2019)
- 5 Universitäten und zahlreiche nationale Forschungseinrichtungen
- Internationaler Flughafen, Sitz nationaler und internationaler Unternehmen
- wichtige Branchen: Textil- und Bekleidungsindustrie, Kfz-Zulieferindustrie, Banken und Versicherungen, Medien, Tourismus, Unternehmensberatung

Schneider, Helmut: Stadtentwicklung durch Land Grabbing. In: Geographische Rundschau 68 (2016) H. 2, S. 10 -16

M 4 Kambodscha – Standortanalyse Bekleidungsindustrie

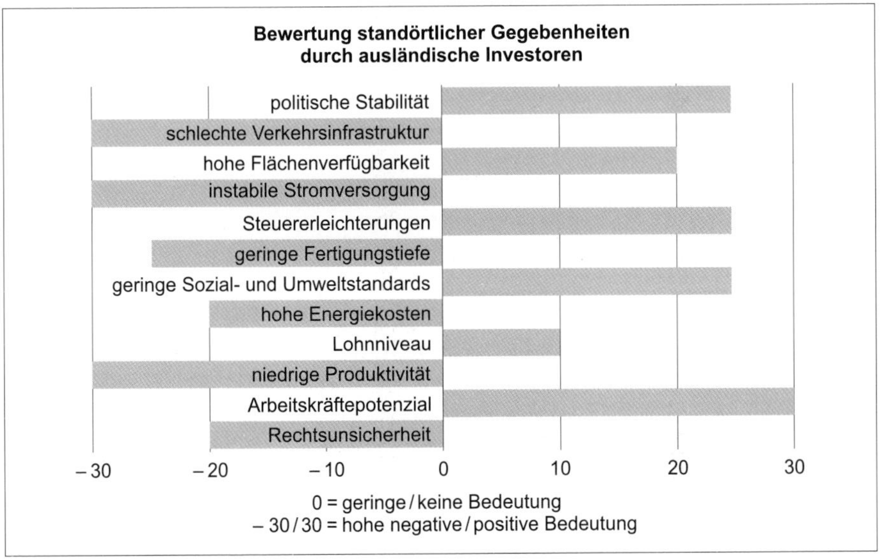

eigene Darstellung, Daten nach: Deutsche Botschaft Phnom Penh; GTAI

M 5 Kambodscha – Verteilung der Bekleidungsindustrie

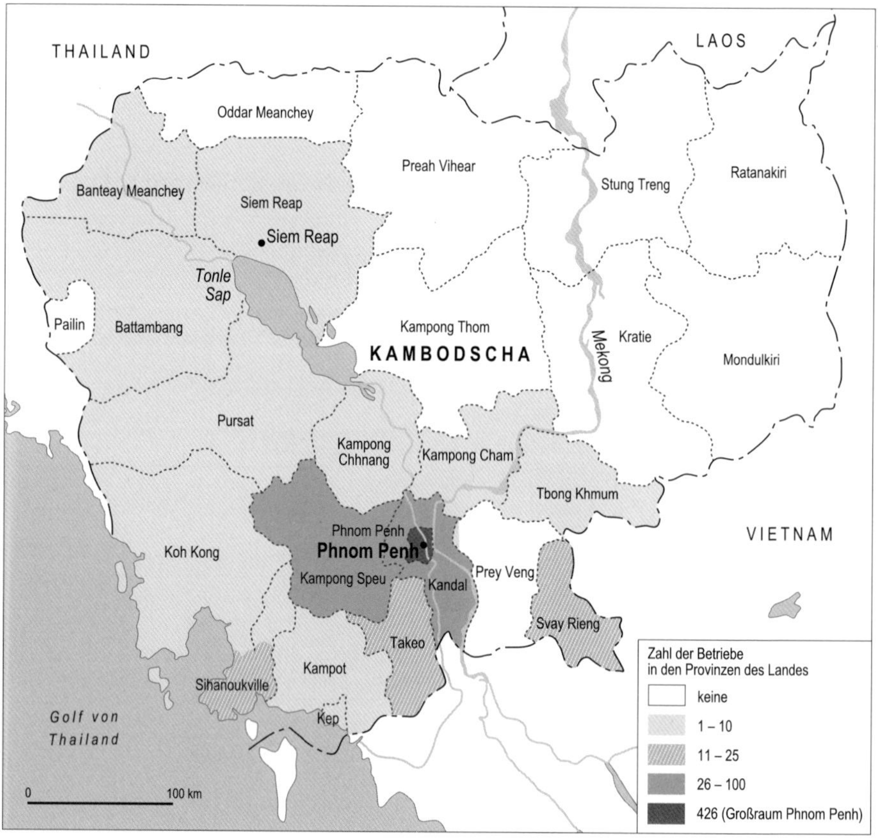

© cartomedia, Karlsruhe

M 6 Bekleidungsindustrie in Kambodscha – Daten und Fakten

- Fertigung von Bekleidung insbesondere für europäische und US-amerikanische Marken
- Beschäftigungsanteil Frauen ca. 90 %
- seit 1998 staatliche Förderung und Investitionserleichterung für Bekleidungsindustrie
- seit 2010 verschiedene Projekte zur schrittweisen Verbesserung sozialer und ökologischer Standards (u. a. durch deutsche Entwicklungshilfe)
- seit 2012 zollfreier Zugang zum europäischen Binnenmarkt
- 2014 Einführung von Mindestlöhnen (128 US-$/Monat)

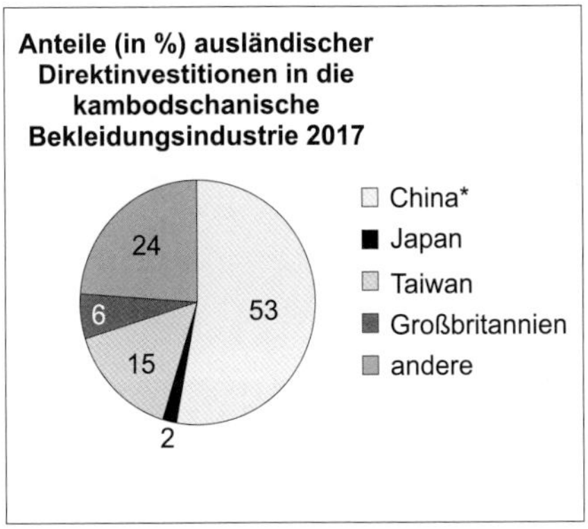

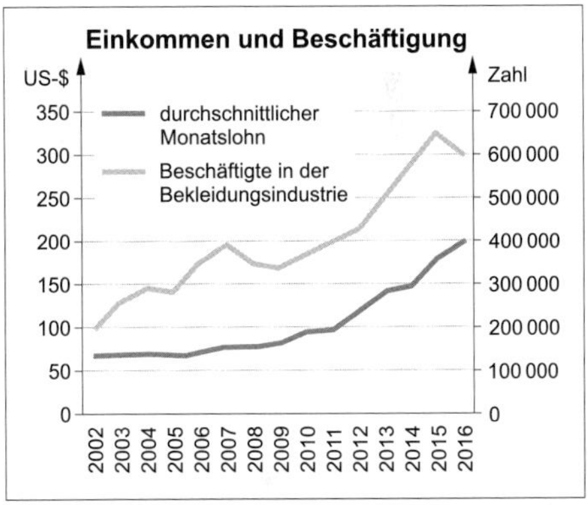

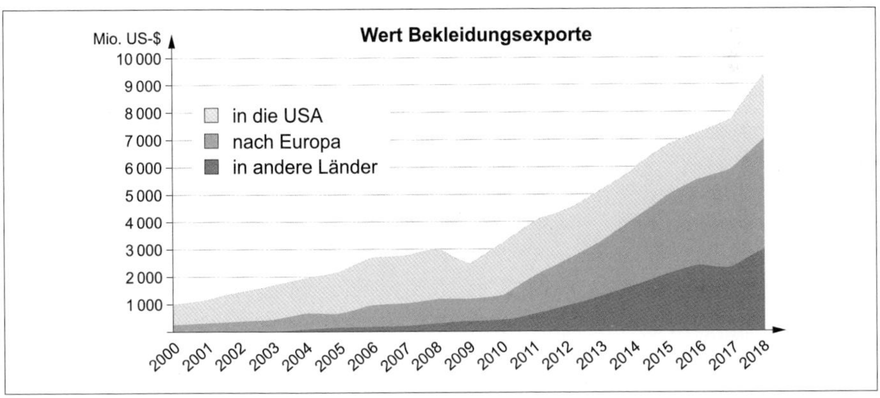

Anmerkung: * inkl. Hongkong

zusammengestellt nach: http://databank.worldbank.org/data/views/reports/reportwidget.aspx?Report_Name=CountryProfile&Id=b450fd57&tbar=y&dd=y&inf=n&zm=n&country=LAO; http://www.globalhungerindex.org/de/; https://www.cia.gov/library/publications/the-world-factbook/geos/la.html; https://data.worldbank.org/country/lao-pdr.html (Zugriff jeweils 03. 05. 2019)

M 7 Bekleidungsindustrie – Beispiel für eine Preiszusammensetzung

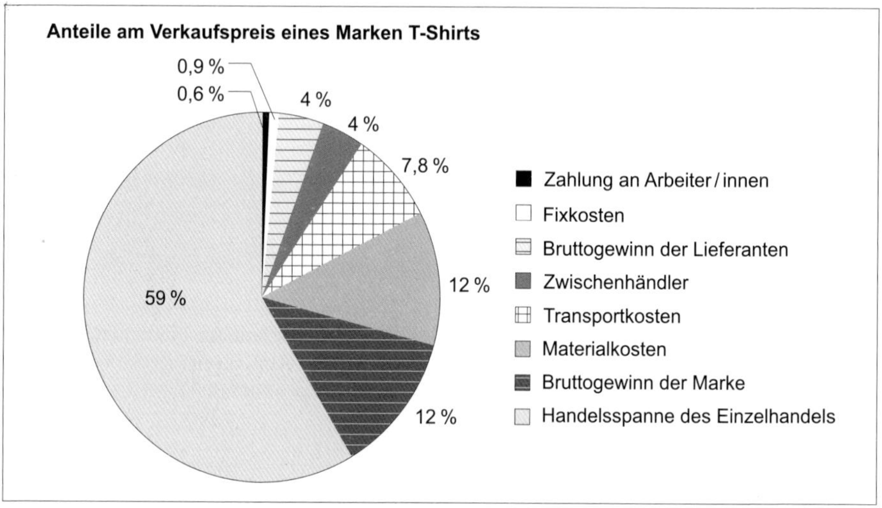

eigene Darstellung, Daten nach: Fairwear Foundation

M 8 Arbeitskosten in der Bekleidungsindustrie im internationalen Vergleich

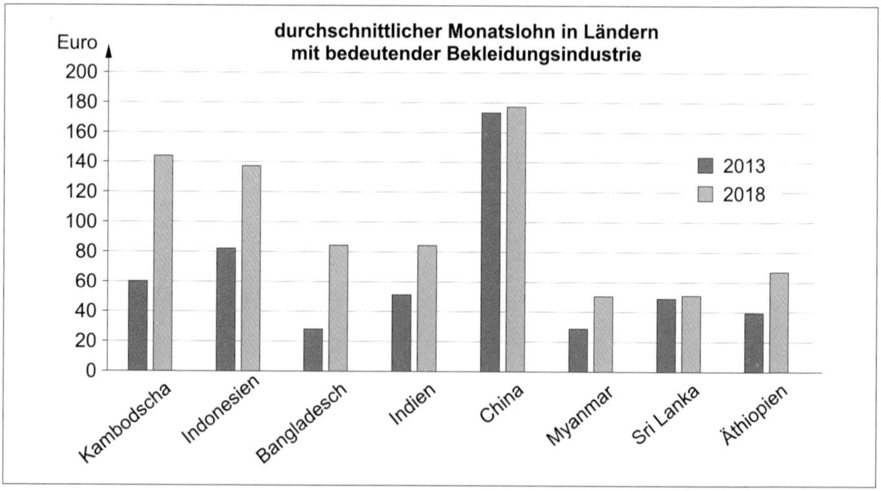

eigene Darstellung nach: https://www.tagesspiegel.de/wirtschaft/textilindustrie-orientiert-sich-neu-naechster-halt-afrika/9352332.html; https://www.gtai.de/GTAI/Navigation/DE/Trade/Maerkte/suche,t=aethiopien-setzt-auf-bekleidungs-und- textilexporte,did=1824008.html (Zugriff jeweils 05. 06. 2019)

M 9 Afrika – Top 10 der Bekleidungsexporte

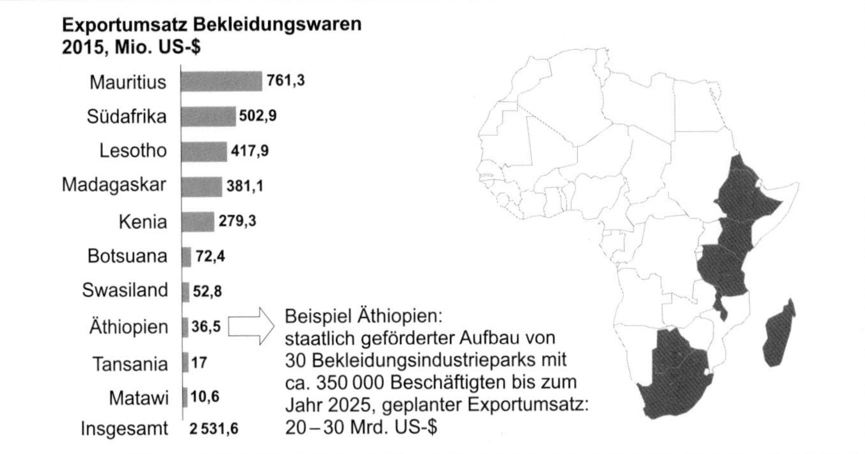

Anmerkung: aktueller Anteil Chinas > 60 % der ausländischen Direktinvestitionen in Afrika

Karte: https://www.d-maps.com/carte.php?num_car=737&lang=de; Daten nach: https://www.afdb.org/en/news-and-events/with-fashionomics-the-afdb-plans-to-raise-the-profile-of-african-fashion-and-textiles-on-the-international-stage-16023; https://www.dw.com/de/textilindustrie-n%C3%A4chster-halt-%C3%A4thiopien/a-48738628

M 10 Bekleidungsindustrie – aktuelle Entwicklungen

Pressemeldung

EU setzt Kambodscha und Myanmar unter Druck

Die Europäische Union gewährt Kambodscha und Myanmar Handelspräferenzen. Da beide Länder gegen Menschenrechte verstoßen, droht die EU mit dem Entzug dieser Privilegien. Experten warnen vor unbeabsichtigten Folgen. [...] dieser von der EU gewährte Sonderstatus steht im Falle Kambodschas seit Februar 2018 und im Falle Myanmars seit Ende 2017 auf dem Prüfstand, denn der Status ist an Bedingungen geknüpft, wie aus der entsprechenden Vorordnung der EU aus dem Jahr 2012 hervorgeht [...].

Rodion Ebbighausen: EU setzt Kambodscha und Myanmar unter Druck, DW vom 27.02.2019, https://www.dw.com/de/eu-setzt-kambodscha-und-myanmar-unter-druck/a-47715000

Optimierung der Herstellungskette

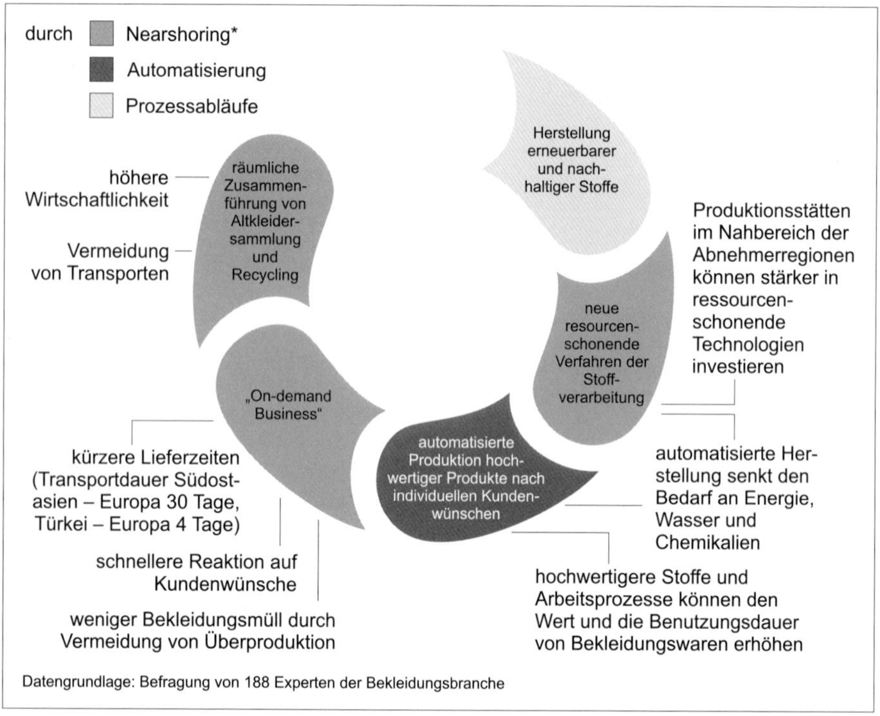

Datengrundlage: Befragung von 188 Experten der Bekleidungsbranche

* Nearshoring bezeichnet die Verlagerung von sehr weit entfernten in näher gelegene Produktionsstandorte (z. B. für den Absatzmarkt Europa aus Ländern Südostasiens in Länder wie Marokko, Türkei und Tunesien).

Johanna Andersson, Achim Berg, Saskia Hedrich, Patricio Ibanez, Jonatan Janmark, Karl-Hendrik Magnus: Is apparel manufacturing coming home?, McKinsey Apparel, Fashion & Luxury Group October 2018, S. 7, https://www.mckinsey.de/~/media/McKinsey/Locations/Europe%20and%20Middle%20East/Deutschland/News/Presse/2018/2018-10-16%20Modeproduktion%20kehrt%20vermehrt%20nach%20Europa%20zurueck/McKinsey-Is-apparel-manufacturing-coming-home.ashx

Die Aufgabe bezieht sich auf die folgenden Elemente des Kernlehrplans und die Vorgaben 2020:

- **Inhaltsfeld 6:** Sozioökonomische Entwicklungsstände von Räumen
  - Merkmale und Ursachen räumlicher Disparitäten
  - Strategien und Instrumente zur Reduzierung regionaler, nationaler und globaler Disparitäten

Lösungsvorschlag

Berücksichtigen Sie die Tipps für die Anfertigung der Abiturklausur auf den ersten Seiten dieses Buches! Denken Sie z. B. daran, Ihre Ausführungen mithilfe von Zwischenüberschriften zu gliedern. Geben Sie am Ende eines (Sinn-)Abschnittes die Materialbelege in Klammern an, wenn Sie dort einen neuen Sachverhalt vorstellen. Achten Sie auf eine allgemein- und fachsprachlich angemessene Darstellung.

Teilaufgabe 1

In dieser Teilaufgabe sollen Sie zunächst das Land Kambodscha aufgabenbezogen räumlich einordnen. Beachten Sie also hierbei, welche Aspekte einer räumlichen Einordnung für das Klausurthema relevant sind. Anschließend müssen Sie anhand der sozioökonomischen Daten in M 2 die Entwicklung des Landes seit 1996 herausarbeiten und gemäß dem Operator „kennzeichnen" den Entwicklungsstand dieses Raumes begründet charakterisieren (M 1, M 2, ggf. M 3).

Lokalisierung

Kambodscha ist ein Land in Südostasien, das im Norden an Thailand und Laos, im Osten und Südosten an Vietnam grenzt. Im Südwesten befindet sich die Küste zum Golf von Thailand, worüber sowohl ein Zugang zum Südchinesischen Meer und damit zum Pazifischen Ozean als auch über die Malakkastraße zwischen Singapur und Indonesien zum Indischen Ozean gegeben ist. Die Hauptstadt Phnom Penh im Südosten ist gleichzeitig das größte städtische Zentrum mit 2,1 Mio. Einwohnern (2019). Hier befindet sich auch ein **internationaler Flughafen** und es besteht eine **Fernstraßen- und Eisenbahnanbindung** zur Küstenstadt Sihanoukville. Der Fluss Mekong fließt von Norden kommend an der Hauptstadt vorbei und mündet in das Mekongdelta in Vietnam. Dieser bietet als **bedeutende Wasserstraße** eine weitere Verkehrsverbindung ins Südchinesische Meer (M 1, M 3).

Entwicklung seit 1996

Sowohl **wirtschaftliche** als auch **soziale Indikatoren** zeigen, dass sich das Land Kambodscha seit 1996 weiterentwickelt hat, nachdem jahrzehntelange politische Unruhen und Konflikte beigelegt werden konnten und ein Demokratisierungsprozess eingeleitet werden konnte. Das **BIP** lag 2018 mit 24,5 Mrd. US-$ um ein Siebenfaches über dem von 1996. Dieses Wachstum spiegelt sich auch im **BIP pro Kopf** wider. Trotz einer Bevölkerungszunahme von fast 5 Mio. Einwohnern war dieses mit 1 509 US-$ 2018 fünfmal so groß wie 1996. Dieses Wirtschaftswachstum hängt auch mit einer Verschiebung der Anteile der **Wirtschaftssektoren** am BIP zusammen. Während 1996 noch 67 % des BIP im **primären Sektor** erwirtschaftet wurden, machte dieser Sektor 2018 nur noch ein Viertel des BIP aus. Einen deutlichen Zuwachs gab es im **sekundären** und **tertiären Sektor**. Beide verzeichneten 2005 mit etwa einem Drittel des BIP ungefähr gleich große Anteile. Bis 2018 hat sich der Anteil der **industriellen Produktion** am BIP kaum verändert, der Anteil der **Dienstleistungen** ist dagegen auf 42 % gestiegen und trägt somit inzwischen am meisten zur Wirtschaftsleistung des Landes bei. Parallel dazu haben sich auch die **Anteile der Beschäftigten in den Sektoren** verändert, im primären Sektor hat sich dieser um 30 % verringert, im sekundären ist er um 11 % und im tertiären um 19 % gestiegen. Dennoch arbeitet immer noch fast die Hälfte aller Beschäftigten in der Landwirtschaft. Trotz der recht hohen Wirtschaftsleistung des sekundären Sektors sind hier nur 20 % Beschäftigte zu verzeichnen.

Mit dem wirtschaftlichen Wachstum haben sich auch wirtschaftliche Probleme ergeben. Diese zeigen sich im **Außenhandelsdefizit**, das 2018 bei 2,3 Mrd. US-$ lag und fast zehnmal höher war als 1996. Diese **negative Handelsbilanz** ist auf den Außenhandel zurückzuführen. Es fällt auf, dass neben landwirtschaftlichen Produkten der Großteil der Exporte auf Produkte aus der arbeitsintensiven **Leichtindustrie** Bekleidung und Schuhe entfällt. 2017 wurden z. B. Waren im Wert von 12 Mrd. US-$ exportiert, der Importwert war aber um 2 Mrd. US-$ höher. Folglich lagen die **Staatsschulden** auf dem gleich hohen Niveau wie 1996 (M 2, M 3).

Herausforderungen

Unter Betrachtung **sozialer** und **demografischer** Indikatoren wird deutlich, dass ein Großteil der Bevölkerung die Grundbedürfnisse nicht befriedigen kann. Der HDI-Wert hat sich nur geringfügig von 0,407 (1996) auf 0,523 (2018) verbessert. Heute liegt das Land nur auf Rang 139, was den niedrigen Entwicklungsstand insgesamt veranschaulicht. Trotz einer steigenden **Lebenserwartung** auf 64,1 Jahre und einer höheren **Alphabetisierungsrate** auf 81 %, die auf eine Verbesserung im Gesundheits- und Bildungssystem schließen lassen, ist die Bevölkerung nach wie vor sehr arm: 76 % haben unter 2 US-$/Tag zur Verfügung. Auch besteht eine Tendenz zur **Landflucht**, was sich in einem stetig wachsenden Anteil der städtischen Bevölkerung zeigt. Mit 21 % städtischer Bevölkerung ist der Verstädterungsgrad jedoch noch als mäßig einzustufen, er könnte aber bei weiterhin wachsender Bevölkerung weiter steigen.

Obwohl sich seit 1996 eine Verbesserung in einzelnen sozioökonomischen Daten zeigt, ist Kambodscha nach wie vor als **Entwicklungsland** einzustufen (M 2).

Teilaufgabe 2

In dieser Teilaufgabe sollen Sie die Entwicklung und Bedeutung der Bekleidungsindustrie in Kambodscha verdeutlichen, nachdem Sie maßgebliche Standortfaktoren herausgearbeitet haben, die für die Ansiedlung dieser Industrie entscheidend waren. Für diese Aufgabe sollten Sie sich mit allen Materialien außer M 9 und M 10 beschäftigen; den Atlas benötigen Sie, um die Verkehrsinfrastruktur zu erarbeiten. Achten Sie darauf, entsprechend den Anforderungen des Operators „erläutern", die Materialinformationen miteinander in Beziehung zu setzen.

Standortfaktoren

Für die Ansiedlung der Bekleidungsindustrie in Kambodscha sind in dem Land mehrere günstige **Standortfaktoren** gegeben, die in einer Standortanalyse durch ausländische Investoren bewertet wurden. Die besten Bewertungen erhielten die **harten Standortfaktoren** „Arbeitskräftepotenzial", gefolgt von „Steuererleichterungen" und „geringe Sozial- und Umweltstandards" sowie „Flächenverfügbarkeit". Die „politische Stabilität" als **weicher Standortfaktor** wurde ebenso positiv bewertet. Diese erhöht zusammen mit der seit 1998 gewährten staatlichen Förderung und Investitionserleichterung für die Bekleidungsindustrie die Attraktivität für Unternehmen dieser Branche. Vor allem in den Provinzen im Südosten rund um die Hauptstadt und in Phnom Penh selbst sind diese Standortfaktoren erfüllt, denn hier ist die Zahl der Betriebe am höchsten: Im Großraum Phnom Penh gibt es 426, in den umliegenden Provinzen zwischen 26 und 100 bzw. 11 und 25 (M 3–M 6).

Einerseits ist hier das Angebot an Arbeitskräften durch die höhere Einwohnerzahl groß, andererseits wird ein Zusammenhang zur **Verkehrsinfrastruktur** deutlich. Obwohl die schlechte Verkehrsinfrastruktur in der Standortanalyse deutlich negativ bewertet wurde, reicht die grundlegende Verkehrsinfrastruktur in den genannten Regionen aus, um Industriestandorte anzusiedeln. Wie bereits erwähnt, verfügt die Hauptstadtregion über Verkehrsanbindungen zum Seehafen Sihanoukville und somit über die Möglichkeit der Verschiffung von Waren für den **Export**. Zudem befindet sich hier ein internationaler Flughafen. Die Eisenbahnlinie, die an der Hauptstadt vorbeiführt, verläuft von Westen kommend entlang der südlichen Provinzen, in denen nur eine geringe Zahl von einem bis zehn Betrieben zu finden ist. Die **peripheren Regionen** im Norden, die nicht durch Verkehrswege angebunden sind, weisen dagegen keine Standorte der Bekleidungsindustrie auf (M 1, M 3, M 5).

Die Hauptstadtregion bietet darüber hinaus weitere **Agglomerationsvorteile**, die den Unternehmen zugutekommen. So ist sie Sitz verschiedener nationaler und internationaler Unternehmen und auch andere wichtige Branchen des **sekundären** und **tertiären Sektors** sind hier angesiedelt. Zudem gibt es fünf Universitäten und zahlreiche nationale Forschungseinrichtungen (M 3).

Entwicklung der Bekleidungsindustrie

Die positiven Standortgegebenheiten haben dazu beigetragen, dass sich die Bekleidungsindustrie zu einem bedeutenden Wirtschaftszweig Kambodschas entwickelt hat. Angestoßen durch die erwähnte Öffnung und Liberalisierung des Marktes ist seit Beginn der 2000er-Jahre sowohl die Zahl der Beschäftigten als auch der Wert der Bekleidungsexporte stetig gestiegen. Während der Anstieg zunächst eher moderat verlief und gegen Ende des ersten Jahrzehnts der 2000er-Jahre sogar ein Rückgang festzustellen war, ist seit der Initiierung verschiedener Projekte zur schrittweisen Verbesserung **sozialer** und **ökologischer** Standards im Jahr 2010 und der Gewährung des zollfreien Zugangs zum **europäischen Binnenmarkt** im Jahr 2012 ein exponentieller Anstieg der Zahlen zu verzeichnen. Die Zahl der Beschäftigten betrug 2015 schließlich 650 000, was gegenüber 2002 eine Verdreifachung bedeutet. Der Wert der Bekleidungsexporte, der 2009 bei ca. 2 Mrd. US-$ lag, ist bis 2018 auf über 9 Mrd. US-$ gestiegen (M 6).

Sozioökonomische Bedeutung

Da in Kambodscha schwerpunktmäßig Bekleidung für europäische und US-amerikanische Marken gefertigt wird, macht der größte Anteil dieses Wertes Exporte in die USA und nach Europa aus, die Öffnung des europäischen Binnenmarktes hat jedoch den Anteil des Warenexports nach Europa deutlich vergrößert. Produkte der Bekleidungsindustrie wurden zum wichtigsten industriellen Exportgut. Durch die wachsende Bedeutung der Bekleidungsindustrie in Kambodscha wurden ausländische Investoren angezogen, die als Impulsgeber für das Wachstum des BIP und des sekundären

Sektors dienen. Mehr als die Hälfte der **Auslandsdirektinvestitionen** kam 2017 aus China. Etwa ein Viertel an Investitionen wurde von Taiwan, Japan und Großbritannien getätigt, ein weiteres Viertel kam aus anderen Ländern (M 2, M 6).

Die Entwicklung der Bekleidungsindustrie hat in Kambodscha auch einen Einfluss auf die Einkommensverhältnisse und die Beschäftigung. 90 % der Beschäftigten in der Bekleidungsindustrie sind Frauen, die so zur Verbesserung des Familieneinkommens beitragen können. 2014 wurde in Kambodscha ein **Mindestlohn** von 128 US-$ pro Monat eingeführt. Der durchschnittliche Monatslohn in der Bekleidungsindustrie, der seit 2002 von ca. 70 US-$ kontinuierlich gestiegen ist und 2014 ungefähr auf Mindestlohnniveau lag, überstieg dieses in den folgenden Jahren und erreichte 2016 fast 200 US-$. Infolgedessen ist seit 2015 eine Abnahme der Beschäftigtenzahlen festzustellen (M 6).

In diesem Zusammenhang wird deutlich, dass die kambodschanische Wirtschaft in eine Abhängigkeit von diesem Wirtschaftszweig und ausländischen Investoren und Unternehmen gerät. Auch können sich vor allem die schlechte Verkehrsinfrastruktur und die geringe Fertigungstiefe, aber auch die Rechtsunsicherheit, die von Investoren negativ bewertet werden, nachteilig auswirken. Zudem gibt es inzwischen nicht nur Konkurrenten in Asien, die geringere Lohnzuwächse aufweisen als Kambodscha, sondern auch afrikanische Konkurrenten. In Äthiopien beispielsweise werden ADI bereits dafür verwendet, gezielt **Bekleidungsindustrieparks** aufzubauen (M 4, M 6, M 8, M 9).

Teilaufgabe 3

Für diese Teilaufgabe sollen Sie eine begründete Stellungnahme zu den Perspektiven der Bekleidungsindustrie in Kambodscha entwickeln. Dazu müssen Sie Gründe anführen, die für eine positive Entwicklung dieses Wirtschaftszweigs sprechen, aber auch Aspekte problematisieren, die dagegensprechen. In Abwägung dieser beiden Seiten gelangen Sie dann zu Ihrem Fazit. Wichtig ist, dass Sie sich auch in dieser Aufgabe auf die Materialien beziehen. Neben den schon verwendeten Materialien M 2, M 4 sowie M 6–M 9 muss hier auch M 10 berücksichtigt werden.

Positive Aspekte

Die Bekleidungsindustrie in Kambodscha hat sich zu einem starken Wirtschaftszweig für das Land entwickelt. Dies zeigen der **steigende Wert der Bekleidungsexporte** und die trotz des Rückgangs immer noch **hohen Beschäftigungszahlen**. Obwohl die Löhne insgesamt auch durch das Einführen eines Mindestlohns gestiegen sind, sind diese im internationalen Vergleich immer noch niedrig. In China beispielsweise liegen die Lohnkosten pro Monat in der Bekleidungsindustrie 40 € über denen in Kambodscha. Einen bedeutenden Einfluss auf die Weiterentwicklung dieses Wirtschaftszweigs hat die Tatsache, dass mit den USA und Europa zwei wirtschaftsstarke Räume die Hauptmärkte für Bekleidungsexporte aus Kambodscha sind. Ausländische Markenproduzenten können von den **Standortvorteilen** profitieren, die auf den in drei Jahrzehnten aufgebauten Produktionsstrukturen beruhen. Nicht zuletzt können durch eine Verbesserung der sozialen und ökologischen Standards, wie sie bereits in verschiedenen Projekten initiiert wurde, diese Märkte, die ein immer größeres Bewusstsein für **nachhaltige** und **faire Produktion** zeigen, auch langfristig gebunden werden (M 4, M 6, M 8).

Risiken

Dennoch müssen diese positiven Aussichten relativiert werden. Nach wie vor zählt Kambodscha zu den ärmsten Ländern der Welt und es finden **Verstöße gegen die Menschenrechte** statt. Daher steht das Land seit Februar 2018 auf dem Prüfstand der EU und die **Handelspräferenzen**, die den zollfreien Zugang zum europäischen Binnenmarkt gewährleisten, könnten dem Land entzogen werden, wenn weiter gegen Menschenrechte verstoßen wird. Da sich die Wirtschaft in der industriellen Produktion auf die Bekleidungsproduktion konzentriert und von den Exporten abhängig ist, hätte dies weitreichende negative Folgen, z. B. eine weitere Negativentwicklung der **Handelsbilanz** und **wachsende Staatsschulden** (M 2, M 6, M 10).

Problematisch ist außerdem die wachsende Konkurrenz durch Standorte in Asien und insbesondere in Afrika, in denen die Lohnkosten weitaus geringer sind und die Exportzahlen in der Bekleidungsindustrie durch staatliche Förderung deutlich gesteigert werden sollen. Eine Folge könnten **Standortverlagerungen** aufgrund geringerer Produktionskosten sowie eine **Verlagerung der Auslandsdirektinvestitionen** des größten Investors China sein, der bereits 60 % der ADI in Afrika tätigt (M 6, M 8, M 9).

Ein zusätzliches Risiko birgt die **Optimierung der Herstellungskette**. Die bisher arbeitsintensive Produktion von Bekleidung wurde im Zuge der Globalisierung zur Minimierung der Kosten in Billiglohnländer ausgelagert. Dieses **Outsourcing** könnte durch die

Tendenz zum **Nearshoring**, d. h. die Verlagerung in näher am Absatzmarkt gelegene Produktionsorte, sowie einem „On-demand Business“, das sich mehr an der Nachfrage nach Textilien und den Kundenwünschen orientieren kann, überflüssig werden und einen Produktionsstandort wie Kambodscha aufgrund langer Transportzeiten und wenig nachhaltiger Produktion unattraktiv machen. Weitere Veränderungen durch Technologien, durch die ressourcen- und energieschonender produziert werden kann, sowie den Einsatz langlebigerer Materialien würden sich ebenso negativ auf die Bekleidungsindustrie in Kambodscha auswirken (M 10).

Gleichzeitig bietet sich hier möglicherweise die Chance für Kambodscha, durch **Qualifizierung der Beschäftigten** die eigene Bekleidungsindustrie weiterzuentwickeln und die **Wertschöpfung** im eigenen Land zu erhöhen, damit zum einen ein größerer Anteil des Verkaufspreises eines Marken-T-Shirts im Land bleibt als bisher und zum anderen die **Kaufkraft** erhöht wird. Denn während insgesamt 79 % am Verkaufspreis eines Marken-T-Shirts den Gewinn für den Einzelhandel sowie Lieferanten, Markenhersteller und Zwischenhändler ausmachen, gehen nur 0,6 % an die Arbeiterinnen und Arbeiter vor Ort (M 7, M 10).

Fazit

Es wird deutlich, dass in Kambodscha **strukturelle Veränderungen** notwendig sind, um in der **Bekleidungsproduktion langfristig konkurrenzfähig** zu bleiben, nicht den Anschluss zu verlieren (auch im Hinblick auf nachhaltigere Produktionsmethoden) und unabhängiger von ausländischen Investoren zu werden. Um dies zu ändern, muss sowohl in die grundlegende Bildung der Bevölkerung als auch in die Qualifizierung der Beschäftigten investiert werden. Ebenso müssen bisherige Standortnachteile für Unternehmen durch die wenig ausgebaute Verkehrsinfrastruktur, schlechte Energieversorgung und Rechtsunsicherheit beseitigt werden, um den bisherigen Standortvorteil, der vor allem in der Billigproduktion von Textilien lag, zu kompensieren.

Leistungskurs Geographie (NRW) – Abiturprüfung 2020
Aufgabe 2

Thema

Güterverkehrszentren (GVZ) als Beitrag zu einer zukunftsfähigen Entwicklung im Transport- und Logistikwesen in Ballungsräumen? – Das Beispiel Hafen Nürnberg

Aufgabenstellung

	Punkte
1. Lokalisieren Sie Nürnberg und kennzeichnen Sie die verkehrsgeographische Lage sowie die Entwicklung des Hafengeländes bis 2005.	18
2. Erläutern Sie vor dem Hintergrund des Wandels im Transport- und Logistikwesen die räumlichen und strukturellen Veränderungen, die sich seitdem am Hafenstandort Nürnberg ergeben haben.	34
3. Nehmen Sie kritisch Stellung zur Themenfrage.	28

Zugelassene Hilfsmittel

- der an der Schule in der Qualifikationsphase überwiegend verwendete Atlas, in einer für alle Prüflinge gleichen Auflage
- Wörterbuch zur deutschen Rechtschreibung
- Taschenrechner

Materialgrundlage

M 1 Atlaskarten nach Wahl

M 2 Metropolregion und Stadt Nürnberg – Strukturdaten

Sozioökonomische Daten	Stadt	Metropolregion
Bevölkerung (2018) Bevölkerungswachstum seit 2013 (%)	535 746 4,4	3 560 040 k. A.
BIP pro Kopf (2018) (EUR) BIP-Wachstum (%)	55 071 4,4 (Deutschland: 1,4)	38 285 (2016) 3,9 (2016) [Deutschland: 2,2 (2016)]
sozialversicherungspflichtig Beschäftigte (2015)	300 300	1 435 100
Exportquote (2017) (%)	49,6	49
Arbeitslosenquote (2018) (%)	5,1 (seit 2012 Rückgang um 2,4 Prozentpunkte)	k. A.
Umsatzkennziffer im Einzelhandel (2018) (Deutschland = 100)	135,4	k. A.

Wirtschaft in der Metropolregion Nürnberg: Schwerpunkte	
der Industrie	Energietechnik, Elektrotechnik / Elektronik, Maschinenbau, Kommunikationstechnik, Automatisierungstechnik, Druckindustrie, Fahrzeugteile, Medizintechnik, Mess-, Steuer- und Regeltechnik, Schreibgeräte
des Dienstleistungssektors	Ingenieur- und Wirtschaftsberatung, Marktforschung, Gebäudemanagement, Call Center, Versicherungs- u. Finanzdienstleistungen, E-Commerce, Handel, Softwareentwicklung, Datenverarbeitung

zusammengestellt nach: Stadt Nürnberg – Wirtschaftsförderung Nürnberg (Hrsg.) (2017): Kenndaten für Investoren. Zahlen und Fakten zum Wirtschaftsstandort Nürnberg, Nürnberg; https://www.metropolregionnuernberg.de/fileadmin/metropolregion_nuernberg_2011/07_service/02_downloads/ Karten/180816_EMN_FactSheet_dt.pdf; https://www.metropolregionnuernberg.de/leben-arbeiten/karriere/wissenschaft.html(Zugriff jeweils 09. 04. 2019)

M 3 Hafen Nürnberg – Chronik

1960–1992	Bau des Main-Donau-Kanals als Verbindung zwischen der Nordsee und dem Schwarzen Meer
1972	Einweihung als **Landeshafen Nürnberg**
2005	Privatisierung des Landeshafens Nürnberg und Umbenennung in ***bayernhafen Nürnberg***
2006	Inbetriebnahme des **KV-Terminals**, einer trimodalen Umschlaganlage (Verbindung der Verkehrsträger Schiff, Bahn und Straße) für den Kombinierten Verkehr (KV); der ***bayernhafen Nürnberg*** wird damit zum **Güterverkehrszentrum (GVZ)***
2007	Abschluss Elektrifizierung des Hafenbahnhofes
2008	Aufnahme einer Güterzugverbindung nach Istanbul
2009	Erweiterung der Umschlaganlage für den Kombinierten Verkehr (Straße/Schiene)
2012	Eröffnung der Schienenverbindung zwischen dem ***bayernhafen Nürnberg*** und dem Seehafen Rotterdam Ausbau des Schwergutumschlagplatzes auf Güter bis zu 600 t
2015	200ster Umschlag eines Schwergut-Transformators Aufnahme einer Güterzugverbindung (Intermodalzug) zwischen GVZ Nürnberg und Chengdu/China [verkehrt zweimal pro Woche in beide Richtungen, einfache Fahrzeit beträgt ca. 15 Tage (Seeschiff ca. 25 Tage)] Aufnahme einer weiteren Güterzugverbindung (Intermodalzug) nach Istanbul (verkehrt wöchentlich) Einstellung der Planungen für die Errichtung eines dritten Hafenbeckens durch die Stadt Nürnberg; Freigabe der vorgesehenen Fläche für Logistikansiedlungen

Anmerkung:
* Güterverkehrszentrum (GVZ): Logistikzentrum, in dem Güter zwischen unterschiedlichen Verkehrsträgern (z. B. Lkw, Güterzug, Schiff) umgeladen, für Ladungen von Verkehrsunternehmen (Speditionen, Lagereien) zusammengestellt und für den Transport vorbereitet werden.
Mit der Vernetzung logistischer Strukturen sollen neben einer Kapazitäts- und Effizienzsteigerung auch eine Verkehrsentlastung, Verkehrsvermeidung und Verkehrsverlagerung erreicht werden.

zusammengestellt nach: https://schifffahrtsverein.de/hafen-nuernberg/; https://www.bayernhafen.de/en/about-us/history.html; https://www.gvz-hafen.com/leistungen/umschlag-logistik.html; https://www.gvz-hafen.com/en/about-us/bayemhafen-nuemberg/location-advantages.html(Zugriff 25.10.2019)

M 4 Hafen Nürnberg – räumliche Entwicklung (siehe Farbabbildungen!)

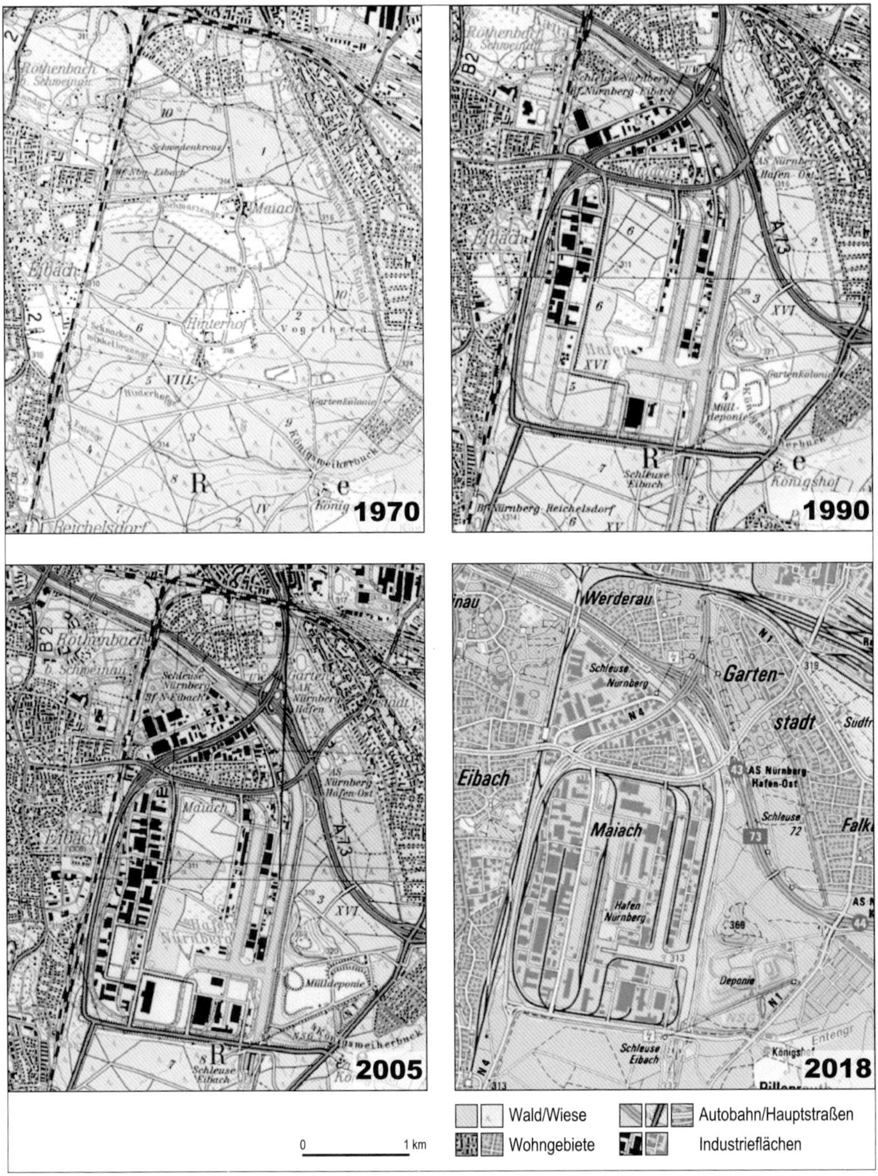

nach: Bayerische Vermessungsverwaltung, EuroGeographics

M 5 Hafen/GVZ Nürnberg – Verkehr und Unternehmen (siehe Farbabbildungen!)

Verkehrsanbindung 2018

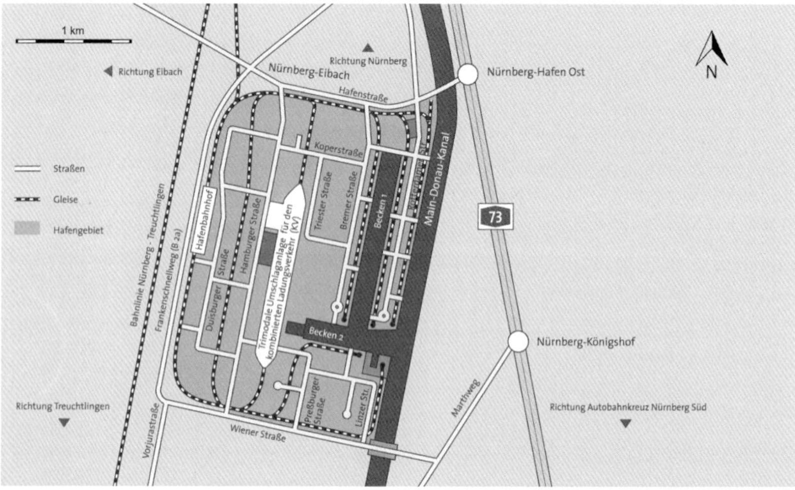

© bayernhafen

Unternehmen

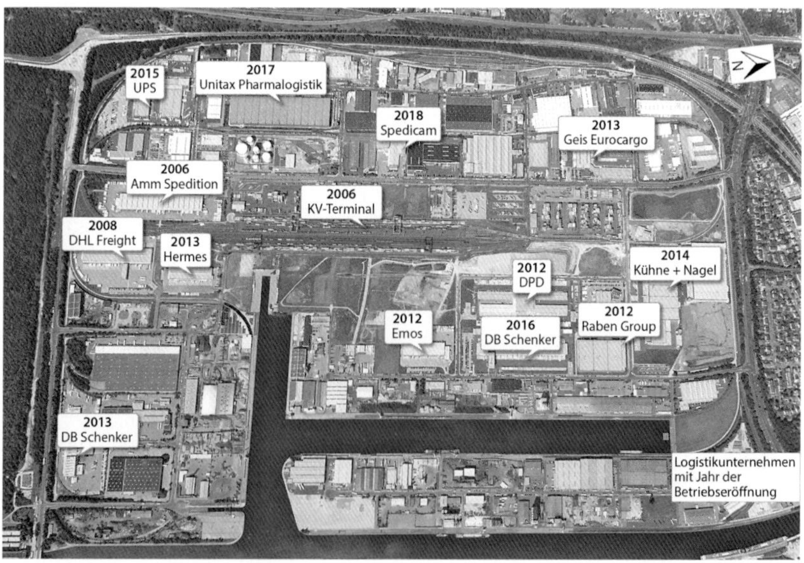

© Bavaria Luftbild Verlags GmbH

M 6 Hafen/GVZ Nürnberg – Umschlagentwicklung

Massengüterumschlag per Schiff (in Tonnen)			
Bezeichnung	**2009**	**2015**	**Veränderung (%)**
land-/forstwirtschaftliche Erzeugnisse, andere Nahrungsmittel	54 987	40 624	−26
feste mineralische Brennstoffe	62 139	32 113	−48
Erdöl, Mineralölerzeugnisse, Gase	28 044	15 023	−46
Erze und Metallabfälle	33 810	5 189	−85
Eisen, Stahl und Nichteisenmetalle	7 048	16 603	+136
Steine und Erden	130 326	72 424	−44
Düngemittel	123 469	108 362	−12
Gesamt	**439 823**	**290 338**	**−34**

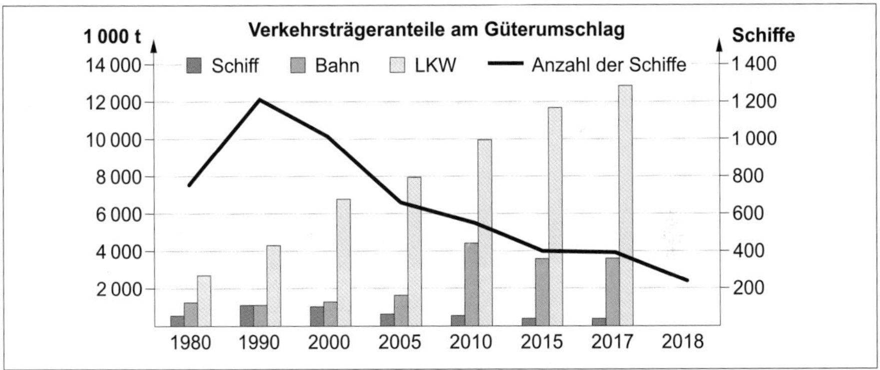

Containerumschlag (umgeschlagene 6 m-Standardcontainer nach Verkehrsträgern)			
	2008	**2018**	**Umschlagkapazität 2018**
Schiff	92	480	53 000
Schiene/Straße	130 853	301 846	480 000
Gesamt	130 945	302 326	533 000

zusammengestellt nach: https://online-service2.nuemberg.de/aswn/ASW.exe?aw=VVSH_J01; https://www.gvz-hafen.com/fileadrnin/user_upload/Bayemhafen_Nuemberg/Downloads/Statistikflyer_ bayemhafen nbg_2009.pdf; https://www.gvz-hafen.com/ueber-uns/zahlen-und-fakten.html

M 7 Hafen/GVZ Nürnberg – Beschäftigte

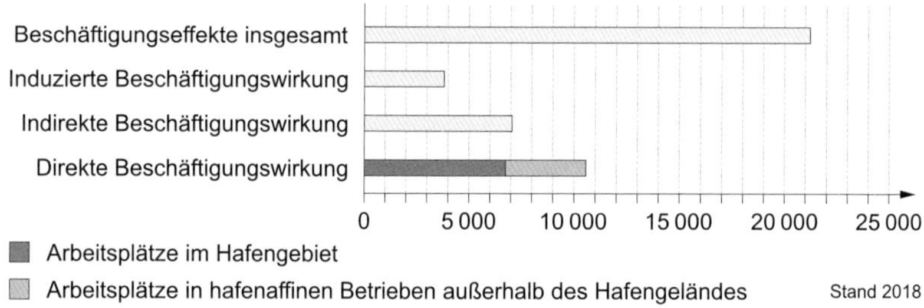

Anmerkungen:
Indirekte Beschäftigung: Arbeitsplätze durch Investitionen oder Vorleistungen
Induzierte Beschäftigung: Arbeitsplätze in Betrieben, bei denen die Beschäftigten der hafenaffinen Betriebe ihre privaten Konsumbedürfnisse decken

eigene Darstellung, Daten nach: www.bayernhafen.de

M 8 Verkehrsträgervergleich Güterverkehr

Indikator	LKW	Güterzug	Binnenschiff
durchschnittliche Transportdauer für 600 km	ca. 8 Std.	ca. 30 Std.	ca. 5 Tage
Betriebswirtschaftliche Kosten/tkm*	0,08 bis 0,14 EUR/tkm	0,03 bis 0,23 EUR/tkm	0,02 bis 0,05 EUR/tkm
Volkswirtschaftliche Kosten (u. a. Bau/Erhalt der Infrastruktur/Umweltschäden)	0,87 EUR/tkm	0,18 EUR/tkm	0,22 EUR/tkm
Treibhausgasemissionen, nach Verkehrsträgern 2018	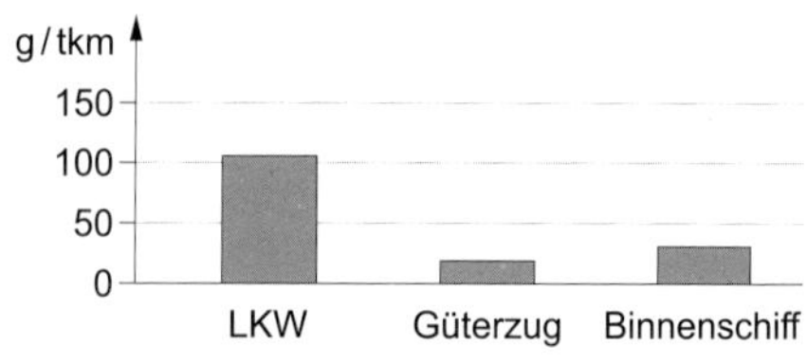		

Anmerkungen:
*Tonnenkilometer (tkm): Maßeinheit für die Verkehrsleistung im Güterverkehr: zurückgelegte Kilometer multipliziert mit der beförderten Gütermenge in Tonnen

zusammengestellt nach: https://slideplayer.org/slide/10296114/; https://www.bafg.de/DE/08_Ref/U1/02_Projekte/05_Verkehrstraeger/verkehrstraeger_lang.pdf?_blob=publica tionFile; https://www.scs.fraunhofer.de/content/dam/scs/de/dokumente/studien/Wirtschaftliche_Rahmenbedingungen_des_Gueterverkehrs.pdf (Zugriff jeweils 22. 06. 2019)

M 9 Bayern – Güterverkehrsprognose 2025

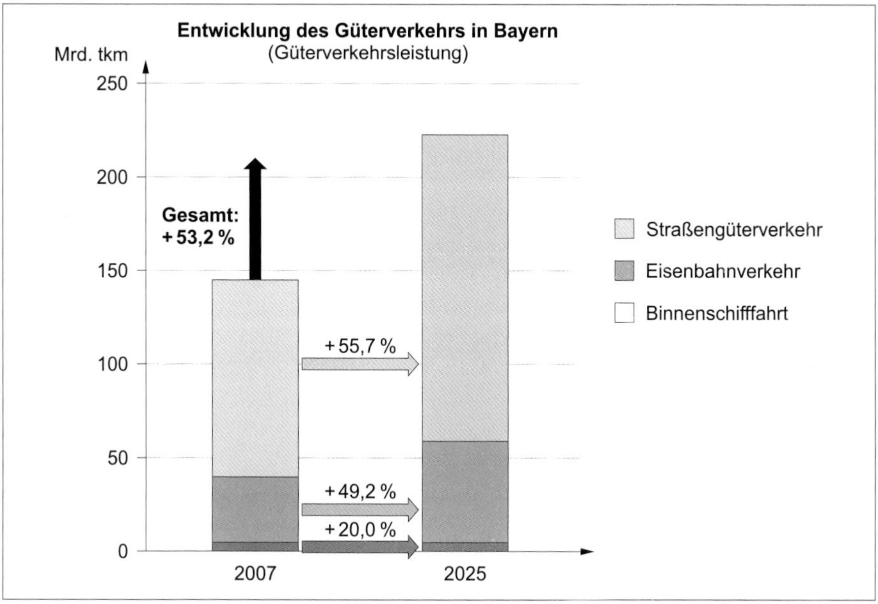

Bayerische Staatsbauverwaltung, https://www.stmb.bayern.de/vum/handlungsfelder/verkehrsinfrastruktur/verkehrsentwicklung/index.php

Die Aufgabe bezieht sich auf die folgenden Elemente des Kernlehrplans und die Vorgaben 2020:

- **Inhaltsfeld 4:** Bedeutungswandel von Standortfaktoren
  - Herausbildung von Wachstumsregionen
- **Inhaltsfeld 7:** Dienstleistungen in ihrer Bedeutung für Wirtschafts- und Beschäftigungsstrukturen
  - Entwicklung von Wirtschafts- und Beschäftigungsstrukturen im Prozess der Tertiärisierung

Lösungsvorschlag

Berücksichtigen Sie die Tipps für die Anfertigung der Abiturklausur auf den ersten Seiten dieses Buches! Denken Sie z. B. daran, Ihre Ausführungen mithilfe von Zwischenüberschriften zu gliedern. Geben Sie am Ende eines (Sinn-)Abschnittes die Materialbelege in Klammern an, wenn Sie dort einen neuen Sachverhalt vorstellen. Achten Sie auf eine allgemein- und fachsprachlich angemessene Darstellung.

Teilaufgabe 1

In dieser Teilaufgabe sollen Sie zunächst die Stadt Nürnberg aufgabenbezogen räumlich einordnen. Berücksichtigen Sie hierbei verschiedene Karten, um dem Klausurthema gerecht zu werden, aber vermeiden Sie Überschneidungen mit dem zweiten Teil dieser Teilaufgabe. In diesem sollen Sie zunächst mithilfe des Atlas und der Karte in M 5 die verkehrsgeographische Lage der Stadt kennzeichnen. Anschließend müssen Sie anhand der Chronik in M 3 sowie der Karten in M 4 die Entwicklung des Hafens bis 2005 herausarbeiten.

Lokalisierung

Nürnberg ist eine Stadt im Norden des Bundeslandes Bayern mit fast 536000 Einwohnern. In räumlicher Nähe befinden sich die Städte Fürth und Erlangen. Zusammen liegen sie in einem Städtedreieck und bilden eine **europäische Metropolregion**, die etwa 3,5 Mio. Einwohner hat. Weitere Oberzentren, u. a. Würzburg, Bamberg und Regensburg, liegen im Umkreis von weniger als 100 km. Die Landeshauptstadt München liegt etwa 150 km südlich. Die Stadt Nürnberg verfügt außerdem über einen internationalen Flughafen und Eisenbahn-Fernverkehrsverbindungen sowie Autobahnverbindungen, die Anbindungen in alle Teile Deutschlands gewährleisten (M 1).

Verkehrsgeographische Lage

Der Hafen liegt außerhalb des Stadtzentrums zwischen Eibach und Gartenstadt und südlich des Stadtteils Maiach. Einen Zugang zu **Verkehrswegen** auf dem Wasser hat er durch den Main-Donau-

Kanal, der das Gelände im Osten begrenzt. Damit ist nicht nur eine Verbindung zur Donau im Süden und zum Main im Nordwesten gegeben, sondern über den weiteren Verlauf dieser Flüsse ist die Region ans Schwarze Meer sowie an die Nordsee angebunden und somit auch an weltweite **Handelsrouten**. Neben der Anbindung ans nationale und internationale **Wasserstraßennetz** besteht über die östlich des Kanals verlaufende A 73 sowie weitere Schnellstraßen, die das Gelände umgeben, eine Anbindung ans Fernstraßennetz sowie über die im Westen verlaufende Bahnlinie Nürnberg-Treuchtlingen ans Eisenbahnnetz. Dieses führt einerseits zum **Seehafen** Rotterdam, andererseits bietet es eine **Güterzugverbindung** nach Istanbul. Das Hafengelände selbst ist von weiteren Straßen und Gleisen durchzogen (M 1, M 3–M 5).

Entwicklung

Grundlage für die Entwicklung zum **Güterverkehrszentrum** war der Bau des Main-Donau-Kanals zwischen 1960 und 1992 sowie bereits zwölf Jahre nach dessen Baubeginn die Einweihung des Landeshafens Nürnberg. Noch 1970 befanden sich dort, wo heute das Hafengelände ist, **Wald- und Wiesenflächen** und auch das Straßennetz war nicht so ausgebaut wie heute. Zwischen den Stadtteilen Eibach und Gartenstadt entstand das Hafengelände, dessen **Hafenbecken** vom Main-Donau-Kanal abzweigen. Bis 1990 wurden vor allem entlang der zwei Hafenbecken und im westlichen Teil entlang des Frankenschnellwegs und der Eisenbahnlinie Nürnberg-Treuchtlingen **Industrieflächen** geschaffen, die bis 2005 geringfügig nach Süden erweitert wurden. Es gab aber immer noch große Frei- und Grünflächen im Zentrum des Geländes. Mit der Eröffnung des Hafens wurde auch das Straßennetz deutlich ausgebaut. Bis 1990 war die A 73 hinzugekommen genauso wie weitere Straßen, die um das Hafengelände herum verlaufen, aber auch in die umliegenden Stadtteile führen (M 3, M 4).

Teilaufgabe 2

In dieser Teilaufgabe sollen Sie die Veränderungen des Hafens seit 2005 herausarbeiten, wobei räumliche sowie strukturelle Aspekte im Vordergrund stehen. Zur Erarbeitung der räumlichen Entwicklung müssen Sie die Chronik M 3 verwenden, aber vor allem die Karten M 4 und M 5 auswerten. Die strukturellen Veränderungen werden in M 6 deutlich. Die Entwicklung des Hafens soll außerdem mit dem Wandel im Transport- und Logistikwesen in Verbindung gebracht werden, wozu Sie M 8 hinzuziehen sollten.

Räumliche und strukturelle Entwicklung

Im Jahr 2005 wurde der Landeshafen Nürnberg **privatisiert** und in „bayernhafen Nürnberg" umbenannt. Dies war der Startschuss für zahlreiche Veränderungen des Hafens. Ein Jahr später wurde dieser durch die Inbetriebnahme eines Terminals für **kombinierten Verkehr** (KV) im Zentrum des Geländes erweitert. Hierbei handelt es sich um eine **trimodale Umschlaganlage**, die die Verkehrsträger Schiff, Bahn und Straße miteinander verbindet. Dies hatte eine **Verdichtung der Industrieflächen** zur Folge und das Straßen- und Schienennetz wurde auf die neuen Flächen und die unterschiedlichen Verkehrsträger ausgerichtet. Dabei hat man sich an den Standorten der **Logistikunternehmen** orientiert, die sich seit 2006 nach und nach zunächst in unmittelbarer Nähe des KV-Terminals, in den folgenden Jahren aber auch in anderen Bereichen des Hafengeländes angesiedelt haben (M 3–M 5).

Insbesondere die Eröffnung der Schienenverbindung zum Seehafen Rotterdam im Jahr 2012 ist als Impulsgeber für weitere Entwicklungen zum **Logistikstandort** zu sehen. Denn infolgedessen wurde der Hafen innerhalb von nur drei Jahren zum Standort aller bedeutenden Logistik- und Transportunternehmen, z. B. DHL, Hermes, DPD und UPS. Im gleichen Jahr fand durch den Ausbau eines **Schwergutumschlagplatzes** für Güter bis zu 600 t eine zusätzliche **Spezialisierung** statt.

Diese Veränderungen schlagen sich folglich auch in der Art des Güterumschlags nieder. Der traditionell für Häfen bedeutende **Massengüterumschlag** hat sich aufgrund der sich wandelnden Logistiksysteme enorm verringert, während der **Containerumschlag** an Bedeutung gewonnen hat. Von 2009, dem Jahr, in dem das KV-Terminal noch einmal erweitert wurde, bis 2015 ist eine Abnahme von 34 % im Massengüterumschlag zu verzeichnen, die Anzahl der umgeschlagenen Container hat sich von 2008 bis 2018 dagegen mehr als verdoppelt. Die Anzahl der Schiffe, die schon seit dem Höchststand von 1 200 im Jahr 1990 kontinuierlich gesunken ist, hat sich noch einmal verringert und lag 2018 nur noch etwas höher als 200. Gleichzeitig ist eine Zunahme des Anteils am Güterumschlag anderer **Verkehrsträger** zu verzeichnen. Mit sinkendem Anteil des Umschlags per Schiff wächst der Anteil bei Bahn und Lkw. Während der Güterumschlag per Lkw kontinuierlich seit 1980 stieg und 2010 mehr als 10 000 t erreichte, wies der Güterumschlag per Bahn im Hafen Nürnberg zunächst eher geringere Zuwächse auf. Zwischen 2005 und 2010 legte diese Art des Umschlags jedoch deutlich von unter 2 000 t auf über 4 000 t zu. Seitdem ist der Anteil der Bahn am Güterumschlag aber wieder unter 4 000 t gesunken. Zeitgleich stieg der Anteil des Umschlags per Lkw um fast 3 000 t weiter an. Über die Verkehrsträger Schiene und Straße wird auch fast der gesamte Containerumschlag abgewickelt (M 3, M 6).

Transport und Logistik

Diese Entwicklung ist im Kontext des sich verändernden **Transport- und Logistikwesens** zu betrachten. Veränderte Produktionsprozesse in der Industrie, z. B. **just in time**, und **Standortverlagerungen**, u. a. in Billiglohnländer, haben sich entscheidend auf den Warentransport ausgewirkt. Im Zuge dessen ist eine Vernetzung von Transportwegen unerlässlich geworden. Durch den Transport in **Standardcontainern** ist eine Verknüpfung der Verkehrsträger, wie auch in Nürnberg erfolgt, ermöglicht worden. Die **weltweite Konkurrenz** von Unternehmen durch die **Globalisierung** hat aber auch dazu geführt, dass die **Transportzeiten und -kosten** minimiert werden müssen. Sind die Transportkosten mit 0,02 bis 0,05 € pro **Tonnenkilometer** beim Binnenschiff am geringsten, ist dieses in puncto Zeit gegenüber den Verkehrsträgern Bahn und Lkw im Nachteil. Während der Transport von Gütern über eine Strecke von 600 km ca. 5 Tage in Anspruch nimmt, sind es mit dem Güterzug nur 30 Stunden. Der Transport per Lkw ist mit etwa 8 Stunden am kürzesten und vergleichsweise pro Tonnenkilometer auch günstig, sodass hierauf der kontinuierliche Anstieg des Anteils des Güterumschlags per Lkw im Hafen Nürnberg zurückzuführen ist. Dennoch tragen auch weitere Güterzugverbindungen mit Intermodalzügen nach Istanbul und China, die seit 2015 bestehen, zur Minimierung der Transportzeit bei. Zwischen China und dem GVZ Nürnberg ist dieser Transportweg beispielsweise um 10 Tage kürzer als der Seeweg (M 6, M 8).

Teilaufgabe 3

Für diese Teilaufgabe sollen Sie unter Abwägung positiver und negativer Punkte begründet Stellung zu der Themenfrage der Klausur nehmen. Im Mittelpunkt steht dabei die Frage nach der Zukunftsfähigkeit des GVZ Nürnberg als Transport- und Logistikstandort im Ballungsraum Nürnberg. Hierzu müssen Sie sowohl sozioökonomische als auch ökologische Aspekte berücksichtigen. Neben den Materialien M 2, M 3 und M 6 sind hierfür M 7 und M 8 von besonderer Bedeutung.

Der Anstieg des Güterumschlags im Hafen Nürnberg zeigt, dass die Entwicklung zum trimodalen Güterverkehrszentrum grundsätzlich als positiv zu bewerten ist und durch geschickte Planung und Nutzung sowie Schaffung überregionaler Anbindungen ein wichtiger **Verkehrsknotenpunkt** in Süddeutschland entstanden ist. Auf der Basis dieses Erfolgs ergeben sich einige positive Perspektiven für die **Beschäftigung** und die **Wirtschaft** am Transport- und Logistikstandort selbst und in der Region. Insgesamt summieren sich die **Beschäftigungseffekte** auf etwa 21 000 Arbeitsplätze in direkten, indirekten oder induzierten Bereichen. Die **direkte Beschäftigung**, die Arbeitsplätze im Hafengebiet, aber auch in hafenaffinen Betrieben außerhalb des Geländes umfasst, nimmt rund die Hälfte aller Arbeitsplätze ein. Ein weiteres Drittel generieren **indirekte** Arbeitsplätze durch Investitionen oder Vorleistungen. Die restlichen fast 4 000 Arbeitsplätze sind auf Betriebe zurückzuführen, in denen Hafenmitarbeiter ihre Konsumbedürfnisse befriedigen. Im Vergleich zur Gesamtzahl der **sozialversicherungspflichtig Beschäftigten** in Nürnberg machen die Beschäftigungseffekte durch den Hafen 7 % aus, in der gesamten Metropolregion sind es ca. 1,5 %. Das Güterverkehrszentrum (GVZ) kann also durchaus als wirtschaftlicher Motor von Stadt und Region bezeichnet werden. Denn das **BIP-Wachstum** liegt mit 4,4 % in Nürnberg bzw. 3,9 % in der Metropolregion um einige Prozentpunkte über dem in ganz Deutschland und die **Arbeitslosenquote** ist seit 2012 um 2,4 Prozentpunkte auf 5,1 % zurückgegangen, was sich auch positiv auf die **Kaufkraft** auswirkt, denn die Umsatzkennziffer im Einzelhandel liegt 35 % über dem Wert für Deutschland. Die wirtschaftlichen Schwerpunkte der Metropolregion unterstreichen das weitere Wachstumspotenzial. Da im Dienstleistungssektor auch eine Konzentration auf die **Digitalwirtschaft** deutlich wird, könnte eine Vernetzung mit der Logistikbranche langfristig zu noch effizienteren und moderneren Strukturen führen (M 2, M 7). Positive Aspekte

Andererseits muss die Zukunftsfähigkeit vor allem durch die ungleiche Entwicklung der Verkehrsträger, die die Verlagerung vom Wasser und der Schiene auf die Straße nach sich zieht, infrage gestellt werden. Abgesehen von den betriebswirtschaftlich geringen Kosten beim Lkw-Transport verursacht dieser Verkehrsträger im Vergleich die höchsten **volkswirtschaftlichen Kosten** durch Investitionen von 0,87 € pro Tonnenkilometer, die zum Erhalt der notwendigen Infrastruktur, z. B. für den Bau oder die Instandsetzung von Straßen, getätigt werden müssen. Hier nehmen Güterzug und Risiken

Binnenschiff nur ca. ein Viertel der Kosten pro Tonnenkilometer in Anspruch. Berücksichtigt man zusätzlich die Umweltbelastung durch den Lkw-Transport, dessen **Treibhausgasemissionen** bei etwa 100 g pro Tonnenkilometer liegen, während diese beim Transport mit Güterzug oder Binnenschiff um ein Vielfaches geringer sind, kann man nicht mehr von einer **nachhaltigen Verkehrsentwicklung** sprechen. Die Stadt Nürnberg unterstützt die Entwicklung vom Schiff zum Lkw dadurch, dass die Planungen zur Errichtung eines dritten Hafenbeckens zugunsten der Ausweisung weiterer Logistikflächen eingestellt wurden (M 3, M 6, M 8).

Hieraus entstehende Probleme wie die angesprochene **Umweltbelastung** oder die **Überlastung des Straßennetzes** in einer ohnehin bereits dicht besiedelten und verkehrlich belasteten Region lassen sich auch durch die **Güterverkehrsprognose** des Bundeslandes Bayern für 2025 bestätigen. Hierin wird ein Zuwachs des Güterverkehrsaufkommens durch Lkw um 55,7 %, des Eisenbahnverkehrs um 49,2 % und der Binnenschifffahrt um 20 % prognostiziert. Der Güterverkehr insgesamt soll um 53,2 % von ca. 150 Mrd. Tonnenkilometern im Jahr 2007 auf ca. 225 Mrd. Tonnenkilometer im Jahr 2025 steigen (M 9).

Fazit

Die Entwicklung des Hafens Nürnberg zum Güterverkehrszentrum (GVZ) zeigt, dass der **Lagevorteil** am Main-Donau-Kanal für den Ausbau zum Verkehrsknotenpunkt durch wegweisende Entscheidungen in der **räumlichen** und **strukturellen Planung** sinnvoll genutzt wurde und so ein wichtiger Beitrag zur **Wirtschaftskraft** der Stadt Nürnberg und in Teilen auch der Metropolregion geleistet wurde. Jetzt gilt es, dieses **Wachstumspotenzial** in Zusammenarbeit mit ansässigen Unternehmen anderer Branchen weiter zu nutzen und die **Konkurrenzfähigkeit** des Standortes zu erhalten. Hierzu benötigt man aber auch ein zukunftsfähiges **Verkehrskonzept**, das möglicherweise ein Umdenken in der Verteilung der Güter auf die Verkehrsträger beinhalten sollte, um weitere Umweltprobleme und einen **Verkehrskollaps** zu vermeiden, auch wenn dies mögliche finanzielle Nachteile mit sich bringen könnte.

Leistungskurs Geographie (NRW) – Abiturprüfung 2020
Aufgabe 3

Thema

Zukunftsfähige Entwicklung des Agrarsektors durch agroindustrielle Unternehmen? – Das Beispiel Landwirtschaft in der Ukraine

Aufgabenstellung

	Punkte
1. Lokalisieren Sie die Ukraine und beschreiben Sie die naturräumlichen Voraussetzungen sowie Merkmale der dortigen Landwirtschaft zu Beginn der 1990er-Jahre.	26
2. Erläutern Sie unter besonderer Berücksichtigung agroindustrieller Unternehmen die seither eingetretenen Entwicklungen im Agrarsektor der Ukraine.	28
3. Nehmen Sie kritisch Stellung zur Themenfrage.	26

Zugelassene Hilfsmittel

- der an der Schule in der Qualifikationsphase überwiegend verwendete Atlas, in einer für alle Prüflinge gleichen Auflage
- Wörterbuch zur deutschen Rechtschreibung
- Taschenrechner

Materialgrundlage

M 1 Atlaskarten nach Wahl

M 2 Ukraine – Klima (siehe Farbabbildungen!)

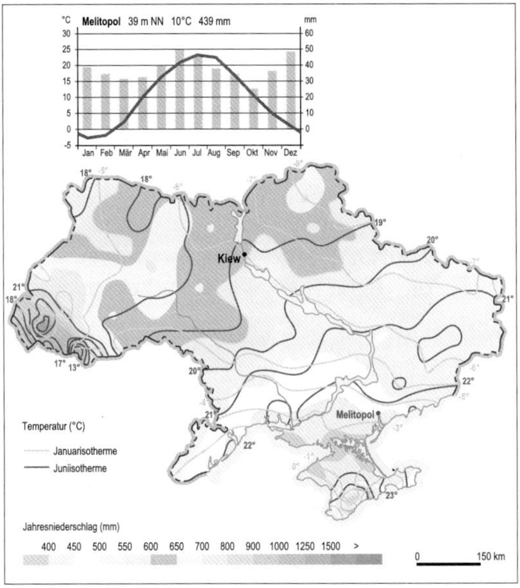

© cartomedia, Karlsruhe, © Climate-Data.org

M 3 Ukraine – Böden

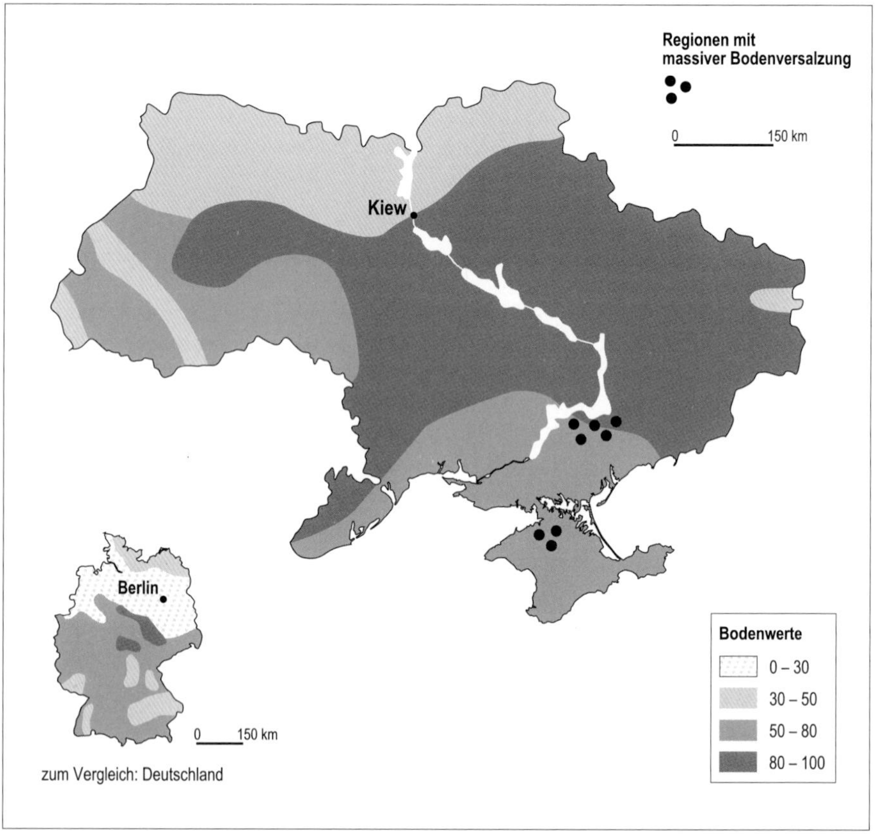

Anmerkung: * Bodenwert: Maß für die bodenbedingte Ertragsfähigkeit von Agrarflächen

M 4 Ukraine – Landwirtschaft (siehe Farbabbildungen!)

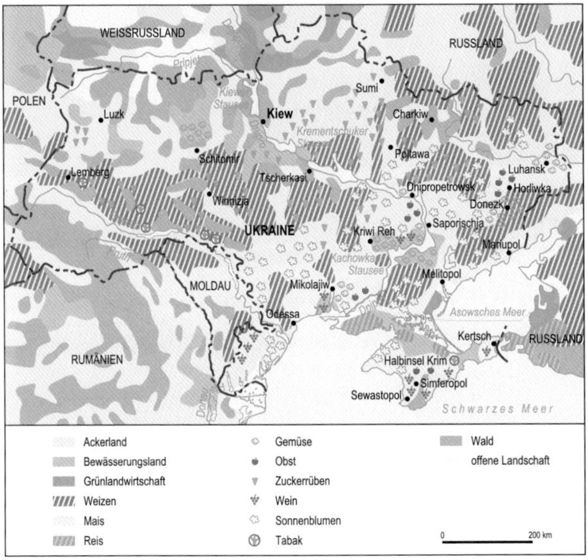

© cartomedia, Karlsruhe

M 5 Ukraine – grundlegende Daten

Geschichte	1991 2004/2013 2014	Unabhängigkeit nach Auflösung der Sowjetunion gewaltsame Proteste gegen pro-russische und korrupte Politiker Annexion der Halbinsel Krim durch Russland
Fläche (km²)	603 700 (davon seit 2014 unter russischem Einfluss: 26 944)	

		1992	2005	2017
Einw.* (Mio.)	insgesamt ländlich/städtisch	51,6 17,1/34,5	47,2 15,2/32,0	44,1 13,2/30,9
BIP (Mrd. US-$) davon Anteil Landwirtschaft (%)		73,9 29,0	86,4 9,2	112,2 10,23
im Agrarsektor Beschäftigte Zahl Anteil an allen Beschäftigten (%)		 k. A. 25	 k. A. 19	 574 200 15
ADI** in den Agrarsektor (Mrd. US-$) Durchschnitt im betreffenden Jahrzehnt (Mrd. US-$/Jahr) Anteil des Agrarsektors an den gesamten ADI (%)		0,27 0,42 k. A.	7,8 5,0 87	2,2 4,3 92
Import (Mrd. US-$)		2,1	45,0	49,4
Export (Mrd. US-$) davon Agrarprodukte (%)		3,7 k. A.	38,4 12,0	43,4 34,0
Korruptionsindex (0 – sehr korrupt; 100 – keine Korruption)		nicht ermittelt	26	30

Anmerkung:
* Prognose 2050: 33 Mio.
** ausländische Direktinvestitionen

zusammengestellt nach: https://countryeconomy.com/hdi/ukraine; https://de.statista.com/statistik/daten/studie/232390/umfrage/bruttoinlandsprodukt-bip-in-der-ukraine//2016/ 03/20/land-grabbing-ukraine-regierung-verkauft-1-million-hektar-aus-staatsbesitz/; https://www.transparency.de/cpi/ (Zugriff jeweils 22. 03. 2019); Fischer-Weltalmanach, verschiedene Jahrgänge

M 6 Ukraine – landwirtschaftliche Kenndaten

	1992	2017
Ackerland* (ha)	32 362 000	32 776 000
Dauerkulturen (ha)	1 094 000	897 000
Wiesen/Weiden (ha)	7 473 000	7 842 000
Viehbestand (Mio. Tiere)	23,7	3,7
Kunstdüngerverbrauch (kg/ha Ackerfläche)	83,2	43 (2016)
Einsatz von Pflanzenschutzmitteln (kg/ha Ackerfläche)	2,1	2,4 (2016)

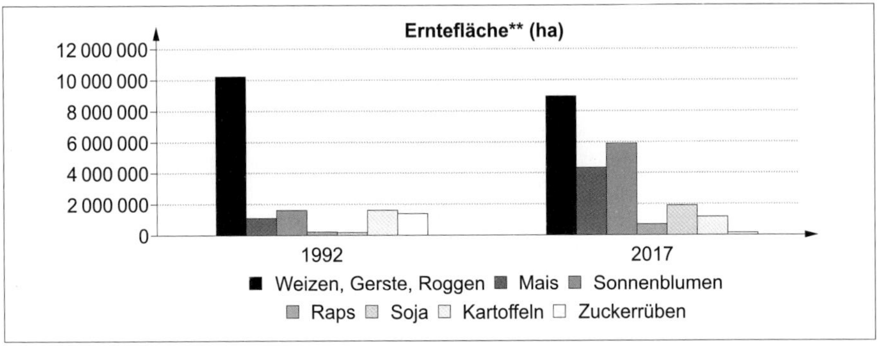

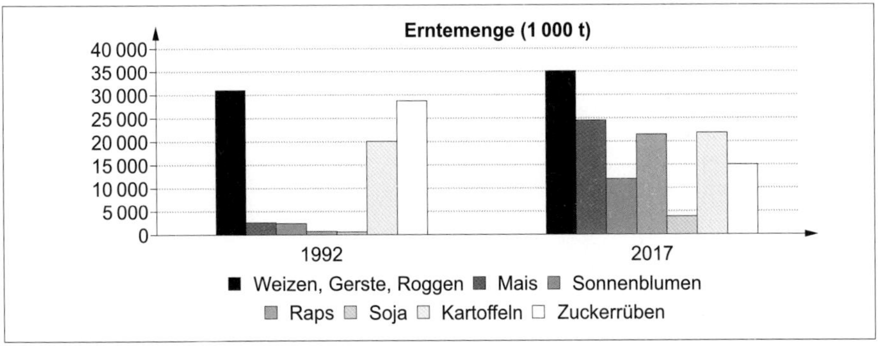

Anmerkung:
* z. T. brachliegend
** wichtigste Anbauprodukte

zusammengestellt nach: http://www.fao.org/faostat/en/#data; https://ukrstat.org/en/operativ/operativ2017/sg/pvzu/arch_pvx:u_e.htm; http://www.fao.org/faostat/en/#data (Zugriff jeweils 22. 03. 2019)

M 7 Ukraine – aktuelle Betriebsstrukturen und Bodenbesitzverhältnisse

		Anteil an landwirtschaftlicher Nutzfläche
1	ca. 5,5 Mio. private Hoflandwirtschaften: Bewirtschaftung von jeweils ca. 2,5 ha zur Selbstversorgung sowie für den lokalen Markt [ca. 45 % der Agrarproduktion der Ukraine, v. a. Kartoffeln (98 %), Fleisch, Milch (81 %), Gemüse, Obst]	**42,0 %**
2	ca. 43 000 bäuerliche familiengeführte Agrarbetriebe, Betriebsgrößen 80 – 500 ha; Produktionsschwerpunkte: Getreide, Zuckerrüben, Gemüse, Fleisch	**10,5 %**
3	privatwirtschaftliche Betriebe in der Nachfolge ehemals staatlicher Betriebe, Betriebsgrößen in der Regel über 500 ha; Produktionsschwerpunkte: Getreide, Mais, Raps, Sonnenblumen	**18,5 %**
4	agroindustrielle Unternehmen, Betriebsgrößen ≥ 10 000 ha; Produktionsschwerpunkte: Mais, Sojabohnen, Raps, Sonnenblumen, Getreide, Zuckerrüben, Fleisch	**29,0 %**

zusammengestellt nach: https://www.ssoar.info/ssoar/bitstream/handle/document/4613/ssoar-1996-ott-zur_sozialen_lage_in_der.pdf? sequence=l; http://oega.boku.ac.at/fileadmin/user_upload/fagung/2008/Short_Paper_2008/Poster/Michlmayr-Gomenyuk_ OEGA2008_Tagungsband.pdf (Zugriff jeweils 22. 03. 2019)

M 8 Ukraine – agroindustrielle Unternehmen

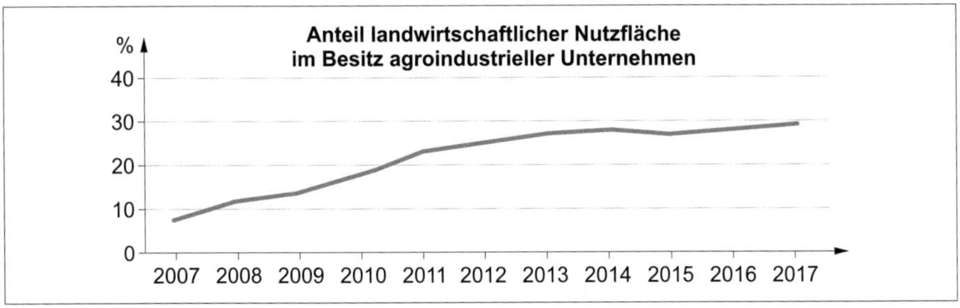

Anzahl inländischer agroindustrieller Unternehmen: 99

Anzahl ausländischer agroindustrieller Unternehmen: 17

- diese 17 Unternehmen bewirtschaften aktuell ca. 3 260 000 ha; größter Betrieb: 600 000 ha (zum Vergleich: Saarland 257 000 ha)
- zwei Drittel der Firmensitze dieser Unternehmen auf Zypern* und in Luxemburg*

Anmerkung: * diese Länder gelten als „Steueroasen"

eigene Darstellung, Daten nach: Ukrainian Agribusiness Club (2018); zusammengestellt nach: https://www.largescaleagriculture.com/data (Zugriff jeweils 22.03.2019); Wilfried Bommert: Bodenrausch. Die globale Jagd nach den Äckern der Welt. Köln: Bastei Lübbe, 2012; Fred Pearce: Land Grabbing. Der globale Kampf um Grund und Boden. München: Kunstmann, 2012

M 9 Agroholding Nibulon

Unternehmensentwicklung	1991 als britisch-ungarisch-ukrainisches Joint Venture gegründet, heute eine ukrainische Holding* mit Firmen aus 43 verschiedenen Branchen	
bewirtschaftete Fläche	82 500 ha davon Produktionseinheit Baschtanka: ca. 3 200 ha	
Produktionsschwerpunkte/ Tätigkeitsfelder	Mais/Soja/Futterpflanzen ⇒ Rindermast ⇒ Fleisch- und Wurstfabriken Weizen, Ölpflanzen	⇒ Exportlogistik (Export in 64 europäische, asiatische, afrikanische und lateinamerikanische Staaten), rd. 30 eigene Schiffe
Beschäftigte (2017)	5 873	
Firmensitz	Mykolayiv, zugleich für Nibulon wichtigster Exporthafen	

Anmerkung: * Unternehmen, dessen ausschließlicher Betriebszweck darin besteht, Kapitalbeteiligungen an anderen Unternehmen zu halten

(siehe Farbabbildungen!)

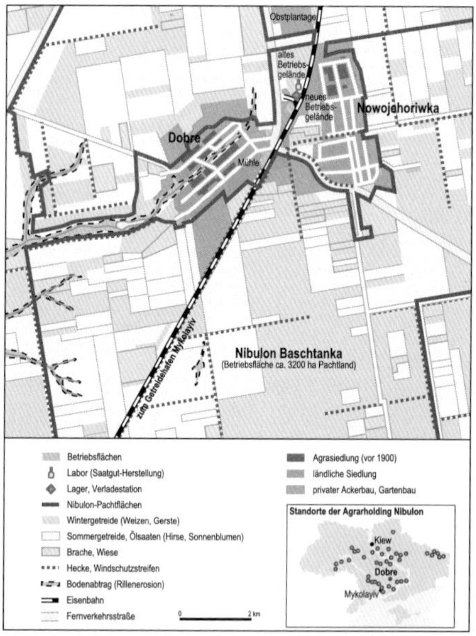

M 10 Landwirtschaft Ukraine – Ökologie

- Bewässerungsfläche 2016: 480 000 ha (1992: 22 910 ha); aktuell massiver Ausbau mithilfe ausländischer Investitionen; bewässert wird mit Wasser aus Flüssen und offenen Kanälen
- Beeinträchtigungen durch Versalzung und andere Formen der Bodendegradation auf ca. 7–9 Mio. ha (allein Winderosion: ~6 Mio. ha; jährliche Zunahme um ca. 80 000 ha)

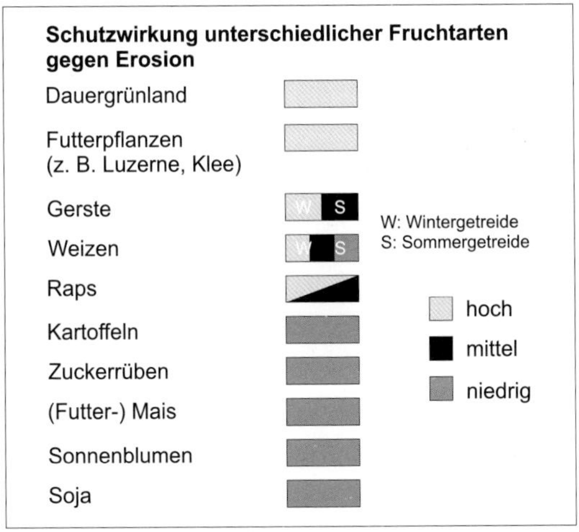

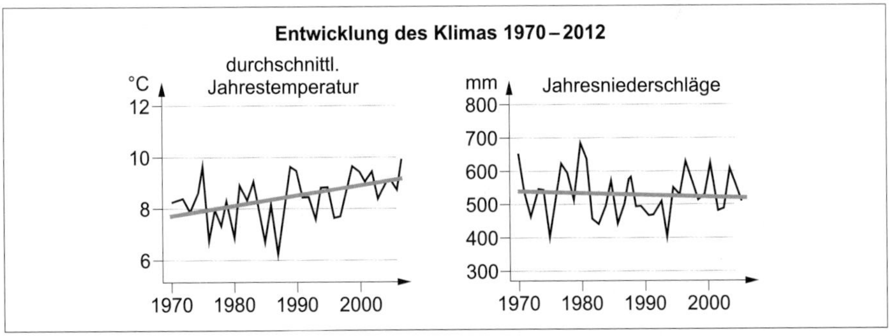

Prognose: bis 2070 + 1,65 bis + 3,3° leicht sinkende Werte, v. a. in Frühjahr und Sommer

Beiträge zum Bodenschutz in Mecklenburg-Vorpommern, Bodenerosion 2. überarbeitete Auflage, Landesamt für Umwelt, Naturschutz und Geologie, S. 34, https://www.lung.mv-regierung.de/dateien/bodenerosion.pdf; Impact of Climate Change on Wheat Production in Ukraine, Agricultural Policy Report APD/APR/02/2016, https://www.apd-ukraine.de/images/APD_APR_05-2016_impact_on_wheat_eng_fin.pdf

Die Aufgabe bezieht sich auf die folgenden Elemente des Kernlehrplans und die Vorgaben 2020:

- **Inhaltsfeld 3:** Landwirtschaftliche Strukturen in verschiedenen Klima- und Vegetationszonen
  - Intensivierung der landwirtschaftlichen Produktion in der gemäßigten Zone und in den Subtropen
  - Landwirtschaft im Spannungsfeld zwischen Ressourcengefährdung und Nachhaltigkeit

Lösungsvorschlag

Berücksichtigen Sie die Tipps für die Anfertigung der Abiturklausur auf den ersten Seiten dieses Buches! Denken Sie z. B. daran, Ihre Ausführungen mithilfe von Zwischenüberschriften zu gliedern. Geben Sie am Ende eines (Sinn-)Abschnittes die Materialbelege in Klammern an, wenn Sie dort einen neuen Sachverhalt vorstellen. Achten Sie auf eine allgemein- und fachsprachlich angemessene Darstellung.

Teilaufgabe 1

In dieser Teilaufgabe sollen Sie das Land Ukraine aufgabenbezogen räumlich einordnen, d. h., hier sollten Sie überlegen, welche Aspekte der Lage im Rahmen des Oberthemas „Landwirtschaft" relevant sind. Weiterhin sind Sie gefordert, die naturräumlichen Voraussetzungen (Relief, Niederschläge, Temperatur) mithilfe des Atlas sowie von M 2, M 3 und M 4 darzulegen und die Merkmale der Landwirtschaft zu Beginn der 1990er-Jahre aufzuzeigen.

Lokalisierung

Die Ukraine ist ein Land in Osteuropa mit einer Fläche von 603 700 km^2, dessen Hauptstadt Kiew im Norden liegt. Die südliche Grenze bildet die Küste des Schwarzen Meeres, im Westen grenzt das Land an Moldau, Rumänien, Ungarn, die Slowakei und Polen, im Norden liegt Weißrussland und im Osten Russland. Von Norden kommend durchfließt der Fluss Dnipro das Land und mündet ins Schwarze Meer. Zwei weitere Flüsse, Dnjestr im Westen und Donez im Osten, durchfließen teilweise das Staatsgebiet. Das Land erstreckt sich zwischen 45°N und 53°N und liegt demnach in der gemäßigten Zone (M 1, M 5).

Naturräumliche Voraussetzungen

Die Ukraine ist durch ein **kontinentales Klima** gekennzeichnet, was sich sowohl im Temperaturverlauf als auch in den Niederschlägen zeigt. Es gibt warme Sommer und kalte Winter. Die Jahresdurchschnittstemperatur liegt im Süden in der Stadt Melitopol bei 10 °C, weiter im Norden in der Hauptstadt Kiew nur bei 7,7 °C. In den Monaten Dezember bis März fallen die Temperaturen auf unter 0 °C, bis Juli steigen sie – mit Ausnahme einer durchschnittlich kälteren Region an der Grenze zu Rumänien – auf Werte zwischen 17 und 23 °C. Im Sommer nehmen die Temperaturen in der Regel von Westen nach Osten zu. Im Winter weisen die nördlichen und östlichen Regionen niedrigere Temperaturen bis – 8 °C auf, im Süden an der Küste des Schwarzen Meeres liegen sie im Durchschnitt etwas unter dem Gefrierpunkt. Die Niederschläge fallen **ganzjährig**, allerdings ist der **Jahresniederschlag** im Westen von regional 550 mm bis über 1 500 mm am höchsten und nimmt nach Osten hin ab. Im Südosten ist er am geringsten, was am Beispiel der Stadt Melitopol deutlich wird. Der Jahresniederschlag liegt hier nur bei 439 mm. Die Maxima liegen im Juni und Dezember bei etwa 45 bis 50 mm, die geringste Niederschlagsmenge von etwa 25 mm fällt im Oktober. Die Monate Juli bis September sind durchschnittlich **zu trocken**, alle anderen Monate weisen genug Niederschläge für den landwirtschaftlichen Anbau auf. Im Zeitraum von November bis März/April ist aber aufgrund der niedrigen Temperaturen kein Anbau möglich (M 1, M 2).

Das **Relief** weist kaum nennenswerte Höhenunterschiede auf, der Großteil des Landes besteht aus Ebenen oder leicht hügeligem Gelände zwischen 200 und 500 m. Im Norden an der Grenze zu Weißrussland liegen Sumpfgebiete. Hier befindet sich auch die Region mit den niedrigsten **Bodenwerten** von 30–50, sodass die **Ertragsfähigkeit** als gering einzustufen ist. Die Regionen an der Grenze zu Rumänien und auch Polen weisen größtenteils Bodenwerte von 50–80 auf, das Gleiche gilt für die Gebiete am Schwarzen Meer und auf der Halbinsel Krim. Der überwiegende Teil des Landes, der sich vom Zentrum aus nach Osten erstreckt, hat sogar Bodenwerte von 80 bis 100 (M 1, M 3).

Aufgrund der überwiegend **günstigen naturräumlichen Bedingungen** kann der Großteil der Ukraine ackerbaulich genutzt werden. Nur dort, wo die Bodenwerte geringer sind, wird teilweise **Grünlandwirtschaft** betrieben. Große Teile der Ebenen werden für den Weizenanbau genutzt, was häufig in Kombination mit Zuckerrüben geschieht. Darüber hinaus werden Mais und Sonnenblumen, an den Flussläufen wegen des Wasserbedarfs auch Reis angepflanzt. Aufgrund der höheren Temperaturen im Süden sind hier günstige Bedingungen für den Anbau von **Sonderkulturen**. Im Unterlauf des Flusses Dnipro werden Obst, Gemüse und Wein angebaut, auf der Halbinsel Krim auch Tabak. Teilweise werden diese Anbauflächen

künstlich bewässert. Folglich hatte die Landwirtschaft zu Beginn der 1990er-Jahre, als das Land nach der Auflösung der Sowjetunion unabhängig wurde, eine hohe Bedeutung, was durch ihren Anteil am BIP von 29 % belegt wird. Dieser Anteil entsprach einem absoluten Wert von 21,4 Mrd. US-$. Ein Viertel aller Beschäftigten war zu diesem Zeitpunkt in der Landwirtschaft tätig (M 4, M 5).

Teilaufgabe 2

In dieser Teilaufgabe sollen Sie die Veränderungen herausarbeiten, die sich seit der Unabhängigkeit zu Beginn der 1990er-Jahre in der Landwirtschaft ergeben haben. Hierzu benötigen Sie die Materialien M 5–M 9. Da agroindustrielle Unternehmen eine besondere Bedeutung für diese Entwicklung haben, sollen Sie hierauf zusätzlich achten. Die Materialien M 7, M 8 und M 9 beinhalten Informationen dazu.

Entwicklung der Landwirtschaft

Seit der Unabhängigkeit des Landes ist eine **Industrialisierung** der Landwirtschaft feststellbar. Die Flächen für Ackerland, Dauerkulturen sowie Wiesen und Weiden haben sich nur wenig verändert. Es gibt ca. 400 000 ha mehr Ackerland, ca. 200 000 ha weniger Dauerkulturen und ca. 350 000 ha mehr Grünlandwirtschaft. Allerdings hat der Viehbestand um 20 Mio. Tiere abgenommen. Die **Erntefläche** hat sich vor allem für Mais, Sonnenblumen und Soja erhöht, während die Fläche für Getreide und Zuckerrüben zurückgegangen ist. Bei der **Erntemenge** weisen alle Produkte einen Anstieg auf, nicht nur diejenigen, deren Erntefläche vergrößert wurde. Dies ist vor allem auf eine **Umstrukturierung** der Betriebe mit effizienteren Betriebsabläufen, aber auch auf den um 0,3 kg/ha gestiegenen Einsatz von Pflanzenschutzmitteln zurückzuführen (M 6). Gleichzeitig wurde der Kunstdüngerverbrauch fast halbiert.

Landwirtschaftliche Großbetriebe

Immer noch werden 42 % der **landwirtschaftlichen Nutzfläche** (LNF) durch 5,5 Mio. **private Hoflandwirtschaften** bewirtschaftet, also durch Kleinbetriebe, die auf durchschnittlich 2,5 ha Land vor allem für den **lokalen Markt** produzieren und fast die Hälfte der landwirtschaftlichen Produktion ausmachen. Außerdem gibt es zahlreiche **familiengeführte** oder **privatwirtschaftliche Betriebe** zwischen 80 und 500 ha Größe, die einen Anteil von insgesamt 29 % der LNF auf sich vereinen. Demgegenüber stehen **agroindustrielle Unternehmen** mit Betriebsgrößen über 10000 ha, die vor allem **Cash Crops** wie Mais, Soja oder Getreide produzieren. Sie nehmen einen Anteil von weiteren 29 % der landwirtschaftlichen Nutzfläche ein, der sich seit 2007 von einem Wert unter 10 % kontinuierlich auf fast 30 % 2017 gesteigert hat. Inzwischen gibt es 99 inländische und nur 17 **ausländische Unternehmen**. Letztere bewirtschaften jedoch 3,2 Mio. ha, was ca. 10 % des gesamten Ackerlandes entspricht. Der größte Betrieb bewirtschaftet allein eine Fläche, die mehr als doppelt so groß ist wie das Saarland. Zwei Drittel der ausländischen Agrarunternehmen haben ihren Sitz in **Steueroasen** wie Luxemburg oder Zypern. Dass die Bedeutung ausländischer Unternehmen in der ukrainischen Landwirtschaft wächst, zeigt sich auch in den **Auslandsdirektinvestitionen (ADI)** in den Agrarsektor. Diese sind zunächst von 1992 bis 2005 auf 7,8 Mrd. US-$ gestiegen, lagen aber 2017 nur noch bei 2,2 Mrd. US-$. Der Durchschnittswert für das jeweilige Jahrzehnt hat sich aber kaum verringert. 2017 lag der Anteil der Investitionen in den Agrarsektor sogar bei 92 % aller ADI (M 5 – M 8).

Ein Beispiel für ein agroindustrielles Großunternehmen ist die Agroholding Nibulon, die 1991 als britisch-ungarisch-ukrainisches **Joint Venture** gegründet wurde und heute als ukrainische Holding Firmen aus 43 verschiedenen Branchen vereinigt, ein Merkmal **horizontaler Integration**. Dieses Unternehmen hat zahlreiche Standorte, die vor allem im Zentrum des Landes verteilt sind, aber auch im äußersten Nordosten sowie im Westen konzentrieren sich Betriebe. Insgesamt werden 82 500 ha bewirtschaftet. Der **Produktionsschwerpunkt** liegt bei Mais, Soja und Futterpflanzen, die für die Rindermast benötigt werden, und es besteht eine Verknüpfung zu Fleisch- und Wurstfabriken. Nibulon verfügt über eine eigene **Exportlogistik**, durch die der Export in 64 Staaten in Europa, Asien, Lateinamerika und Afrika mit einer eigenen Schiffsflotte organisiert ist. Eine typische **Produktionseinheit** wie Baschtanka, das etwa 300 km südöstlich von Kiew liegt, ist funktional auf die **exportorientierte Landwirtschaft** ausgerichtet. Es findet **großflächiger Anbau** von Getreide und Ölsaaten statt, nur kleine Bereiche direkt an den im Zentrum gelegenen Siedlungen sind für **privaten Acker- und Gartenbau** vorgesehen. Im Betrieb sind verschiedene Stufen der Produktion **vertikal integriert**, denn neben dem Anbau findet auch die Saatgut-Herstellung in einem betriebseigenen Labor statt. Außerdem ist der Betrieb so an die **Verkehrsinfrastruktur** angebunden, dass die Waren unkompliziert für den Export verladen und abtransportiert werden können, z. B. über eine Bahnlinie, die direkt zum Getreidehafen führt (M 7, M 9).

Teilaufgabe 3

Für diese Teilaufgabe sollen Sie unter Abwägung positiver und negativer Punkte begründet Stellung zu der Themenfrage der Klausur nehmen. Im Mittelpunkt steht dabei die Frage, ob die Entwicklung der ukrainischen Landwirtschaft unter dem Einfluss agroindustrieller Großbetriebe zukunftsfähig ist. Neben ökonomischen und sozialen müssen hier vor allem auch ökologische Aspekte in den Blick genommen werden. Dazu benötigen Sie die bereits verwendeten Materialien M 3 sowie M 5 – M 9, aber auch M 10 kommt jetzt zum Einsatz.

Positive Aspekte

Der wachsende Einfluss agroindustrieller Unternehmen, die zunehmend auch vom Ausland aus in die Landwirtschaft in der Ukraine investieren, wirkt sich sicherlich positiv auf die **Wirtschaft** und den **Arbeitsmarkt** aus. Obwohl der Anteil der Landwirtschaft am **BIP** nur noch bei etwa einem Drittel des Wertes von 1992 liegt, wird dennoch eine Summe von etwa 11 Mrd. US-$ hierdurch erwirtschaftet und der Anteil der Beschäftigten beträgt immer noch 15 %. Auch die Bedeutung der ausländischen Unternehmen für den **Export** ist nicht von der Hand zu weisen, denn der Wert des Außenhandels hat sich seit der Unabhängigkeit vervielfacht und ist auch seit Mitte der 2000er-Jahre mit zunehmender landwirtschaftlicher Fläche im Besitz dieser Unternehmen noch einmal um ca. 5 Mrd. US-$ gestiegen. 34 % aller Exporte sind landwirtschaftliche Produkte und garantieren daher stetige **Deviseneinnahmen** (M 5, M 8).

Zusätzlich haben agroindustrielle Unternehmen wichtige Impulse für die Umstrukturierung der ehemals **planwirtschaftlich** organisierten Landwirtschaft gegeben. Zu nennen ist in diesem Zusammenhang die Einführung moderner Produktionsweisen durch **Intensivierung, Mechanisierung und Spezialisierung**. Hierzu wurde insbesondere das **ausländische Know-how** genutzt: **Joint Ventures** schaffen durch den Zusammenschluss inländischer und ausländischer Unternehmen **Synergieeffekte**, u. a. durch **Technologietransfer** (M 6, M 9).

Negative Auswirkungen

Allerdings sind aber auch die wirtschaftlichen und sozialen Nachteile zu betrachten. Je mehr die Landwirtschaft mechanisiert wird und effizientere Anbau- und Transportstrukturen geschaffen werden, desto weniger Arbeitskräfte werden in diesem Sektor langfristig gebraucht. Dies kann zur **Abwanderung** der Bevölkerung nicht nur vom **ländlichen** in den **städtischen Raum**, sondern ggf. auch ins europäische Ausland, wo **saisonale Arbeitskräfte** in der

Landwirtschaft gebraucht werden, führen. Die rückläufige Einwohnerzahl sowie der sinkende Anteil der ländlichen Bevölkerung sind bereits Anzeichen hierfür (M 5, M 6).

Ebenso birgt der wachsende Einfluss ausländischer Unternehmen das Risiko, dass Devisen ins Ausland abfließen und beispielsweise **Steuerzahlungen** in der Ukraine durch Verlagerung der Firmensitze in Steueroasen unterbleiben. Gleichzeitig werden in großem Stil Agrarflächen, die durch ihre guten Bodenwerte und günstige klimatische Bedingungen einen hohen Wert für die ukrainische Wirtschaft haben, mit ungewissen Folgen an **ausländische Agrarkonzerne** veräußert, deren Unternehmensstruktur durch die verzweigte Holdingstruktur häufig nebulös ist. Der relativ hohe **Korruptionsindex** im Land könnte dieser Entwicklung weiter Vorschub leisten (M 5, M 8, M 9).

Regionale ökologische Folgen

Nicht zu vernachlässigen sind die bereits jetzt offensichtlichen ökologischen Beeinträchtigungen durch die Landwirtschaft. Vor allem im Süden gibt es Regionen, die von massiver **Bodenversalzung** betroffen sind, was eine Folge des immer noch hohen **Düngereinsatzes** pro Hektar sowie von **Flächenbewässerung** ist, bei der die **Verdunstung** relativ hoch ist und keine sachgemäße **Entwässerung** stattfindet. Diese Bewässerungsflächen sind seit Beginn der 1990er-Jahre von 22 910 ha auf 480 000 ha im Jahr 2016 ausgedehnt worden und dieser Ausbau soll durch ausländische Investitionen weiter vorangetrieben werden. Insgesamt ist bereits eine Fläche von 7 bis 9 Mio. Hektar durch Bodenversalzung und andere Formen der **Bodendegradation**, u. a. durch **Winderosion**, betroffen. Insbesondere durch den großflächigen Anbau der für den Export bestimmten Ölsaaten und Getreidesorten ist die Schutzwirkung gegen Erosion gering und bei einer jährlichen Zunahme von 80 000 ha degradierter Fläche wird dieses Problem weiter an Bedeutung gewinnen. Im Beispiel der Betriebseinheit Nibulon Baschtanka zeigt sich großflächiger **Bodenabtrag** in Form von Rillen, die sich immer weiter nach Osten in die Felder ausdehnen und die durch **Hecken** und **Windschutzstreifen** gebremst werden sollen (M 3, M 9, M 10).

Folgen des Klimawandels

Klimaveränderungen durch die **globale Erwärmung** machen sich außerdem bereits bemerkbar und werden künftig die Landwirtschaft in der Ukraine beeinflussen. Seit 1970 ist ein Anstieg der **Jahresdurchschnittstemperatur** um mehr als ein halbes Grad festzustellen, während gleichzeitig die **Jahresniederschläge** etwas abgenommen haben, was vor allem auf **sinkende Niederschlagswerte**

im Frühjahr und Sommer zurückzuführen ist. Auch wenn diese Entwicklung erst leicht spürbar ist, wird sich dieses Problem bei einer **Prognose** des Temperaturanstiegs von 1,65 bis 3,3 °C bis 2070 deutlich verschärfen (M 10).

Fazit

Die Landwirtschaft ist ein wichtiges Standbein der ukrainischen Wirtschaft, die nicht nur durch ausländische Großunternehmen betrieben wird, sondern nach wie vor zu einem Großteil in ukrainischem Besitz ist und vielen Menschen im Land Beschäftigung bietet. Vor dem Hintergrund des Konzepts der **Nachhaltigkeit** ist die Entwicklung hin zur Übernahme immer größerer Landflächen durch agroindustrielle Unternehmen äußerst kritisch zu betrachten. Nur wenn es gelingt, diese Form der Landwirtschaft an die ökologischen Gegebenheiten anzupassen und vor allem die **Ressource Boden** zu schonen, wird dieser Wirtschaftszweig weiterhin zukunftsfähig sein. Andernfalls werden die Großunternehmen bei sinkenden Erträgen neue, profitable Standorte finden und die ukrainische Bevölkerung mit den ökologischen Folgen zurücklassen.

Grundkurs Geographie (NRW) – Abiturprüfung 2021
Aufgabe 1

Thema

Revitalisierung altindustrieller Räume im Kontext nachhaltiger Stadtentwicklung – Das Beispiel Malmö Västra Hamnen, Schweden

Aufgabenstellung

Punkte

1. Lokalisieren Sie Malmö sowie den Stadtteil Västra Hamnen und kennzeichnen Sie die wirtschaftliche und demografische Entwicklung Malmös bis zum Ende der 1990er-Jahre sowie sich daraus ergebende Herausforderungen. 24
2. Erläutern Sie vor diesem Hintergrund die Entwicklung des Stadtteils Västra Hamnen. 28
3. Überprüfen Sie, inwieweit das Konzept der nachhaltigen Stadtentwicklung im Stadtteil Västra Hamnen umgesetzt worden ist. 28

Zugelassene Hilfsmittel

- der an der Schule in der Qualifikationsphase überwiegend verwendete Atlas, in einer für alle Prüflinge gleichen Auflage
- Wörterbuch zur deutschen Rechtschreibung
- Taschenrechner

Materialgrundlage

M 1 Atlaskarten nach Wahl

M 2 Malmö Västra Hamnen – Lage

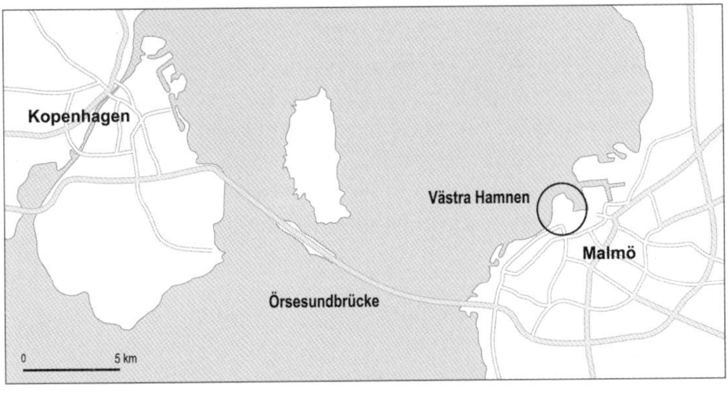

© cartomedia, Karlsruhe

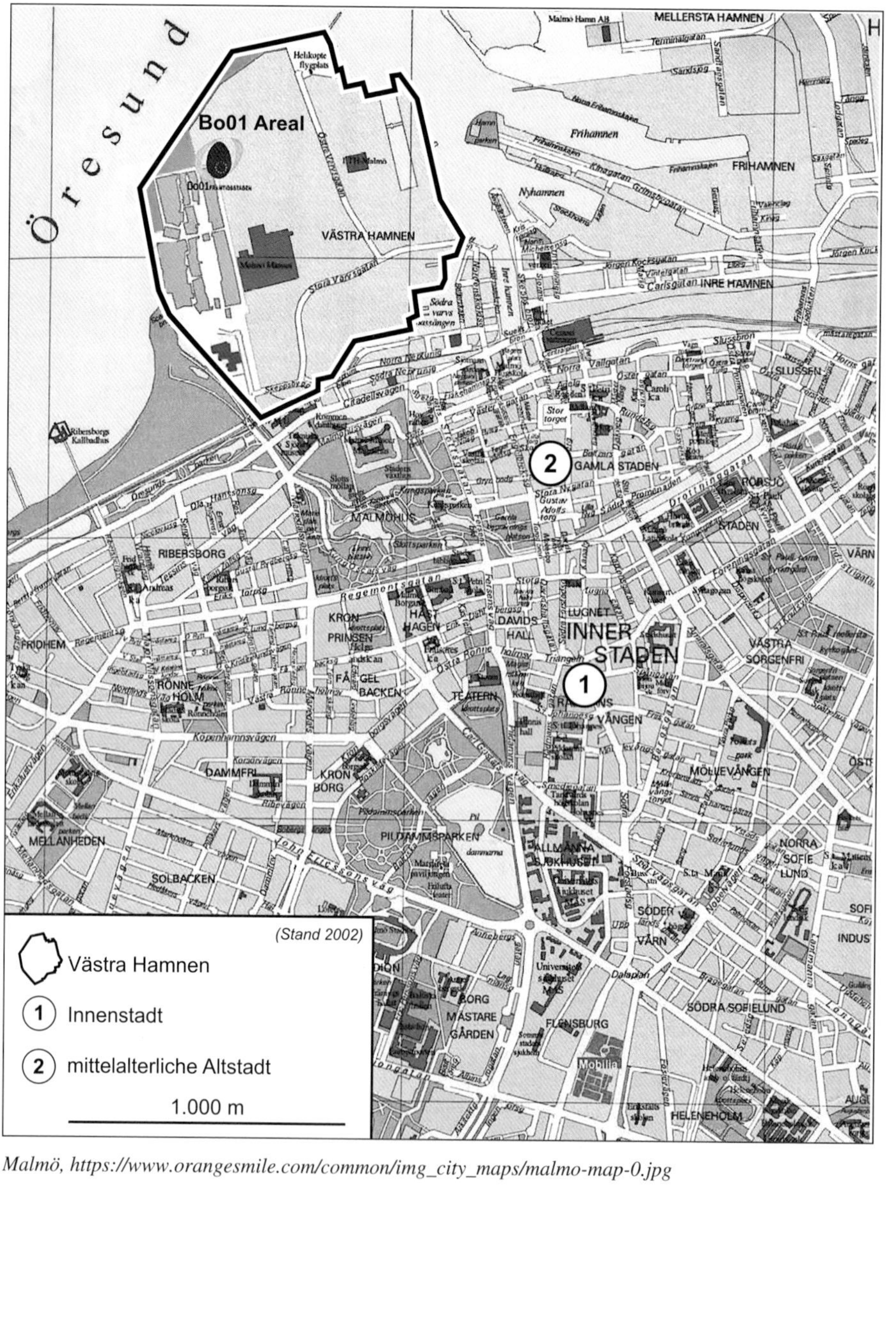

Malmö, https://www.orangesmile.com/common/img_city_maps/malmo-map-0.jpg

M 3 Malmö/Malmö Västra Hamnen – Steckbrief

- nach Stockholm und Göteborg drittgrößte Stadt Schwedens
- bis in die 1980er-Jahre bedeutender Schiffbaustandort
- Ende der 1980er-Jahre: Schließung der „*Kockums* Werft“, dem größten Arbeitgeber Malmös
- Ende 1990er-Jahre: Stadt Malmö kauft brachliegendes Werftareal und plant dort den neuen Stadtteil *Västra Hamnen*
- 1998: Gründung der Hochschule Malmö (heute 24 000 Studenten und 1 800 Mitarbeiter)
- seit Inbetriebnahme der Öresundbrücke (2000) schwedisches Zentrum der Öresundregion, der wichtigsten Wirtschaftsregion im Ostseeraum
- 2001: ökologische Bauausstellung Bo01 auf dem Westteil des ehemaligen Werftgeländes

nach: www.malmo.se/English/Sustainable-City-Development/Bo01---Western-Harbour.html; www.climateaction.org/climate-leader-papers/ilmar_reepalu_mayor_City_of_malmoe_sweden

M 4 Malmö – Bevölkerung und Wohnungsbau

Bevölkerung (in 1000)

1970	1980	1990	1995	2000	2005	2010	2015	2018	Prognose 2030
263	229	224	233	247	257	278	300	315	**354**

Wohnungsbau

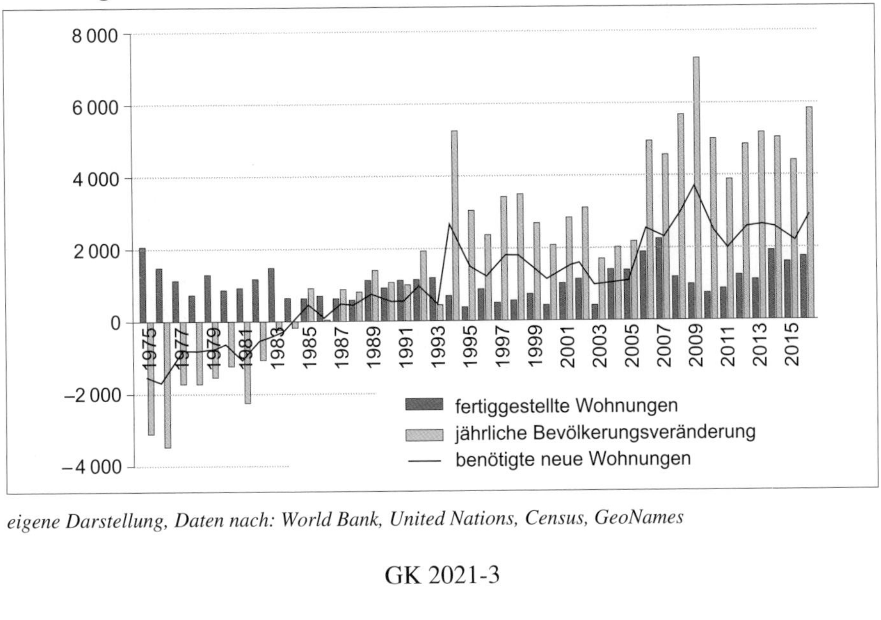

eigene Darstellung, Daten nach: World Bank, United Nations, Census, GeoNames

M 5 Malmö – Wirtschaft

Anzahl der Beschäftigten*

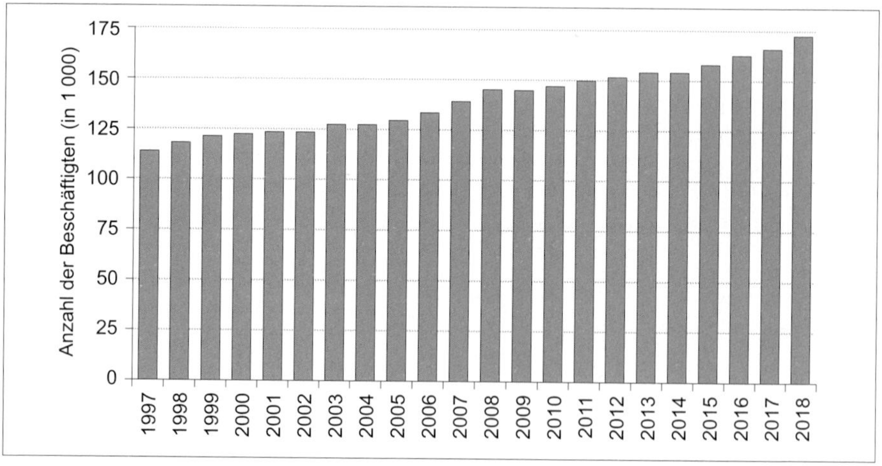

Firmengründungen**

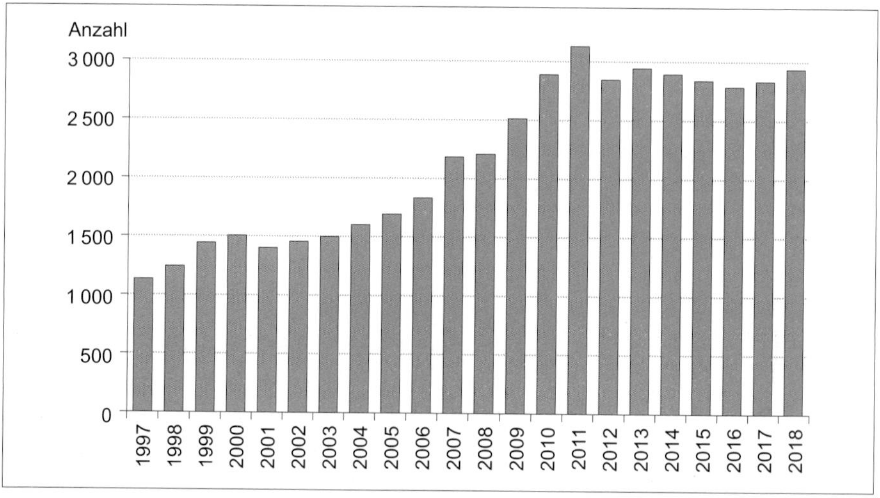

* Die meisten Beschäftigungsverhältnisse wurden in den Bereichen Unternehmensberatung, IT und Datensicherheit sowie Hotellerie und Gastgewerbe geschaffen. Die Öresundregion gilt als größtes IT-Cluster Europas.

** Die meisten Firmen wurden in den Bereichen Werbung und Marketing sowie Handel gegründet. Västra Hamnen ist wegen der Nähe zur Universität für Startups ein bevorzugter Standort

eigene Darstellung nach: City of Malmö: Malmö Snapshot – Annual Report 2019, S. 20/22

M 6 Västra Hamnen 2002/2018 *(siehe Farbabbildungen!)*

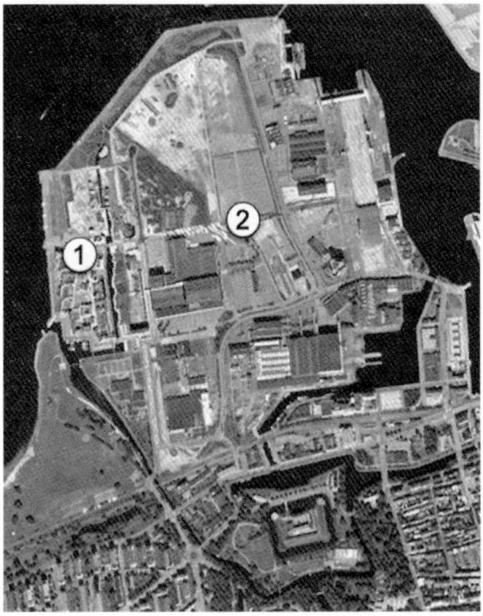

2002

1 Ökoquartier Bo01
2 ehemaliges Werftgelände

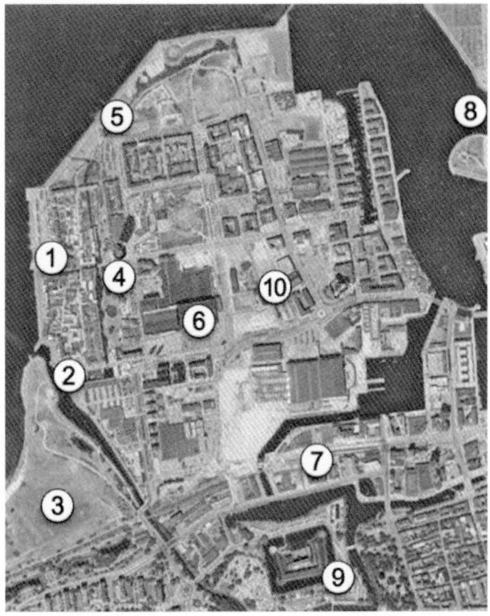

2018

1 Ökoquartier Bo01
2 Sport- und Freizeithafen
3 Park /Grünanlage
4 Turning Torso*
5 Uferpromenade mit Restaurants, Bars und Cafes
5 Uferpromenade mit Restaurants, Bars und Cafes
6 Dienstleistungszentrum
7 Neuer Campus der Universität Malmö
8 Industriehafen
9 Malmöhus, Burg aus dem 16. Jh. (tourist. Sehenswürdigkeit)
10 Skatepark „Stapelbäddsparken", beliebter Jugendtreff

* Turning Torso: höchstes Gebäude Skandinaviens (190 m); im unteren Teil Büros, im oberen Teil insgesamt 147 Wohnungen

Västra Hamnen 2018
(Schrägluftbild, Blickrichtung Nordosten)

Google Earth, www.google.com/intl/de_de/earth; Foto: Dcastor/Wikipedia

M 7 Västra Hamnen – Daten und Fakten

- Bau eines neuen Stadtviertels (Fläche: 175 ha) für 10 000 bis 12 000 Menschen sowie je 10 000 Arbeits- und Studienplätze
- Ökoquartier „Bo01“ wird zu 100 Prozent mit lokaler, erneuerbarer Energie versorgt (Wind, Sonne und Biogas aus Abfallverwertung); Elektrizitätserzeugung überwiegend aus Windkraft und Photovoltaik; Heizen durch Solarkollektoren (15 % der jährlich benötigten Wärme) und Wärmepumpen; Kühlen durch Grund- und Meerwasser
- zahlreiche Grünflächen, künstliche Fließgewässer, Springbrunnen und Teiche
- Verkehrskonzept: 35 km Spielstraßen und Fußgängerzonen; Radwegenetz von mehr als 8 km; Autos sind verboten oder dürfen nur sehr langsam fahren
- pro Haushalt steht ein Parkplatz zur Verfügung; umweltfreundliche Autos mit Elektro- oder Hybridantrieb bekommen einen Stellplatz direkt vor dem Wohnhaus

Öffentlicher Verkehr und Radwege

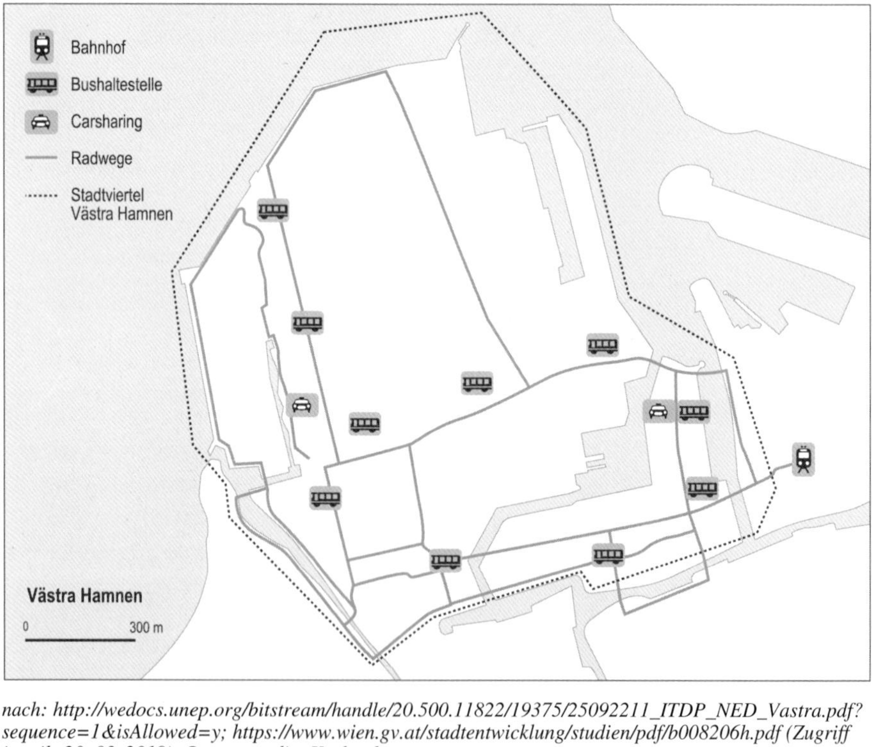

nach: http://wedocs.unep.org/bitstream/handle/20.500.11822/19375/25092211_ITDP_NED_Vastra.pdf?sequence=1&isAllowed=y; https://www.wien.gv.at/stadtentwicklung/studien/pdf/b008206h.pdf (Zugriff jeweils 20. 03. 2019); © cartomedia, Karlsruhe

M 8 Västra Hamnen und Malmö – Sozialstruktur

	Västra Hamnen (2018)	Malmö (2018)
Einwohner	10 203	314 700
Bevölkerungsdichte (Einwohner pro km²)	5 830	4 403
Bevölkerungsanteile (%)		
0–19 Jahre	18,1	23,2
20–64 Jahre	69,6	61,6
65 Jahre und älter	12,3	15,2
Anteil der Bezieher von staatlichen Hilfen (%)	2	7
im Ausland geborene Einwohner (%)	25,9	33,8
Haushalte (%) mit		
1 Person	42,0	43,2
2 Personen	33,8	27,1
3 Personen	13,4	12,1
4 Personen	8,2	10,7
5 und mehr Personen	2,6	6,9
Anteil der Einwohner mit Abitur oder höherem Abschluss (%)	67	48
durchschnittliches Jahreseinkommen pro Kopf (€)	43 029	34 131
Kaufpreis einer Wohnung (€/m²)	3 200–4 500	2 800

Obdachlose Personen in Malmö

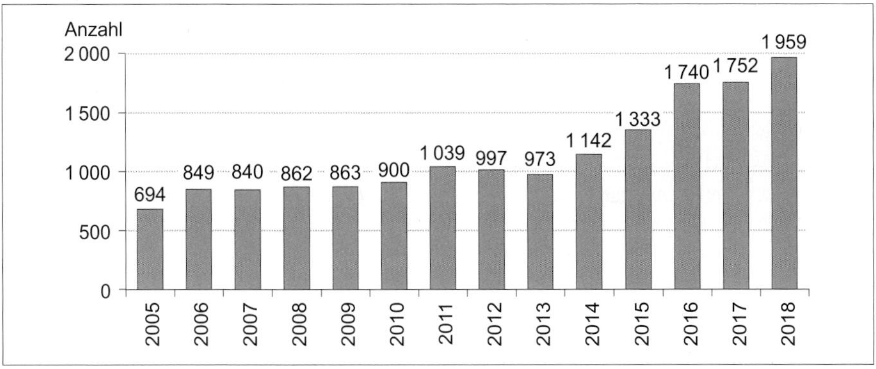

nach: https:/malmo.se/Service/im-Malmo-stad/Demokrati-beslut-och-paverkan/Fakta-och-statistik.html (verschiedene Seiten; Zugriff 20. 06. 2019)

Die Aufgabe bezieht sich auf die folgenden Elemente des Kernlehrplans und die Vorgaben 2021:

- **Inhaltsfeld 4:** Bedeutungswandel von Standortfaktoren
  - Herausbildung von Wachstumsregionen
- **Inhaltsfeld 5:** Stadtentwicklung und Stadtstrukturen
  - Merkmale, innere Differenzierung und Wandel von Städten
  - Demografischer und sozialer Wandel als Herausforderung für zukunftsorientierte Stadtentwicklung

Lösungsvorschlag

Teilaufgabe 1

Zuerst müssen Sie mithilfe des Atlas und der Karte (M 1, M 2) die geographische Lage Malmös bestimmen und den Stadtteil Västra Hamnen in der Stadt verorten (Operator „lokalisieren"). Berücksichtigen Sie dabei die für stadtgeographische Fragestellungen relevanten Aspekte wie Verkehrsanbindung, Entfernung zum Stadtzentrum oder zu anderen Städten. Der Operator „kennzeichnen" verlangt in dieser Teilaufgabe von Ihnen dreierlei: Zunächst müssen Sie die demografische und wirtschaftliche Entwicklung der Stadt bis Ende der 1990er-Jahre aufzeigen (M 3, M 4). Danach gilt es, die hieraus deutlich werdenden Probleme und Herausforderungen für die weitere Stadtplanung und -entwicklung aufzuzeigen, u. a. vor dem Hintergrund des Niedergangs der für Malmö einst wichtigen Werftindustrie (M 1–M 4).

Lage

Malmö liegt fast an der **südlichsten Spitze Schwedens am Öresund**, der Schweden von Dänemark trennt. Seit 2000 verbindet die Öresundbrücke das nur ca. 30 km entfernte Kopenhagen mit Malmö. Der **Stadtteil Västra Hamnen** ist etwa 1 km^2 groß und hat eine annähernd quadratische Grundfläche. Er befindet sich etwa 7 km nordöstlich der Öresundbrücke **auf einer Halbinsel** und ist zu fast drei Vierteln von Wasser umgeben. Der Stadtteil liegt auf dem **Gelände der früheren Kockums-Werft** und grenzt im Süden an die mittelalterliche Altstadt – die Innenstadt befindet sich weitere 500 m südlich davon –, sowie im Osten an den Hafen und das Industriegebiet (M 1–M 3).

Werftkrise und zwischenzeitlicher Niedergang

Die demografische und wirtschaftliche Entwicklung Malmös hing lange Zeit mit der Bedeutung der Stadt als **ehemaligem Zentrum des Schiffbaus** zusammen: Als Malmös **Kockums-Werft**, der wichtigste Arbeitgeber in der Stadt, Ende der 1980er-Jahre geschlossen wurde, verloren viele ihren Arbeitsplatz im Zuge des **Deindustrialisierungsprozesses** und wurden mangels Alternativen arbeitslos (M 3).

Mit dem Niedergang dieser **Altindustrie** verlor Malmö, die drittgrößte Stadt Schwedens, viele Einwohner seit den 1970er-Jahren. Den größten jährlichen **Wanderungsverlust** wies die Stadt 1976 mit fast 4 000 Weggezogenen auf; insgesamt ging die Bevölkerung von 263 000 (1970) auf den Tiefstwert von 224 000 (1990) zurück (M 4). Zum damaligen Zeitpunkt gab es ein Überangebot an Wohnraum und somit viele Leerstände. Die Steuereinnahmen gingen zurück und es drohten weitere Bevölkerungsverluste wie auch ein Abbau des Infrastrukturangebotes.

Stadtplanerischer Neuanfang

Die entstandene **Industriebrache** auf dem ehemaligen Werftgelände, in relativer Nähe zur Innenstadt und attraktiv am Wasser gelegen, kaufte die Stadt Malmö Ende der 1990er-Jahre – mit dem Plan, an dieser Stelle einen **neuen Stadtteil zu gründen**, nämlich Västra Hamnen. Das Ziel war es, im Zuge eines **Revitalisierungsvorhabens** die negative Stadtentwicklung zu stoppen und u. a. den drohenden Bevölkerungsrückgang und damit verbunden einen weiteren Bedeutungsverlust zu verhindern. Malmö sollte mit Blick auf die Fertigstellung der Öresundbrücke im Jahr 2000 zu einem wichtigen **Brückenpfeiler zwischen Skandinavien und dem europäischen Festland** ausgebaut werden.

Universitätsgründung und Trendwende

Im Zuge des geplanten **Strukturwandels** und der forcierten **Tertiärisierung** wurde im Jahr 1998 die Universität Malmö gegründet. Schon während der Bauphase kehrte sich der Bevölkerungstrend um: Die Einwohnerzahl nahm seit Mitte der 1990er-Jahre wieder zu und stieg über 233 000 (1995) bis zur Jahrtausendwende auf 247 000 Einwohner. Der vormalige Wohnungsleerstand verschwand, plötzlich fehlten Wohnungen (M 3, M 4).

Teilaufgabe 2

Der Operator „erläutern" verlangt von Ihnen, dass Sie unter Berücksichtigung der Teilergebnisse zu Aufgabe 1 die vorliegenden Materialien im Hinblick auf die Entwicklung des Stadtteils Västra Hamnen und den wirtschaftlichen Strukturwandel auswerten. Hierbei sollen Sie die Revitalisierung des ehemaligen Werftareals bei dieser Stadtteilneugründung aufzeigen, den zunehmenden Tertiärisierungsprozess sowie die geplante diversifizierte Nutzungsstruktur (M 2 – M 7). Bei der Durchsicht der Materialien sollten Sie diejenigen kennzeichnen, die Sie für diese Aufgabe benötigen. Machen Sie sich Notizen zu Ihren Auswertungsergebnissen, die Sie später für Ihre Lösung verwenden können.

Västra Hamnen bot ausgezeichnete Voraussetzungen dafür, den notwendigen Strukturwandel zu realisieren und der gesamten Stadt neue Entwicklungsimpulse zu geben. Startschuss war die **ökologische Bauausstellung Bo01** im Jahr 2001, auf der die künftigen Prinzipien der Bebauung des ehemaligen Werftareals wahrscheinlich vorgestellt wurden. Der Ausstellungsbereich, das sogenannte „**Ökoquartier**" am westlichen Ufer, besaß eine zu 100 % auf erneuerbaren Energien beruhende Energieversorgung, u. a. eine umfangreiche Ausstattung der Gebäude mit Sonnenkollektoren und Wärmepumpen. Das rundum **dominierende Element Wasser** wurde als auflockerndes Gestaltungs- und Freizeitelement (z. B. Hafen, Uferpromenade, künstliche Fließgewässer, Springbrunnen und Teiche) in die Stadtteilgestaltung integriert. Außerdem wird Grund- und Meerwasser zum Kühlen (z. B. der Wärmepumpen) benutzt (M 6, M 7).

Ein gelungener „ökologischer Startschuss"

Die attraktive Lage am Öresund in der Nähe der Stadtmitte bot ein überdurchschnittlich gutes Wohnumfeld für einen Neuanfang nach den Prinzipien einer **Waterfront Development-Entwicklung**. Der dringend benötigte Wohnraum wurde hier kurzfristig für mehr als 10 000 Bewohner geschaffen. Schon 2010 übertraf Malmö mit 278 000 Einwohnern den ehemaligen Höchstwert von 1970. Bis 2018 entwickelte sich die Einwohnerzahl stetig weiter bis auf den neuen Höchstwert von 315 000 (M 3, M 4, M 6).

Waterfront Development

Da der Stadtteil Västra Hamnen völlig neu geplant wurde, konnte der Kernbereich möglichst autofrei und damit im besonderen Maße **verkehrsberuhigt** gestaltet werden. Geschaffen wurden Parkplätze vor dem eigenen Haus für Nutzer schadstofffreier Pkws, zwei Carsharing-Parkplätze am westlichen und östlichen Rand sowie zehn ÖPNV-Haltestellen in max. 400 m Abstand voneinander mit Anbindung an das überregionale Eisenbahnnetz, aber auch ein ausgedehntes acht Kilometer langes Radwegenetz sowie 35 km Spielstraßen und Fußgängerzonen (M 7).

Verkehrsberuhigung im Innern des Stadtteils

Die weitgehende **Eigenständigkeit des neuen Stadtteils** erreichte man durch die **diversifizierte Nutzungsstruktur:** So wurde in der Mitte ein großes Dienstleistungszentrum errichtet. Außerdem entstanden an allen Ufern zahlreiche Einrichtungen zur Freizeitgestaltung und Naherholung. Hierzu zählen z. B. der Sport- und Freizeithafen im Westen angrenzend an einen großen Erholungspark oder der Skatepark für die Jugendlichen in der Stadtteilmitte (M 6).

Diversifizierung und Eigenständigkeit des Stadtteils

Den beabsichtigten **Tertiärisierungsprozess** unterstützte man durch die Einrichtung von jeweils ca. 10 000 Arbeits- und Studienplätzen im Bereich Hochschule. 2018 wurden dort bereits 24 000 Studenten mithilfe von 1 800 Hochschulmitarbeitern ausgebildet. Auch die Gesamtbeschäftigtenzahl stieg in Malmö im Zuge des **Strukturwandels** von Jahr zu Jahr deutlich: von unter 125 000 (1997) über ca. 150 000 (2008) auf den bisherigen Höchstwert von fast 175 000 (2018). Seit der Werftkrise Ende der 1990er-Jahre konnten somit 50 000 neue Arbeitsplätze geschaffen werden, was einem Plus von 40 % gleichkommt. Dem entspricht auch die Zahl der Firmengründungen, die von ca. 1 100 (1997) auf das Maximum von über 3 000 (2011) wuchs und sich seitdem nach einem kleinen Rückgang bei etwa 2 750 eingependelt hat (M 3, M 5, M 7).

Strukturwandel

In der Hauptsache beteiligt an diesem **wirtschaftlichen Wachstumsboom** waren und sind die Branchen IT, Datensicherheit, Werbung und Marketing, dazu Handel, Tourismus und Unternehmensdienstleister. Auch dank der Fühlungsvorteile zur ansässigen Universität hat sich Malmö zusammen mit Kopenhagen und weiteren Standorten in der Öresundregion in relativ kurzer Zeit zum **größten IT-Cluster Europas** entwickelt. Die Nähe zur Universität bietet für Jungunternehmer günstige Start-up-Möglichkeiten (M 5).

IT und Tourismus

Malmö hat in touristischer Hinsicht einiges zu bieten: Neben dem beeindruckenden Bauwerk der Öresundbrücke sind dies u. a. seine historische Bausubstanz im Stadtkern wie das Malmöhus aus dem 16. Jh., seine vielfältigen Wassersportmöglichkeiten, die Nähe zu dem dank der Öresundbrücke schnell erreichbaren Nachbarn Dänemark sowie die modernen städtischen Attraktionen des neuen Stadtteiles Västra Hämnen. Hierzu zählen insbesondere der 190 m hohe Turning Torso, das höchste Gebäude Skandinaviens als neue Landmarke, aber auch das architektonisch einheitlich geplante Stadtbild mit maximal 4-geschossiger Bebauung (M 7/Luftbild). Attraktiv ist auch der Universitätscampus, die zum Verweilen einladenden Uferpromenaden und die fast autofreie Mitte mit den Fußgängerzonen. Wegen dieser Anziehungspunkte ist auch die **Tourismusbranche** stark gewachsen (M 2, M 6, M 7).

Binnen 20 Jahren hat sich Malmö zum **schwedischen Zentrum der Öresundregion** entwickelt, der wichtigsten Wirtschaftsregion im Ostseeraum. Die deutliche Verbesserung der Verkehrsanbindung nach der Eröffnung der Öresundbrücke im Jahr 2000 war hierfür maßgeblich. Daneben haben die Entscheidungen der Stadt- und Wirtschaftsplanung den gelungenen Strukturwandel befördert.

Zwischenfazit

Prognosen des staatlichen Planungsamtes sagen voraus, dass die Einwohnerzahl Malmös bis zum Jahr 2030 um weitere 39 000 auf dann 354 000 steigen wird (M 4).

Teilaufgabe 3

Der Operator der dritten Teilaufgabe („überprüfen“ = Anforderungsbereich III) verlangt von Ihnen, dass Sie die in Malmö und dem Stadtteil Västra Hamnen bis 2018 erfolgte Stadtentwicklung kritisch untersuchen. Nach einer kurzen Definition dessen, was „nachhaltige Stadtentwicklung“ bedeutet, sollen Sie anhand von Kriterien bewerten, ob und inwiefern Zielsetzungen und bisherige Maßnahmen diesem Leitbild entsprechen. Berücksichtigen Sie hierbei insbesondere die ökologische Gesamtausrichtung von Västra Hamnen, sein Verkehrskonzept und die Entwicklung der Sozialstruktur im Vergleich mit der Gesamtstadt (M 2, M 4, M 6 – M 8).

Was bedeutet „nachhaltige Stadtentwicklung“?

„Nachhaltige Stadtentwicklung“ bedeutet nicht das Von-alleine-Passieren und dessen Ergebnis, sondern das **bewusst gewollte, geplante räumlich-strukturelle Ausrichten** auf eine bestimmte Art von Stadt der Zukunft, die die Bedürfnisse der gegenwärtigen Generation berücksichtigt und diejenige der künftigen Generationen nicht gefährdet. Hierbei sind **kulturelle, ökologische, gesellschaftliche und wirtschaftliche Gesichtspunkte** zu berücksichtigen.

Kulturelle und bauliche Ausrichtung

Västra Hamnen passt sich durch seine **Bauweise und Physiognomie** in das skandinavische Städtebild ein, berücksichtigt z. B. im besonderen Maße die Lage am Meer und das Gestaltungselement Wasser. Dass der Wohnungsbau mit der gesamtstädtischen Nachfrage nach Wohnraum nicht Schritt hält, kann nicht der Struktur von Västra Hamnen angelastet werden, ebenso wenig die gewachsene Zahl von Obdachlosen: Die geplanten Wohneinheiten wurden wie vorgesehen im neuen Stadtteil realisiert (M 2, M 4, M 6 – M 8).

Ökologische Ausrichtung

Der neue Stadtteil ist ein gelungenes Beispiel **innerstädtischer Nachverdichtung** und damit von **ressourcenschonender** Stadterweiterung anstelle ausufernder Suburbanisierung. Seine **kompakte Bauweise** hat im Vergleich mit der Gesamtstadt zu einer um ein Drittel höheren Einwohnerdichte von 5 830 Einwohnern/km^2 geführt.

Mit Wasser und natürlichem Bewuchs als Gestaltungselementen sowie der Nutzung von Wind- und Sonnenenergie wurde die ehemalige industriell intensiv genutzte Fläche ökologisch aufgewertet.

Verkehrsberuhigung im Stadtteilkern sowie natur- und nahraumbezogene Freizeit- und Erholungsmöglichkeiten unterstreichen diesen Nachhaltigkeitsansatz. Nicht zuletzt die starke Ausrichtung auf erneuerbare Energien, v. a. im Ökoquartier, belegt die Ausrichtung auf Nachhaltigkeit (M 2, M 6, M 7).

Gesellschaftliche Strukturen 2018

Västra Hamnen weist einen deutlich überdurchschnittlichen Anteil an hochgebildeten und einkommensstarken Einwohnern im Vergleich mit der Gesamtstadt auf – **dem Anspruch einer sozialen Durchmischung entspricht dies nicht.** Zum einen ist dies das Ergebnis der deutlich höheren Wohnungspreise und vermutlich auch Mieten, zum anderen der Nachbarschaft des Universitätscampus. Der Anteil von Haushalten mit mehr als drei Personen ist deutlich niedriger als in Malmö: Diese geringere Kinderzahl ist für einen Stadtteil mit gehobenem Sozialstatus wie Västra Hamnen durchaus typisch. Ebenso, dass der Anteil der Bezieher staatlicher Hilfen und im Ausland Geborener in Malmö deutlich höher liegt als in Västra Hamnen. Insgesamt muss von Ansätzen einer **sozialen Segregation** gesprochen werden (M 8).

Fazit

Västra Hamnen ist ein Beispiel für einen Stadtentwicklungsansatz, der konsequent die **nachhaltige Durchmischung** städtischer Funktionen verfolgt. So finden sich neben den flächenbezogen dominierenden Wohnarealen solche, die auf die Daseinsgrundfunktionen „arbeiten“, „sich versorgen“, „sich bilden“, „in Gemeinschaft leben“, „am Verkehr teilnehmen“ und „sich erholen“ ausgerichtet sind. Alles in allem wurde in Västra Hamnen das **Konzept einer nachhaltigen Stadtentwicklung** weitgehend umgesetzt.

Haben Sie daran gedacht?

- *Auf den ersten Seiten dieses Buches finden Sie Hinweise zur Anfertigung Ihrer Lösung.*
- *Ihre Ausführungen sollten mithilfe von Zwischenüberschriften gegliedert sein.*
- *Sind Materialbelege in Klammern angegeben?*
- *Haben Sie auf eine allgemein- und fachsprachlich angemessene Darstellung geachtet?*

Grundkurs Geographie (NRW) – Abiturprüfung 2021
Aufgabe 2

Thema

Zukunftsfähige Entwicklung durch Tourismus? –
Das Beispiel der Gemeinde Zermatt

Aufgabenstellung

	Punkte
1. Lokalisieren Sie Zermatt und kennzeichnen Sie das touristische Potenzial des Ortes.	21
2. Erläutern Sie Entwicklung, Struktur und Bedeutung des Tourismus in Zermatt.	30
3. Erörtern Sie die zukünftigen Perspektiven des Tourismus in Zermatt.	29

Zugelassene Hilfsmittel

- der an der Schule in der Qualifikationsphase überwiegend verwendete Atlas, in einer für alle Prüflinge gleichen Auflage
- Wörterbuch zur deutschen Rechtschreibung
- Taschenrechner

Materialgrundlage

M 1 Atlaskarten nach Wahl

M 2 Zermatt – Schutzgebiete und Tourismus *(siehe Farbkarten!)*

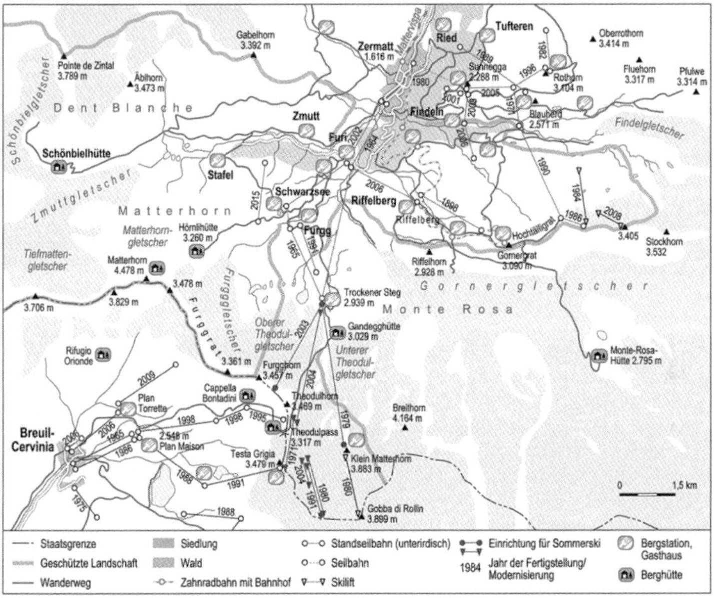

© cartomedia, Karlsruhe

M 3 Zermatt – Klima

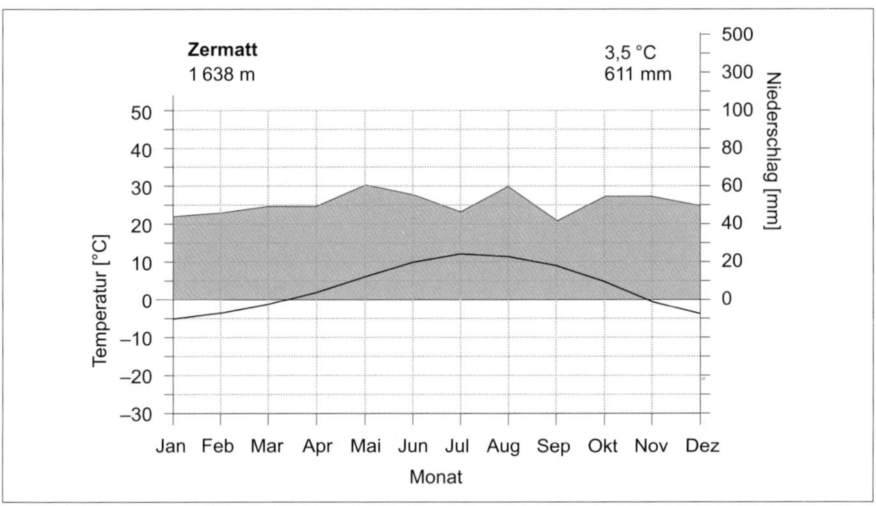

Bernhard Mühr, Klimadiagramme.de

Schneehöhenentwicklung *(siehe Farbkarten!)*

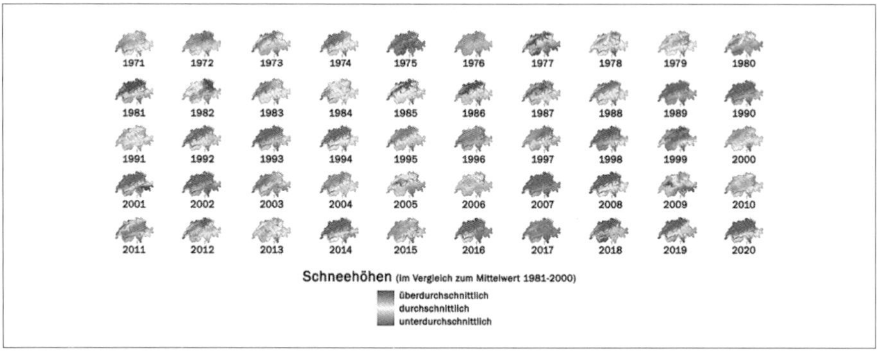

WSL-Institut für Schnee-und Lawinenforschung SLF

M 4 Geschichte und Entwicklung Zermatts

Zermatt ca. 1930

Zermatt heute

1898	Inbetriebnahme Gornergrat Bahn als erste elektrische Bergbahn für den Sommer
1928–1930	Visp-Zermatt-Bahn nimmt beschränkten Winterbetrieb auf. 1929 Elektrifizierung; Jungfernfahrt des Glacier Express St. Moritz-Zermatt am 26. 06. 1930
seit 1931	Verbot benzinbetriebener Privatautos, heute zentraler Parkplatz in Täsch (5 km vor Zermatt) und ca. 500 Elektrofahrzeuge im Einsatz
1942	Bau des ersten Skilifts (im Sommer Gehlift) Zermatt-Sunnegga
1955	Gründung Air Zermatt, Flotte verfügt aktuell über 9 Helikopter
1964	Müllverbrennungsanlage nimmt den Betrieb auf
1964–1967	Ausbau der Bergbahnen Zermatt-Furi und Sunnegga-Blauherd
1982	Eröffnung unterirdische Kläranlage

2006	Einweihung • vier neue Shuttle-Züge Täsch-Zermatt • vier neue Niederflurwagen auf den Gornergrat • Matterhorn Museum – Zermatlantis
2006	Fertigstellung Verbindungsbahn Furi-Riffelberg; so entsteht eines der größten und das am höchsten gelegene Skigebiet der Alpen mit 263 Pistenkilometern im Winter und 20 Pistenkilometern im Sommer
2008	Einschränkung des Erwerbs von Zweitwohnungen
2010	Zermatt Bergbahnen AG erhalten Schweizerischen Solarpreis für das Restaurant *Matterhorn glacier paradise* (Klein Matterhorn)
2011	Verkehrsclub (VCS) Schweiz wählt unter 14 Destinationen Zermatt zum nachhaltigsten Winterferienort der Schweiz
2017	4 km von Zermatt wird bei Randa die längste Fußgängerhängebrücke der Welt eröffnet, sie verbindet in schwindelnder Höhe den Europawanderweg von Grächen nach Zermatt
2020	Hotel „*The Omnia*" in Zermatt wird von einem Touristenprotal zum fünftbesten Hotel der Welt gekürt

Zermatt mit Matterhorn Lehrfilm Bildstreifen ca. 1930 © Archiv Gerd Kohler; Philippe Blättler vacanzas.com; eigene Zusammenstellung nach: https://gemeinde.zermatt.ch/pdf/Infobroschuere_Zermatt_2018.pdf, https://www.hochparterre.ch/nachrichten/planung-staedtebau/blog/post/detail/das-matterhorn-und-sein-dorf/1396873643/

M 5 Tourismus Zermatt – Daten

- 112 Hotels (90 % Familienbesitz); 1 221 Parahotelleriebetriebe*
- ca. 40 % saisonale Arbeitskräfte
- zwischen 2000 und 2014 ca. 110 Mio. CHF Investitionen der Gemeinde Zermatt in touristische Infrastruktur; 2017 erwirtschaftet die Gemeinde Zermatt 56,3 Mio. CHF

* Parahotellerie: Privatzimmer, Ferienhäuser, Ferienwohnungen, Pensionen, Zweitwohnungen

Übernachtungen nach Beherbergungsformen

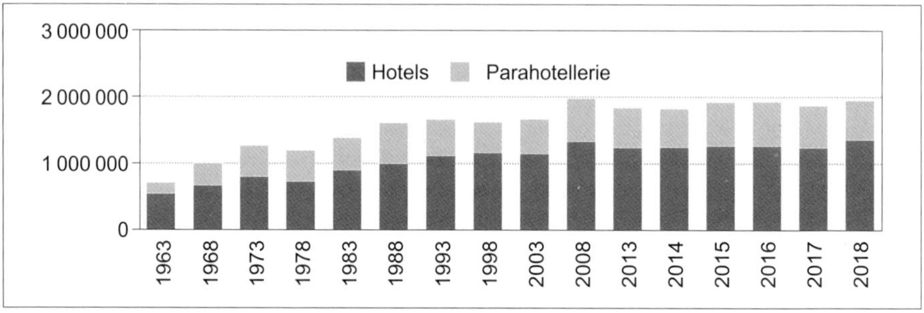

Herkunft Touristen (2010–2019) wichtigste Länder/Regionen

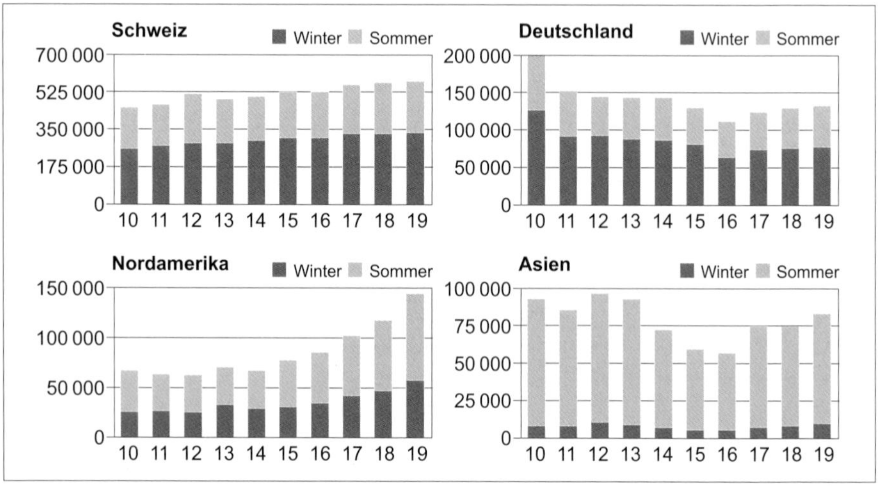

Auslastung Hotellerie (2010–2019)

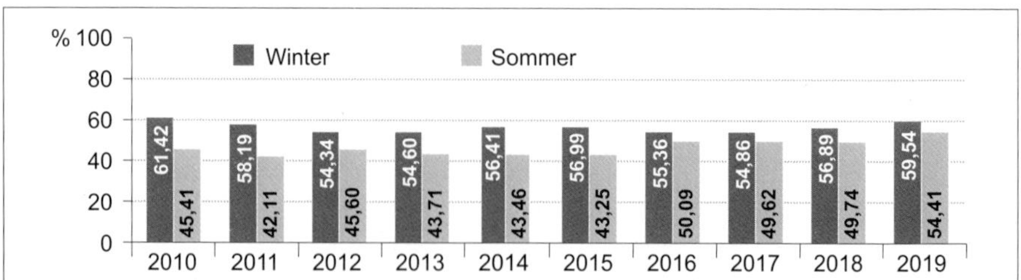

eigene Zusammenstellung, Daten nach: http://gemeinde.zermatt.ch/pdf/Infobroschuere_Zermatt_2018.pdf; http://gemeinde.zermatt.ch/unser-dorf; https://www.zermatt.ch/medien/ Jahresberichte-Zermatt-Tourismus; https://lds.geo.uzh.ch/dam/jcr:f6381f1a-7e32-4914-b718-0c83ecf3931a/Factsheet_Zermatt.pdf (Zugriff jeweils 10. 02. 2020)

M 6 Gemeinde Zermatt – Sozial- und Wirtschaftsstruktur

Herkunft der Einwohner

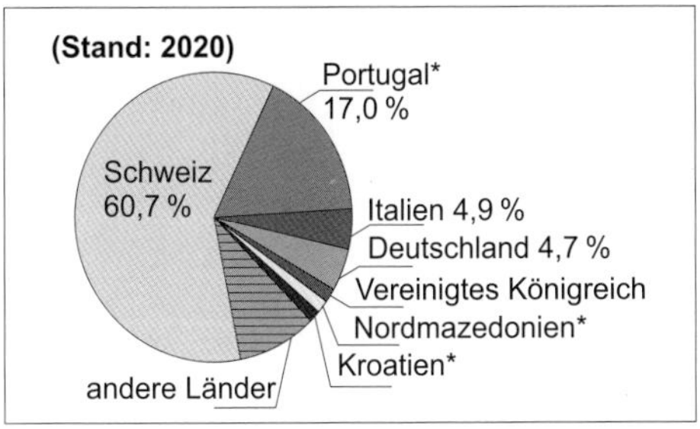

Wohnungen / Immobilienpreise	
Wohnungen insgesamt	5 669
davon Zweitwohnungen	1 528
Durchschnittsmiete (CHF**) 2-Zimmerwohnung / 60 qm	
• Zermatt	1 682
• Schweiz	1 214

* überwiegend dauerhaft in Zermatt lebende Arbeitskräfte in Hotels und Gastronomie
** 1 CHF Schweizer Franken ca. 1,04 Euro

Beschäftigungszahl nach Branchen 2017

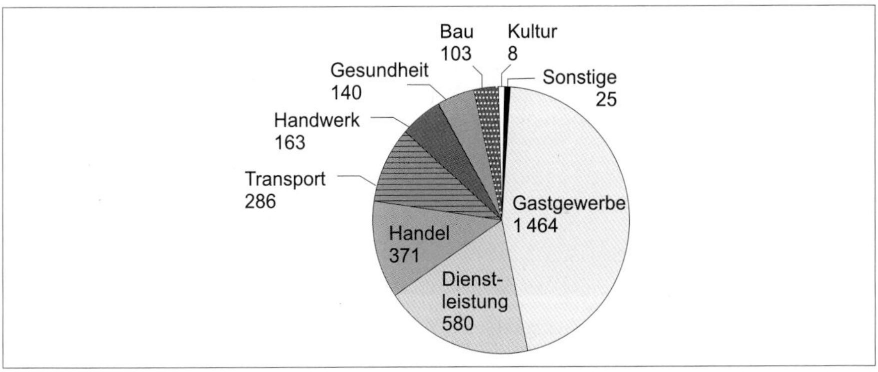

Bevölkerungsentwicklung

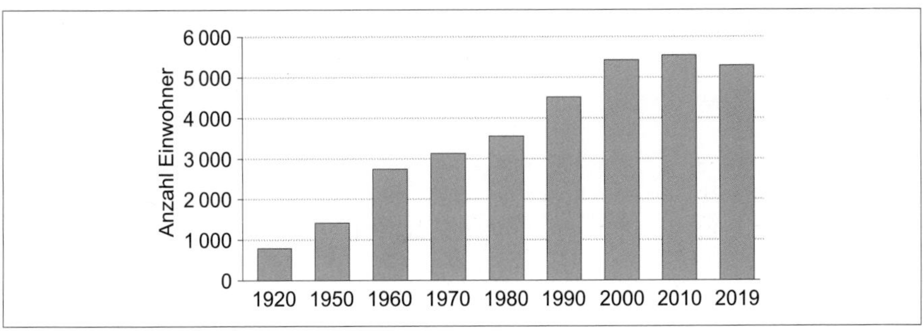

eigene Zusammenstellung, Daten nach: https://gemeinde.zermatt.ch/unser-dorf/einwohnerstatistik; https://www.bfs.admin.ch/bfs/de/home/statistiken/bau-wohnungswesen/wohnungen.assetdetail.7346199.html; https://www.ztnet.ch/de/aktuelles/Wohnungsdatenbank; https://gemeinde.zermatt.ch/pdf/Infobroschuere_Zermatt_2018.pdf (Zugriff jeweils 22. 05. 2020)

M 7 Meldung: Walliser Tourismus Observatorium

Chinesische Touristen verhalten sich anders als die Gäste, die unser Land traditionsgemäß besuchen. Chinesen unternehmen vor allem Gruppenreisen und besuchen generell mehrere europäische Länder anlässlich einer Reise in den Westen. Sie bleiben nicht lange am gleichen Ort; durchschnittlich dauert ihr Aufenthalt nur 1,4 Nächte (2017). Sie sind typische Hotelkunden, achten sehr genau auf den Preis der Übernachtung und der Mahlzeiten, sind dafür aber beim Shopping äußerst ausgabefreudig. Wie wichtig Einkaufen für Chinesen ist, geht aus den Zahlen von Schweiz Tourismus hervor: Mit Ausgaben von CHF 380,– pro Tag (2017) stehen die Chinesen an der Spitze aller Touristen in der Schweiz. [...]

Chinesische Touristen im Wallis, Tourobs.ch vom 13.08.2013, https://www.tourobs.ch/de/artikel/makrotendenzen-im-tourismus-und-der-reisebranche/touristes-chinois-en-valais/

M 8 Zermatt – Naturgefahren *(siehe Farbkarten!)*

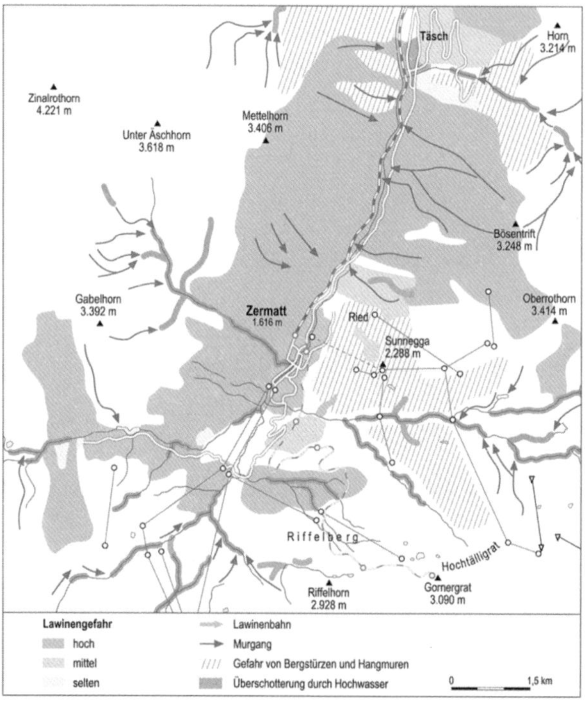

Anmerkung:
Muren / Hangmuren: Erdrutsche aus Schlamm und Gesteinsmaterial

Die Aufgabe bezieht sich auf die folgenden Elemente des Kernlehrplans und die Vorgaben 2021:

- **Inhaltsfeld 7:** Dienstleistungen in ihrer Bedeutung für Wirtschafts- und Beschäftigungsstrukturen
  - Entwicklung von Wirtschafts- und Beschäftigungsstrukturen im Prozess der Tertiärisierung
  - Wirtschaftsfaktor Tourismus in seiner Bedeutung für unterschiedlich entwickelte Räume

Lösungsvorschlag

Teilaufgabe 1

Zuerst müssen Sie mithilfe des Atlas sowie M 2 und M 4 die geographische Lage von Zermatt bestimmen (Operator „lokalisieren"). Berücksichtigen Sie dabei die Faktoren, die für touristische Fragestellungen eine Rolle spielen, u. a. die Reliefstruktur oder die Verkehrsanbindung. Der Operator „kennzeichnen" verlangt anschließend von Ihnen, dass Sie aufzeigen, welche Faktoren die Region um Zermatt für den Tourismus geeignet erscheinen lassen (M 1 – M 4). Es empfiehlt sich, ein kurzes Zwischenfazit zu ziehen.

Lage

Der Schweizer Ferienort Zermatt liegt auf ca. 1 600 m ü. NN in den **Walliser Alpen** unterhalb des Gabelhorns (3 392 m) am Fluss Mattervispa. Nachbarorte sind Täsch im Norden und Furi im Süden. Der nächste größere Ort in der Schweiz ist Brig-Glis im Tal der Rhône, ca. 50 km entfernt. Die italienische Grenze befindet sich in ca. 20 km Entfernung im Süden, ist aber wegen des **Hochgebirgsmassivs** außer zu Fuß oder per Lift nicht erreichbar (M 1, M 2, M 8).

Höhenlage und Klima

Die Haupturlaubsregionen von Zermatt liegen im Hochgebirge zwischen 1 600 und 3 500 m. Bergsteigen ist zudem bis zur Höhe von 4 500 m möglich (Dufourspitze 4 634 m, Matterhorn 4 478 m). Insgesamt gibt es viele Gipfel über 3 000 m Höhe. Das **Klima** in Zermatt ist für die Höhe von 1 616 m **relativ mild:** Im Sommer liegen die Temperaturen bei 12 °C, zwischen November und März zwischen dem Gefrierpunkt und –5 °C; die Jahresdurchschnittstemperatur beträgt 3,5 °C. Die Niederschläge fallen ganzjährig mit 40–60 mm pro Monat; insgesamt nur 611 mm durchschnittlich pro Jahr (M 2, M 3).

Das Naturpotenzial

Die Hochgebirgsregion rund um Zermatt ist aufgrund ihrer natürlichen Gegebenheiten attraktiv: Neben der **alpinen Flora und Fauna** ist die Bergwelt mit ihren Spitzen, Gletschern und Seen für Touristen interessant (M 1, M 2).

Zermatt liegt am Ende der Eisenbahnstrecke Matterhorn-Gotthard. Gäste müssen die letzten fünf Kilometer von Täsch, wo sie ihre Fahrzeuge parken müssen, bis Zermatt per Zug oder Taxi zurücklegen. Denn privater Autoverkehr ist in Zermatt nicht erlaubt. Eine dritte Verbindungsmöglichkeit besteht durch den Helikopterflugplatz am Ortseingang von Zermatt. Insgesamt befindet sich Zermatt in **günstiger zentraler Lage in Europa** und ist damit schnell erreichbar für Besucher aus mehreren benachbarten Ländern (M 1, M 2, M 4, M 8).

Verkehrs-
infrastruktur

Ein **vernetztes System von Seilbahnen, Skiliften und Zahnradbahnen** erlaubt es Winter- wie Sommerurlaubern, ganzjährig im Umkreis von ca. 20 km sämtliche Höhenregionen bis Breuil-Cervinia auf italienischer Seite im Südwesten, die Gletscherbereiche bis zum Klein Matterhorn im Süden sowie die Bereiche bis zum Gornergrat, Hochfälliggrat, Sunnegga und Rothorn im Osten für unterschiedliche Freizeitbeschäftigungen zu nutzen. Neben der Möglichkeit zum Skisport gibt es lokale, regionale und überregionale Bergwander- und wahrscheinlich auch Mountainbike-Wege.

Touristische
Infrastruktur

Nach ersten einzelnen Seilbahnen in den 1940er-Jahren wurde das touristische Angebot seit den 1960er-Jahren immer weiter ausgebaut und schwerpunktmäßig seit den 1990er-Jahren nach und nach erweitert. Seit 2008 mit der Fertigstellung der Verbindungsseilbahn Furi-Riffelberg verfügt die Region oberhalb von Zermatt über **das am höchsten gelegene Skigebiet der Alpen** und mit 263 Pistenkilometern im Winter sowie 20 Pistenkilometern im Sommer über eines der größten (M 2, M 4).

Mit 112 Hotels, die sich zu 90 % in Familienbesitz befinden, und 1 221 Parahotellerie-Betrieben weist Zermatt ein **umfangreiches Beherbergungsangebot** auf. Ein dichtes Netz an Bergstationen, Gasthäusern und Berghütten kann sowohl durch Tages- als auch durch Langzeittouristen sowie Bergwanderer, die diese Region durchqueren, genutzt werden (M 2, M 5).

Unterkünfte und
Versorgung

Zermatt ist geeignet für vielfältigen Erholungs- und Aktivtourismus, und zwar das ganze Jahr hindurch.

Zwischenfazit

Teilaufgabe 2

Der Operator „erläutern" verlangt von Ihnen, dass Sie alle vorliegenden Materialien mit Blick auf die bisherige Entwicklung des Tourismus in Zermatt, seine Struktur sowie seine wirtschaftliche Bedeutung auswerten. Gehen Sie hierbei auch auf die „doppelte Saison", also die Möglichkeit zu Sommer- und Wintertourismus, und deren Besonderheiten ein (M 2, M 4–M 7).

Entwicklung des Tourismus seit 1898

In Zermatt hat der **Tourismus bereits Ende des 19. Jahrhunderts begonnen** und sich seitdem nach und nach weiterentwickelt. Die Erschließung durch verschiedene Eisen- und Bergbahnen spielte hierbei eine wichtige Rolle. So wurde z. B. die Visp-Zermatt-Bahn bereits 1929 elektrifiziert und der erste Skilift auf den Sunnega 1942 gebaut (M 4).

Früh schon schützte Zermatt Einwohner und Touristen vor der drohenden Verkehrslawine, indem der Ort seit den 1930er-Jahren weitestgehend zur **autofreien Zone** erklärt wurde. Diese Beschränkung des privaten Autoverkehrs tat der weiteren touristischen Entwicklung wegen der bestehenden Bahnverbindungen und Shuttle-Services aber keinen Abbruch. Die Gründung der Air Zermatt 1955 machte einen attraktiven und schnellen, allerdings auch kostspieligen **Transport durch Helikopter** möglich und ließ Zermatt zudem als **Touristenort mit hochpreisigem Niveau** erscheinen (M 4).

Doppelte Saison

Seit den 1960er-Jahren entwickelten sich die Besucherzahlen rapide. **Massentourismus** setzte ein. Die Übernachtungen in Hotels und in noch stärkerem Maße in Parahotellerie-Betrieben nahmen erst auf fast 1 Mio. (1968) und dann auf mehr als 1,6 Mio. pro Jahr (1988) zu.

Die **Möglichkeit der „doppelten Saison"** in der Region um Zermatt und das Angebot unterschiedlicher Urlaubsformen trugen zu diesem Besucheranstieg ebenso bei wie die besseren Lebensverhältnisse in den Herkunftsländern (M 5).

Veränderte Tourismusstrukturen

Die Touristenströme änderten sich aber nicht nur in quantitativer Hinsicht: Seit 2010 **gewann der Sommertourismus an Bedeutung**. Dieser wurde schwerpunktmäßig von Gästen aus Nordamerika und Asien (u. a. China) getragen; aus Nordamerika kamen in den letzten zehn Jahren deutlich mehr Touristen, aus Deutschland dagegen weniger. Neben diesem **saisonalen Bedeutungswandel** ließ sich auch der **Trend zu Kurzurlauben** beobachten. Hieran sind ebenfalls v. a. Touristen aus Asien mit nur 1,4 durchschnittlichen Übernachtungen beteiligt (M 5, M 7).

Nach einer 15-jährigen Phase der Stagnation wurde 2008 die 2-Mio.-Grenze bei den Übernachtungen erreicht; seitdem pendelt die Übernachtungszahl um die 1,9 Mio. pro Jahr. Mögliche Gründe für Schwankungen können in der jährlich unterschiedlichen Schneehöhe liegen, in den globalen Problemen der Weltwirtschaft (Krise 2008/2009) oder auch in sporadisch auftretenden Naturkatastrophen wie Muren- und Lawinenabgängen oder Überschwemmungen (M 3, M 5, M 8).

Quantitative Entwicklungen im 21. Jh.

Ein Vergleich der Ortsbilder von 1930 und 2018 zeigt, inwiefern der Tourismus Einfluss auf das Leben in Zermatt genommen hat. Die **Bebauung ist erkennbar dichter und höher** geworden und hat sich **flächenmäßig ausgedehnt**; bebaut sind inzwischen auch die unteren Talhänge, nicht mehr nur der Talboden. Flächen wurden in größerem Maße auch für die Errichtung von Verkehrsflächen versiegelt, wovon auch höhere Bergregionen betroffen wurden, v. a. im Zuge des Ausbaus des Lift- und Seilbahnnetzes. Im Ort selbst wurden notwendige Infrastruktureinrichtungen wie die Müllverbrennungsanlage oder die unterirdische Kläranlage geschaffen (M 2, M 4).

Physiognomische und bauliche Entwicklung

Gegenüber Landwirtschaft und Industrie **dominiert der tertiäre Sektor, insbesondere der Tourismus**, mit fast der Hälfte aller direkten Arbeitsplätze. Zählt man die nachgelagerten Arbeitsplätze hinzu, so sind in Zermatt mehr als 80 % der Beschäftigten direkt und indirekt vom Tourismus abhängig, wobei es ein **breit gefächertes Arbeitsplatzangebot** gibt. Gemeinde und Privatleute versuchen, durch **ständige Modernisierung, Attraktivitätssteigerungen des touristischen Angebotes** und die dafür notwendigen Investitionen diesen Wirtschaftssektor zu erhalten und zu stärken – schließlich sichert dies die kommunalen Einnahmen und Steuern. 110 Mio. Schweizer Franken (CHF) Gemeinde-Investitionen zwischen 2000 und 2014 sind hierfür ebenso ein Beweis wie neue Shuttle-Züge für die Strecke Täsch-Zermatt oder die neue und weltweit längste Fußgängerhängebrücke bei Randa (M 4 – M 6).

Wirtschaftliche Bedeutung des Tourismus

Zermatts Bevölkerung wuchs vor allem seit dem deutlichen Anstieg des Tourismus, und zwar von ca. 1 250 (1950) über 3 500 (1980) und 4 500 (1990) auf den bisherigen Höchstwert von über 5 500 Personen (2010). Seitdem ist die Bevölkerungszahl leicht rückläufig. Erstaunlich hieran ist, dass nur 61 % der aktuellen Einwohner aus der Schweiz stammen, aber 17 % aus Portugal. Bei Letzteren handelt es sich wie auch bei den anderen aus Kroatien und Nordmazedonien stammenden Arbeitskräften um **dauerhaft im**

Demografische Entwicklungen

Niedriglohnsektor tätige Arbeitskräfte, die meistens im Hotel- und Gaststättengewerbe beschäftigt sind. Da bereits 2008 der **Erwerb von Zweitwohnungen eingeschränkt** wurde, wird ein nicht unerheblicher Teil der Wohnungs- und Hausbesitzer hier einen **Zweitwohnsitz** haben und **nur periodisch in Zermatt anwesend** sein (M 4, M 6).

Teilaufgabe 3

Der Operator der dritten Teilaufgabe „erörtern" (Anforderungsbereich III) gibt Ihnen die Strukturierung Ihrer Ausführung vor: Sie müssen die Chancen und Risiken der bisherigen Entwicklungen und der zu beobachtenden neueren Entwicklungstendenzen aufzeigen, diese gegeneinander abwägen und abschließend ein eigenes begründetes Urteil zur Frage der Zukunftsfähigkeit des Tourismus in Zermatt formulieren. Beziehen Sie hierbei neben den Materialien Ihre eigenen Ausführungen mit ein (M 1–M 8).

Argumente für eine positive Prognose

Mit dem Matterhorn und der imposanten Hochgebirgsregion besitzt die Region um Zermatt **Naturpotenzial**. Aufgrund **hoher Investitionsbereitschaft** ist die Gemeindeverwaltung gewillt, durch die **Modernisierung und Erweiterung der Infrastruktur** und des touristischen Angebotes weitere Attraktionen zu schaffen. Als Beispiele hierfür kann die Modernisierung des ÖPNV-Angebotes, die Ausweitung nachhaltiger Tourismusangebote und der Bau der Fußgängerhängebrücke genannt werden. Die Auszeichnung mit internationalen (Touristenportal) und nationalen Preisen (VCS, Schweizer Solarpreis) ist ein Beleg für den Erfolg dieser Bemühungen (M 2, M 4).

Zermatts touristisches Angebot geht mit den Anforderungen der Zeit: Die **leichte Steigerung bei der Hotelauslastung** in der zweiten Dekade des 21. Jahrhunderts, vor allem beim Sommertourismus, und der Wiederanstieg der Gesamtübernachtungen nach einer kurzen Phase der Stagnation belegen zudem, dass dieses touristische Angebot angenommen wird (M 5).

Die verbreiteten Probleme von Wintersportgebieten im Hinblick auf mangelnde Schneesicherheit (ohne zusätzliche Investitionskosten für Kunstschnee u. a.) entfallen in Zermatt, da aufgrund der Hochlage der Skipisten etwaige **Probleme, die durch den Klimawandel bedingt sind, kaum eine Rolle spielen** (M 2, M 3, M 5).

Argumente für eine negative Prognose

Die **seit 2000 stagnierende und seit 2010 leicht rückläufige Bevölkerungsentwicklung** deutet zusammen mit der Beschränkung des Erwerbs von Zweitwohnungen seit 2008 auf ein **sozioökonomisches Problem** hin: Das Mietpreisniveau liegt in Zermatt mit durchschnittlich 1 682 CHF für eine 60 m^2 große Zweizimmerwohnung um fast 40 % über dem vergleichbaren Mietpreis in der Schweiz. Diese Miete können sich immer weniger Einwohner leisten, v. a. diejenigen nicht, die im Niedriglohnsektor beschäftigt sind, und das vielleicht nicht einmal das ganze Jahr über. Es ist zu vermuten, dass der **deutliche Anstieg der Parahotellerie-Angebote** (Privatzimmer, Ferienwohnungen, Zweitwohnungen) nur dadurch möglich war, dass frühere Wohnungen von Einheimischen umgewidmet worden sind, was nach und nach zu einer **Verdrängung der ansässigen Bevölkerung** geführt haben könnte wie auch zu einem **Mangel an für Durchschnittsverdiener bezahlbarem Wohnraum** (M 5, M 6).

Eine **zu starke Ausrichtung auf den Wirtschaftssektor Tourismus** führt zwangsläufig zu einer **großen Abhängigkeit** – der hohe Anteil der Arbeitsplätze im Gastgewerbe mit fast 50 % ist der Beweis hierfür. In Zeiten **wirtschaftlicher Krisen oder von Pandemien** wie der Covid 19-Pandemie mit Reisebeschränkungen und z. T. Reiseverboten besteht eine **Gefahr für die wirtschaftliche Existenz** vieler Tourismusunternehmen; ebenso fehlt dann ein sehr großer Teil der Steuereinnahmen (M 6).

Vor diesem Hintergrund nimmt auch die **Gefahr des Overtourismus** weiter zu, setzt man die rückläufige Einwohnerzahl in Relation zu der weiter steigenden Zahl der Touristen. Hierbei ist auch der Anteil der v. a. im Sommer stark gewachsenen Zahl der Tagestouristen in den Blick zu nehmen, deren Verhaltensweisen und Aufenthaltsmotive **kaum Bezug zur Nachhaltigkeit** aufweisen (M 7).

Das immer weiter **gestiegene Verkehrsaufkommen** in der Region stellt zudem eine **zunehmende ökologische Belastung** dar; hieran ändern auch das Verbot von Privatfahrzeugen in Zermatt (Verlagerung des Problems nach Täsch) und der weitere Ausbau des schadstoffarmen ÖPNV nur wenig. Mag auch die durchschnittliche Schneehöhe klimabedingt noch kein größeres Problem für Zermatt und seine Umgebung sein, so stellen doch die **Eingriffe in den Naturraum** durch Erschließung von Wegen, Pisten und Bahnen **ein Risiko** dar: Das Abgehen von Muren und Lawinen kann ebenso zunehmen wie die Überschwemmungen im Tal, wenn Niederschlagswasser nicht in dem Umfang wie bisher durch wasserspeichernde Böden in Hanglagen aufgefangen wird. Dies gilt auch für Zermatt, das sich zwischen zwei Lawinenzügen befindet und dessen Lawinengefährdung als „hoch“ eingestuft ist (M 8).

Fazit

Überlegungen zur touristischen **Tragfähigkeit** müssen bei der weiteren Entwicklung in Zermatt und den umgebenden Tourismusregionen eine wichtige Rolle spielen, soll die bisherige überwiegend positive Entwicklung nicht ins Gegenteil verkehrt werden. Erste Stopps wie die Zweitwohnungsbegrenzung oder die **Umsetzung von nachhaltigkeitsrelevanten Tourismusangeboten** sind hierbei ein Schritt in die richtige Richtung. Maßnahmen wie eine **Touristen-Obergrenze**, z. B. bei den Tagestouristen, könnte eine zu starke künftige Ausrichtung auf ökonomische Aspekte verhindern helfen.

Haben Sie daran gedacht?

- *Auf den ersten Seiten dieses Buches finden Sie Hinweise zur Anfertigung Ihrer Lösung.*
- *Ihre Ausführungen sollten mithilfe von Zwischenüberschriften gegliedert sein.*
- *Sind Materialbelege in Klammern angegeben?*
- *Haben Sie auf eine allgemein- und fachsprachlich angemessene Darstellung geachtet?*

Grundkurs Geographie (NRW) – Abiturprüfung 2021
Aufgabe 3

Thema

Infrastrukturausbau als nachhaltiger Entwicklungsimpuls? –
Das Stiegler's Gorge Staudammprojekt in Tansania

Aufgabenstellung

	Punkte
1. Lokalisieren Sie Tansania und kennzeichnen Sie den Entwicklungsstand des Landes.	22
2. Erläutern Sie das Potenzial des Rufiji-Beckens für eine hydroenergetische Nutzung sowie Anlage und Zielsetzungen des Stiegler's George Staudammprojektes.	29
3. Nehmen Sie zur Themenfrage kritisch Stellung.	29

Zugelassene Hilfsmittel

- der an der Schule in der Qualifikationsphase überwiegend verwendete Atlas, in einer für alle Prüflinge gleichen Auflage
- Wörterbuch zur deutschen Rechtschreibung
- Taschenrechner

Materialgrundlage

M 1 Atlaskarten nach Wahl

M 2 Sozioökonomische Daten Tansania

		2000	2018
Bevölkerung	(Mio.)*	33,5	56,3
jährliches Wachstum	(%)	2,5	3,0
ländlich/städtisch	(%)	73/27	65/35
Lebenserwartung	(Jahre)	50,8	65,0
HDI (Rang)		0,395 (163)	0,528 (159)
Anteil Bevölkerung unter 2 US-$/Tag	(%)	86	45
Welt-Hungerindex		42,2 (sehr ernst)	28,6 (ernst)
Alphabetisierungsrate	(%)	71,1	77,9 (2015)
Energieverbrauch pro Kopf	(kWh)	59	124
BIP pro Kopf	(US-$)	410	1 051
BIP nach Sektoren	(%)		
primärer Sektor		29	23
sekundärer Sektor		23	29
tertiärer Sektor		48	48
Beschäftigung nach Sektoren	(%)		
primärer Sektor		75	63
sekundärer Sektor		3	7
tertiärer Sektor		22	30
Außenwirtschaft 2017	(Mrd. US-$)	Import: 8,5 Export: 5,7	
Wichtigste Importgüter		Konsumgüter, Maschinen, Transportmittel, industrielle Rohmaterialien, Rohöl	
Wichtigste Exportgüter		Gold, Kaffee, Cashewnüsse, Baumwolle	

Wasser-/Stromversorgung (2017)		städtisch	ländlich	insgesamt
Zugang zu sauberem Trinkwasser	(%)	77,2	45,5	55,6
Anschluss an Stromversorgung	(%)	65,3	17,7	33,1

Energieträger zum Kochen (2016)		Petroleum	Holzkohle	Feuerholz	Gas	Elektrizität
ländlich	(Haushalte in %)	0,9	6,1	92,0	0,9	0,1
städtisch	(Haushalte in %)	1,3	79,3	8,4	10,0	1,0

* Bevölkerungsprognose bei gleichbleibender Wachstumsrate für 2030: 79,1 Mio.

eigene Zusammenstellung, Daten nach: Worldbank; Transparency; CIA World Factbook; Liportal; NBS; Länderdaten.info (Zugriff jeweils 22. 05. 2020)

M 3 Tansania physisch *(siehe Farbkarten!)*

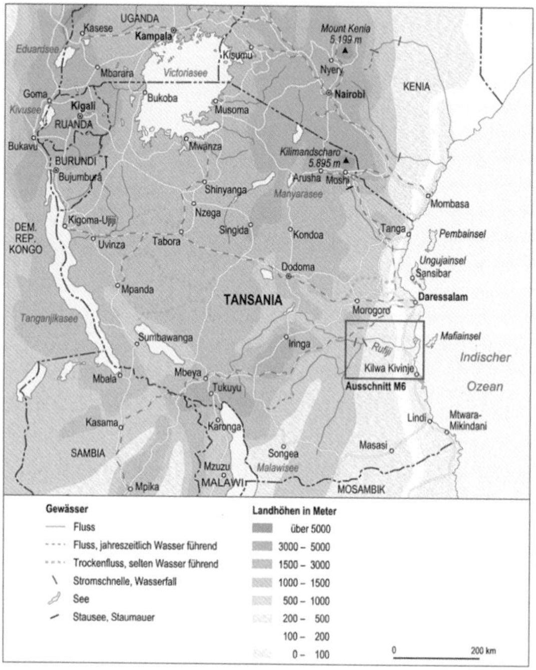

© *cartomedia, Karlsruhe*

M 4 Tansania – Niederschlag *(siehe Farbkarten!)*

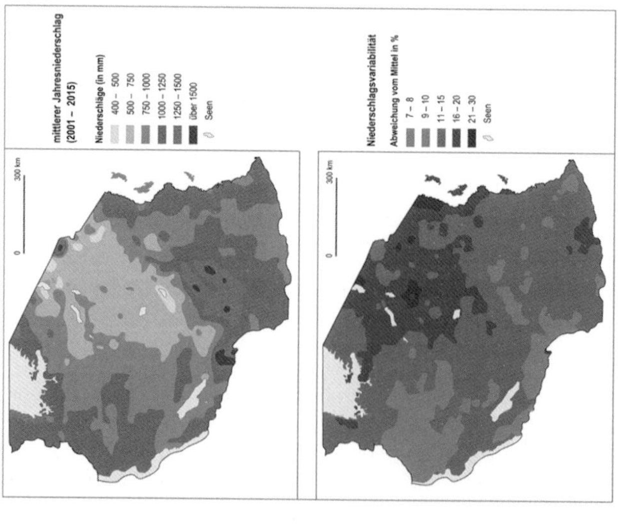

© *cartomedia, Karlsruhe*

M 5 Tansania – Stromerzeugung und Strombedarf

Stromerzeugung nach Energieträgern

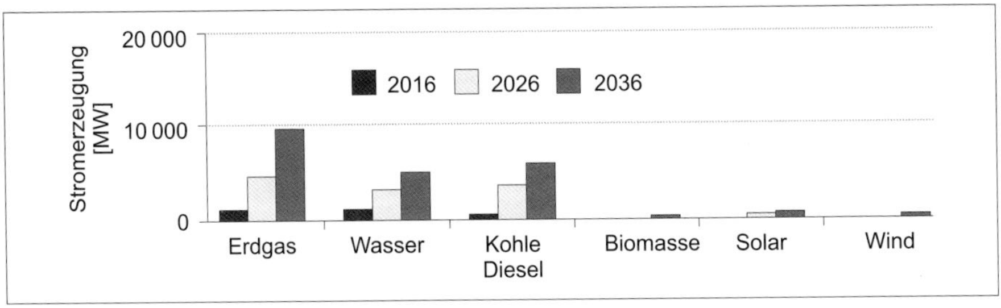

Strombedarf nach Verbrauchern 2015

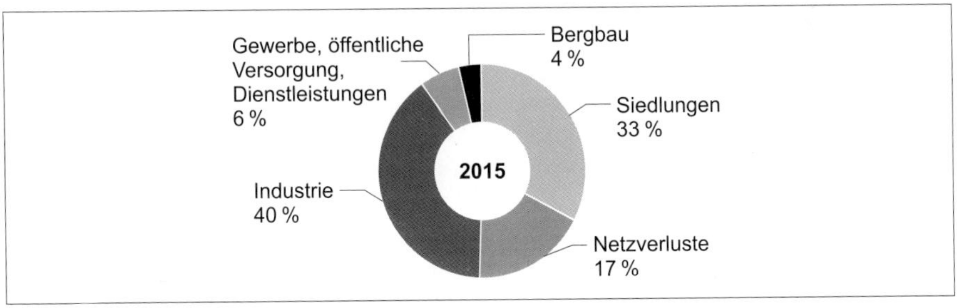

Prognose Strombedarf* nach Verbrauchern

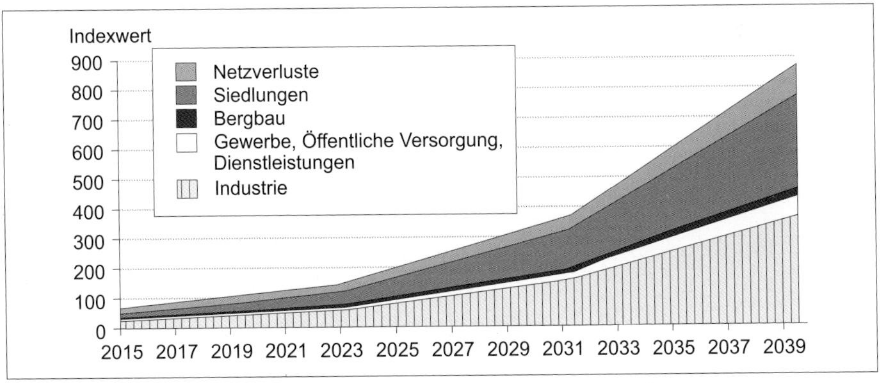

* gesamter Strombedarf (Indexwert) 2019 = 100

Anmerkung: Netzverlust bezeichnet die Differenz zwischen erzeugter Leistung und tatsächlich genutzter elektrischer Leistung. Zum Vergleich betragen Netzverluste in Mitteleuropa etwa 6 %.

eigene Darstellung, Daten nach: Tansania Power System Masterplan, 12.2016, https://www.german-energy-solutions.de/GES/Redaktion/DE/Publikationen/Marktanalysen/ 2019/zma_tansania_2019.pdf?__blob=publicationFile&v=3; https://de.wikipedia.org/wiki/%C3%9Cbertragungsverlust

M 6 Stiegler's Gorge Staudammprojekt – Daten und Informationen

Basisinformation	
1960	erste Studien zur Nutzbarmachung der Schlucht für die Stromgewinnung
1980er-Jahre	Plan wird nicht weiterverfolgt, u. a. weil die Weltbank Finanzierung ablehnt
2006	Wiederaufnahme der Planungen; Gründung der Rufiji Basin Development Authority (Rubada)
2018	Besorgnis des UNESCO-Welterbe-Komitees über Umweltauswirkungen des Projektes
2018	Ausschreibung und Planung der Abholzung von Waldflächen im Selous Game Reservat
26. 07. 2019	Grundsteinlegung zum Bau des Kraftwerkes durch Präsident Magufuli

Stiegler's Gorge

- Schlucht des Rufiji River
- Bau mehrerer Dammanlagen oberhalb des Reservoirs
- Überflutungsfläche: 1 200 km^2 (Vergleich Bodensee: 473 km^2)
- Kosten: 3,6 Mrd. Euro; Finanzierung: Entwicklungsbanken und internationale Investoren
- Baubeginn 2019, voraussichtliche Fertigstellung 2022; geplante Leistung: 2 100 Megawatt

Selous Game Reserve

- größtes Wildtierreservat Afrikas (Fläche: 51 200 km^2; Gründung: 1922)
- UNESCO-Weltnaturerbe seit 1982
- große Wildtierpopulationen, u. a. Elefanten, Löwen, Giraffen, Flusspferde, Krokodile
- Finanzierung: Jagdlizenzen (90 %) und Safaritouristen

eigene Zusammenstellung, Daten nach: www.grdc.sr.unh.edu/html/Polygons/P1286900.html; www.researchgate.net/figure/The-Lower-Rufiji-Valley_fig2_256191198; www.researchgate.net/publication/256482918_Jointly_thinking_the_postdam_future_Exchange_of_local_and_scientific_knowledge_on_the_lakes_of_the_Lower_Rufiji_Tanzania; www.dw.com/en/foundation-stone-laid-for-controversial-hydroelectric-dam-in-tanzania/a-49265447 (Zugriff jeweils 20. 05. 2020)

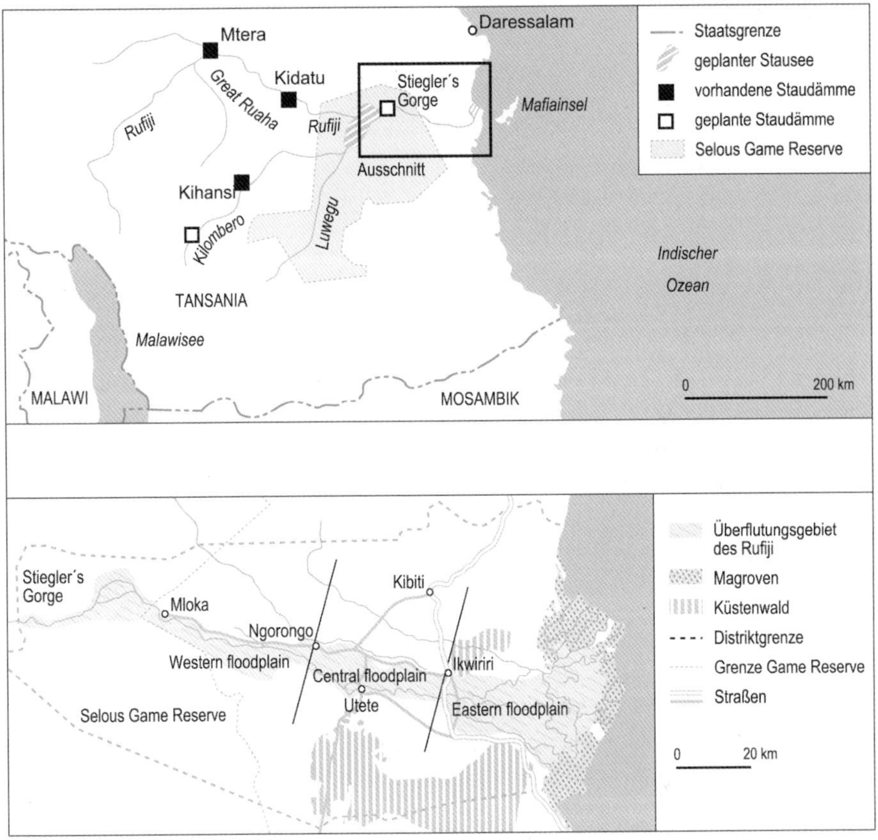
Daressalam
Mtera
Kidatu
Stiegler´s Gorge
Mafiainsel
Great Ruaha
Rufiji
Rufiji
Ausschnitt
Kihansi
Kilombero
Luwegu
TANSANIA
Malawisee
MALAWI
MOSAMBIK
Indischer Ozean
Staatsgrenze
geplanter Stausee
vorhandene Staudämme
geplante Staudämme
Selous Game Reserve
0 200 km
Stiegler´s Gorge
Mloka
Ngorongo
Kibiti
Western floodplain
Central floodplain
Ikwiriri
Utete
Selous Game Reserve
Eastern floodplain
Überflutungsgebiet des Rufiji
Magroven
Küstenwald
Distriktgrenze
Grenze Game Reserve
Straßen
0 20 km

M 7 Stromübertragungsnetz Tansania

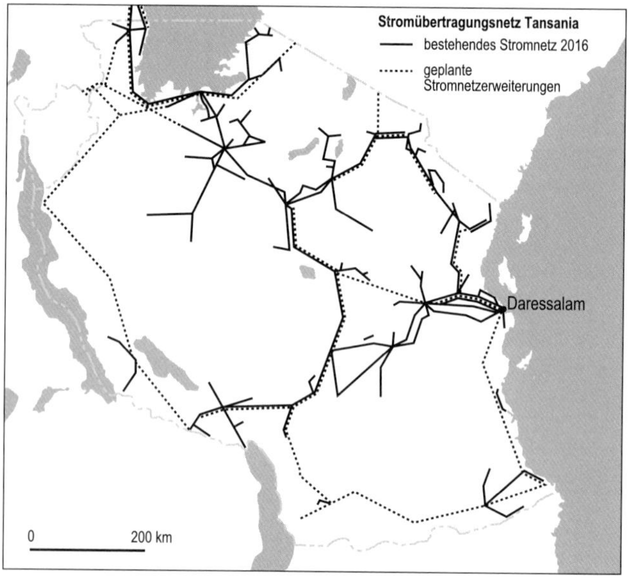

© *cartomedia, Karlsruhe*

M 8 Tanzania Development Vision 2025

(Veröffentlichung 2016)

Die *Tanzania Development Vision 2025* sieht vor, dass sich Tansania bis 2025 zu einem Land mittleren Einkommens entwickelt. Dies setzt eine Steigerung des BIP/Kopf [...] auf 3 000 US-$ im Jahr 2025 voraus. Um dieses Ziel zu erreichen, benötigen wir schnelles wirtschaftliches Wachstum, angetrieben von einer ausreichend verfügbaren, verlässlichen, bezahlbaren und umweltfreundlichen Stromversorgung. Deshalb muss die Stromerzeugungsleistung von derzeit 1 583 MW auf mindestens 10 000 MW bis 2025 gesteigert werden.

nach: Background, Tanesco; www.tanesco.co.tz/index.php/about-us/historical-background (übersetzt)

Die Aufgabe bezieht sich auf die folgenden Elemente des Kernlehrplans und die Vorgaben 2021:

- **Inhaltsfeld 6:** Sozioökonomische Entwicklungsstände von Räumen
  - *Merkmale und Ursachen räumlicher Disparitäten*
  - *Demografische Prozesse in ihrer Bedeutung für die Tragfähigkeit von Räumen*
  - *Strategien und Instrumente zur Reduzierung regionaler, nationaler und globaler Disparitäten*

Lösungsvorschlag

Teilaufgabe 1

Zuerst müssen Sie mithilfe des Atlas (M 1/Übersichtskarte Südliches Afrika) die geographische Lage von Tansania bestimmen (Operator „lokalisieren"). Berücksichtigen Sie dabei die Faktoren, die für die Raumplanung eine Rolle spielen, u. a. die Oberflächenstruktur, Klima und Verkehrsnetz. Der Operator „kennzeichnen" verlangt in dieser Teilaufgabe anschließend von Ihnen, dass Sie Kriterien gestützt darlegen, in welchem Entwicklungsstand sich das Land im Jahr 2018 befunden hat (M 2, M 3). Gehen Sie dabei auch auf die Struktur des Stromnetzes ein (M 7). Es empfiehlt sich, abschließend ein kurzes Zwischenfazit zu ziehen. Um über die Bevölkerungsverteilung und die räumlichen Disparitäten eine Aussage treffen zu können, müssen Sie neben M 3 Wirtschaftskarten zu Afrika nutzen.

Lage

Tansania, ein Staat in Ostafrika, liegt zwischen 1° und 11° s. Br. sowie 30° und 41° ö. L. an der Küste des Indischen Ozeans in den **wechselfeuchten Tropen**. Angrenzend an Uganda, Kenia, Mosambik, Malawi, Sambia, die D. R. Kongo, Burundi und Ruanda liegt Tansania zudem an drei großen Seen: dem Victoria-See im Norden, dem Malawi-See im Südwesten und dem Tanganjika-See im Westen. Die Hauptstadt Dodoma liegt ca. 450 km landeinwärts auf Höhe der Insel Sansibar, südlich der Massai-Steppe, im Mittelgebirgsraum auf über 1 000 m ü. NN (M 1, M 3).

Bevölkerungsverteilung und -entwicklung

Die **Bevölkerung** in Tansania ist **sehr ungleich verteilt:** Ein deutlicher Schwerpunkt ist in der Hafenstadt Daressalam und im Küstenstreifen nördlich davon vorhanden. Städtebänder finden sich an den Fernverkehrsstraßen, u. a. entlang der W-O-Achse Kigoma – Dodoma – Daressalam, an den Strecken Daressalam – Arusha – Nairobi/Mombasa und Daressalam – Mbeya – Lusaka / Sambia (M 1, M 3).

Das **Bevölkerungswachstum** war bereits im Jahr 2000 mit 2,5 % **sehr groß** und ist bis 2018 sogar auf 3 % gestiegen. Entsprechend wuchs die Gesamtbevölkerung in diesem Zeitraum von 33,5 auf 56,3 Mio. an. In diesen 18 Jahren stieg **der Anteil der städtischen Bevölkerung** um 8 Prozentpunkte von 27 % auf 35 %, sodass von einem nicht unerheblichen Anteil von Land-Stadt-Migranten ausgegangen werden kann (M 2).

Allgemeine Lebensbedingungen

Tansania bekleidet nach wie vor einen **hinteren HDI-Rang**; 2018 war dies der 159. Rang mit einem Wert von 0,528. Zwar ist es seit dem Jahr 2000 gelungen, den Anteil der Geringverdiener auf 45 % der Bevölkerung zu halbieren – dieser Anteil ist aber immer noch sehr hoch. Entsprechend wurde die Lage im Land 2018 zwar nicht mehr als „sehr ernst", aber immer noch als „**ernst**" eingestuft (28,6 im Welt-Hungerindex).

Die **Bildungsvoraussetzungen** waren auch 2015 noch mit einer Alphabetisierungsquote von nur 77,9 % **schlecht**, auch wenn sich die Situation seit 2000 etwas verbessert hat. **Zugang zu sauberem Trinkwasser hatten 2018 zu wenige:** nur drei Viertel der städtischen und sogar weniger als die Hälfte der ländlichen Bevölkerung. **Noch schlechter sah es in Bezug auf den Zugang zu elektrischer Energie aus:** 65 % der städtischen und lediglich 17 % der ländlichen Bevölkerung verfügten hierüber. Während in der Stadt zumindest ca. 80 % mit Holzkohle kochten, mussten hierfür auf dem Land 92 % Feuerholz benutzen. Vor diesem Hintergrund verwundert es nicht, dass das **BIP/Einwohner nur 1 051 US-$** betrug (M 2).

Ökonomische Situation

Mit einem hohen Beschäftigtenanteil von 63 % **dominierte 2018 der primäre Sektor eindeutig**. Er wies mit einem BIP-Anteil von nur 23 % jedoch eine **äußerst geringe Produktivität** auf im Unterschied zum sekundären und tertiären Sektor, die bei 7 % Beschäftigten einen BIP-Anteil von 29 % bzw. bei 30 % Beschäftigten einen BIP-Anteil von 48 % verzeichneten. Die **landwirtschaftlichen Strukturen und Methoden** müssen entsprechend rückständig gewesen sein.

Mit einem Exportvolumen von nur 5,7 und einem Importvolumen von 8,5 Mrd. US-$ war der **Handel Tansanias** für ein Land mit 56 Mio. Einwohnern **sehr schwach ausgeprägt**. Das deutliche **Jahreshandelsdefizit** von 2,8 Mrd. US-$ weist zudem auf eine nicht unerhebliche **Verschuldung des Landes** hin. Zudem zeigte sich die **Exportstruktur sehr einseitig** mit der überwiegenden Ausfuhr von Gold und landwirtschaftlichen Erzeugnissen. Die Rückständigkeit der allgemeinen Entwicklung unterstreicht die

Struktur der Warenimporte mit Konsumgütern, Maschinen, Transportmitteln und industriellen Rohmaterialien sowie Rohöl (M 2).

Große räumliche Disparitäten

Auffällig sind die großen **räumlichen Disparitäten:** Die **Zentren** mit der dichtesten Besiedlung und wirtschaftlich intensivsten Nutzung befinden sich **in der Tiefland- und Küstenregion** zwischen Mombasa (Kenia) und der größten Stadt Tansanias, Daressalam, sowie im Dreieck Dodoma – Victoria-See-Daressalam. Die **peripheren Räume der Mittel- und Hochgebirgsregionen**, die bis auf die Talungen und die Regionen an den Seen sehr dünn besiedelt und wenig erschlossen sind, stehen dem gegenüber.

Dies spiegeln auch die **Verkehrs- und Energienetze** wider: Bis auf die W-O-Achse Kigoma – Dodoma – Daressalam und deren N-S-Verbindung von Tabora nach Mwanza am Victoria-See verlaufen sie fast ausschließlich entlang der Küstenlinie sowie der Landesgrenzen und lassen den größten Teil des Binnenlandes unerschlossen (M 1, M 3, M 7).

Zwischenfazit

Die sozioökonomischen Daten weisen zwischen 2000 und 2018 bis auf die Zunahme des Bevölkerungswachstums positive Entwicklungen auf. Dennoch ist Tansania 2018 eindeutig der Gruppe der am wenigsten entwickelten Staaten (LDC) zuzuordnen, was vor allem der HDI-Rang belegt.

Teilaufgabe 2

Der Operator „erläutern" verlangt von Ihnen, dass Sie die vorliegenden Materialien mit Blick auf die Eignung des Rufiji-Beckens für eine hydroenergetische Nutzung auswerten. Anschließend sollen Sie Planung und Entstehung des Stiegler's Gorge Staudammes (M 4, M 6) und die mit dem Bau in Verbindung stehenden Zielsetzungen (M 5, M 7, M 8) aufzeigen.

Planung und Beginn des Staudammprojektes

Von den ersten Überlegungen bis zum Startschuss zum Bau des **Kraftwerks** am Ende der Rufiji-Bucht vergingen 59 Jahre. Da Tansania **von ausländischer Finanzierung abhängig** war bzw. ist und die Weltbank 1980 die Finanzierung ablehnte, gelang erst 2019 mithilfe ausländischer Investoren und Entwicklungsbanken der Baubeginn des 3,6 Mrd. EUR teuren Projektes.

Zur Vorbereitung des eigentlichen Staudammbaus werden oberhalb des geplanten Wasserreservoirs, dessen Fläche etwa zweieinhalbmal so groß ist wie die des Bodensees, kleinere Staudämme und Dammanlagen gebaut. Nach Aufbereitung des Reservoirbodens und Fertigstellung des Staudamms wird die Fläche geflutet. Nach der für

2022 geplanten Fertigstellung soll die **jährliche Stromleistung 2 100 Megawatt** betragen (M 6).

Vorzüge des Standortes für eine hydroenergetische Nutzung

Die ca. 200 km südwestlich von Daressalam und am Ende eines Plateaus in ca. 500 m ü. NN gelegene Schlucht des Rufiji River bietet aufgrund der **großen Reliefenergie** gute Voraussetzungen für die Stromgewinnung. Da die Gegend im Bereich der 1 200 km^2 umfassenden Überflutungsfläche weitgehend unbesiedelt war und das Einzugsgebiet des Rufiji zudem **überwiegend hohe Jahresniederschläge** aufweist, liegen positive Standortfaktoren vor (M 4, M 6).

Negative Standortvoraussetzungen

Allerdings ist die **Niederschlagsvariabilität recht hoch**. Schwerer wiegt aber der Umstand, dass weite Flächen des **UNESCO Weltkulturerbes „Selous Game Reserve"** mit großen Wildtierpopulationen betroffen sind. Dies war 2018 Grund für Widerstände gegen das Abholzen umfangreicher Waldflächen. Die in der südlichen Peripherie gelegene Region musste zudem für Bau und Nutzung überwiegend erst erschlossen und über relativ weite Strecken an das bestehende nationale Stromübertragungsnetz angeschlossen werden, was Zeit- und Kostenaufwand mit sich brachte. Hierbei ist mit **großen Netzverlusten** von fast 20 % zu rechnen, einem etwa dreimal so hohen Verlust wie u. a. in Mitteleuropa; dies **senkt die Rentabilität** deutlich (M 1, M 4–M 7).

Zielsetzungen des Staudammprojektes

Das bedeutendste Ziel ist die deutliche **Steigerung der Stromproduktion**. Diese ist notwendig, weil die Bevölkerung schnell wächst und weil Tansania seine wirtschaftliche Weiterentwicklung in Richtung Industrialisierung beschleunigen möchte. Im nationalen Entwicklungsprogramm „Tanzania Development Vision 2025!" ist eine Steigerung der gesamten nationalen Stromerzeugung von zurzeit ca. 1 600 auf über 10 000 MW vorgesehen. Hierzu soll das Kraftwerk am Stiegler's Gorge Staudamm 2 100 der notwendigen 3 300 MW, die auf Wasserkraft beruhen, beisteuern (M 5).

Vorgesehen ist ebenfalls **die Erweiterung des nationalen Stromübertragungsnetzes** entlang der Landesgrenzen im SO, S und SW zu einem den gesamten Staat umspannenden Ringsystem. Hierfür werden auch die neuen Kapazitäten des Stiegler's Gorge Staudammprojektes benötigt. Außerdem erhofft man sich **Entwicklungsimpulse für** die bisher rückständigen **peripheren** und überwiegend ländlichen **Regionen im Süden** des Landes (M 1, M 2, M 5–M 8).

Teilaufgabe 3

In der dritten Teilaufgabe sollen Sie dazu Stellung nehmen (AFB III), ob der im Zusammenhang mit dem Staudammbau geplante Infrastrukturausbau einen nachhaltigen Entwicklungsimpuls für das Land bedeuten kann. Hier bietet es sich an, den Begriff „Nachhaltigkeit" kurz zu definieren und die folgenden Ausführungen nach ökonomischen, ökologischen und sozialen Aspekten zu gliedern. Beziehen Sie für Ihre abschließende Bewertung, die zwingend erforderlich ist, neben den Materialien (M 2, M 5, M 7, M 8) Ihre eigenen Ausführungen zur zweiten Teilaufgabe mit ein.

Nachhaltigkeit

Unter nachhaltiger Entwicklung versteht man die gleichzeitige Entwicklung in ökonomischer, ökologischer und sozialer Hinsicht. Im Zusammenspiel dieser drei Aspekte soll die Leistungsfähigkeit von Gesellschaften sichergestellt bzw. weiterentwickelt werden.

Positive ökonomische Perspektiven

Der **Ausbau des nationalen Energienetzes** stellt eine wichtige Voraussetzung für die wirtschaftliche Weiterentwicklung Tansanias dar. Hierdurch lassen sich die vorhandenen **regionalen Disparitäten verringern** und die **Gesamtstromproduktion steigern**, was angesichts des prognostizierten Strombedarfs unbedingt notwendig sein wird. Die Stromgewinnung auf der Grundlage **regenerativer Energien** wie der Wasserkraft **reduziert den Anteil fossiler Energieträger** an der Gesamtstromproduktion. Letzterer wird allerdings 2036 mit ca. 15 000 MW voraussichtlich dreimal so hoch sein wie der von Wasserkraft. Der Import teuren Rohöls wird in dem Maße unnötig, wie es gelingt, mit heimischen Energien zumindest einen Teilbedarf zu decken. Das über ausländischen Finanz- und Wissensimport ins Land gelangende Potenzial kann ggf. auch in anderen Wirtschaftsbereichen genutzt werden (M 5).

Negative ökonomische Folgen

Die **Kosten** in Höhe von 3,6 Mrd. EUR – verteilt auf nur drei Jahre – sind im Vergleich zum Handelsvolumen (ca. 14 Mrd. EUR im Jahr 2017) hoch. Tansania kann diese Summe nur mithilfe internationaler Geldgeber aufbringen und macht sich für längere Zeit von diesen **abhängig**. Da Bereiche des Selous Game Reserves für das Rückhaltebecken benutzt werden und immer wieder Bau- und Instandhaltungsarbeiten anfallen dürften, könnten **Einbußen beim Tourismus** die Folge sein. Zudem werden sich im Deltabereich des Rufiji und im vorgelagerten Küstenbereich die Wasserführungsverhältnisse ändern, sodass in dieser Region **Land- und Fischereiwirtschaft in Mitleidenschaft** gezogen werden (M 2, M 6).

Positive ökologische Aspekte

Bis 2036 soll laut Prognose der Anteil regenerativer Energien, v. a. von Wasserkraft, bei ca. 25 % liegen. Dies **verhindert einen noch höheren Ausstoß von CO_2** durch die Nutzung fossiler Energieträger. Und der Anschluss ans Stromnetz ermöglicht es einem größeren Teil der Bevölkerung Tansanias, diesen Energieträger zu nutzen, was den **Holzeinschlag für die häusliche Energieversorgung deutlich reduziert**. Bis 2036 soll die für Siedlungen benötigte Strommenge etwa auf den 8-fachen Indexwert steigen (M 2, M 5).

Negative ökologische Begleit-erscheinungen

Die für den Bau der Damm- und Wehranlagen notwendigen **Eingriffe in das Ökosystem reduzieren die Biodiversität**. Dasselbe gilt für die Vorgänge und Auswirkungen des Flächenverbrauchs und der Flächenversiegelung durch Rückhaltebecken, Verkehrs- und Siedlungsflächen, insbesondere im Bereich des UNESCO Weltkulturerbe-Gebietes. Hinzu kommen Auswirkungen unterhalb des Rufiji-Staudamms am Unterlauf des Flusses im **Delta-Bereich**, wo sich die ökologischen Bedingungen für Flora und Fauna an vielen Stellen grundsätzlich ändern werden (M 6).

Soziale Perspektiven

Das **BIP/Kopf** soll von 1 051 (2018) auf 3 000 US-$ im Jahr 2025 gesteigert werden. Gelingt dies, sollten sich Armut, Hunger und Bildungsnachteile reduzieren und gleichzeitig **Lebensstandard und -erwartung** erhöhen lassen. Der Ausbau des Energienetzes und die Steigerung der jährlichen Stromproduktion stellen hierfür eine wesentliche Voraussetzung dar (M 2, M 8).

Fazit

Tansania, das über nur sehr geringe eigene fossile Energierohstoffe verfügt, ist darauf angewiesen, regenerative Energien – und dabei v. a. Wasserkraft – zur **Stromerzeugung** zu nutzen. Einen wichtigen Beitrag hierzu leistet in der dritten Dekade des 21. Jahrhunderts das Kraftwerk am neuen Stiegler's Gorge Staudamm. Vor dem Hintergrund der prognostizierten Verachtfachung des Strombedarfs bis 2039 bedarf es jedoch vieler weiterer Energieprojekte (M 1, M 8).

Haben Sie daran gedacht?

- *Auf den ersten Seiten dieses Buches finden Sie Hinweise zur Anfertigung Ihrer Lösung.*
- *Ihre Ausführungen sollten mithilfe von Zwischenüberschriften gegliedert sein.*
- *Sind Materialbelege in Klammern angegeben?*
- *Haben Sie auf eine allgemein- und fachsprachlich angemessene Darstellung geachtet?*

Leistungskurs Geographie (NRW) – Abiturprüfung 2021
Aufgabe 1

Thema

Agrarwirtschaftliche Entwicklungen unter dem Einfluss des Weltmarktes – Das Beispiel des Sojaanbaus in Brasilien

Aufgabenstellung

	Punkte
1. Lokalisieren und kennzeichnen Sie die Anbaugebiete von Soja in Brasilien vor dem Hintergrund der naturräumlichen Voraussetzungen.	21
2. Erläutern Sie die Entwicklung des Sojaanbaus in Brasilien.	31
3. Nehmen Sie kritisch Stellung zu dieser agrarwirtschaftlichen Entwicklung.	28

Zugelassene Hilfsmittel

- der an der Schule in der Qualifikationsphase überwiegend verwendete Atlas, in einer für alle Prüflinge gleichen Auflage
- Wörterbuch zur deutschen Rechtschreibung
- Taschenrechner

Materialgrundlage

M 1 Atlaskarten nach Wahl

M 2 Brasilien – Sojaanbau

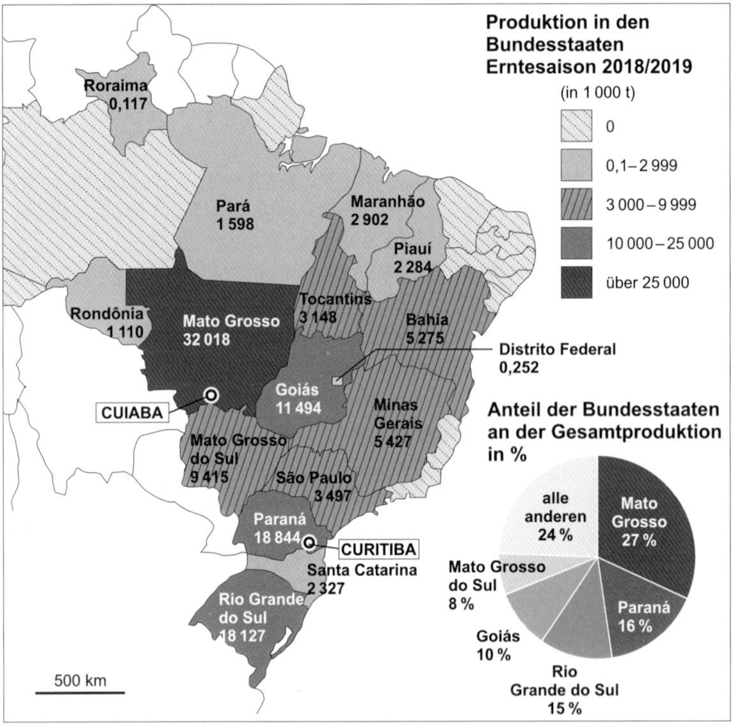

Brazilian Soybean Production by State/VAN Trump Report

M 3 Ausgewählte Klimadaten

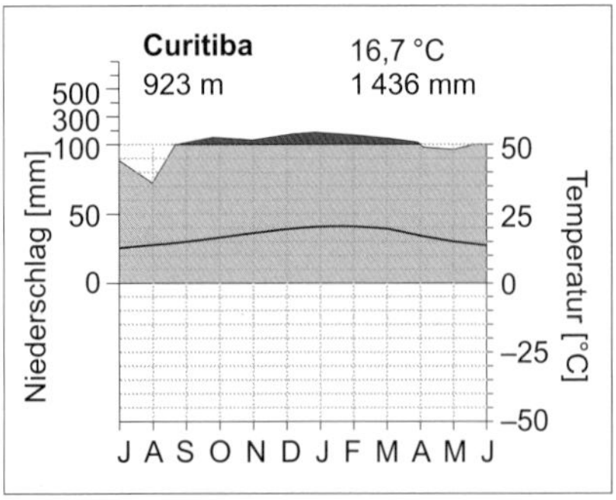

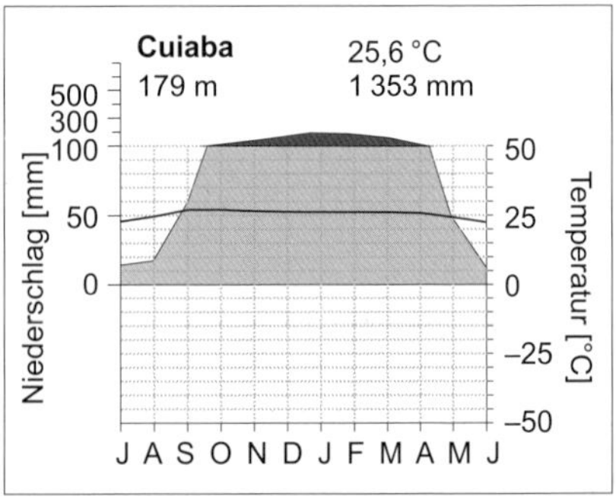

Bernhard Mühr (10.05.2000), Klimadiagramme.de

M 4 Informationen zum brasilianischen Sojaanbau

Eigenschaften	Hülsenfrucht mit 3–5 Bohnen; hoher Fett- (18 %) und Eiweißgehalt (38 %); leichter Anbau und hohe Ertragsleistung
natürliche Klimaansprüche	Klimazone: immerfeuchte Subtropen; die Sojabohne hat hohe Wärmeansprüche (optimale Temperatur 25 °C) und reagiert auf Kälteeinbrüche und Trockenheit mit empfindlichen Ertragseinbußen
Anteil Soja am Gesamtexportwert Brasiliens	1994: 4 % 2018: 11,6 %
Verwendung	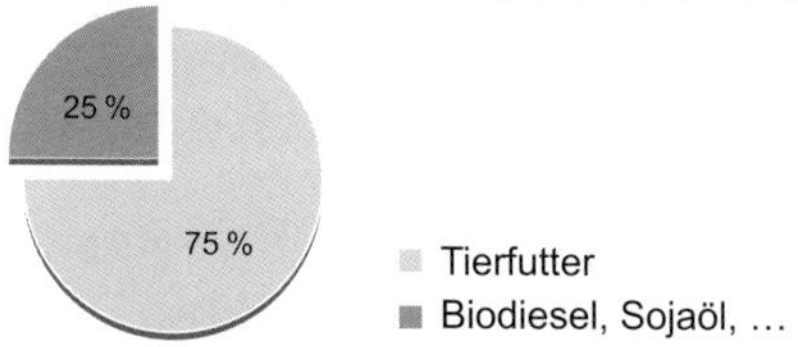
Forschung und Entwicklung	1973 Gründung des brasilianischen landwirtschafltichen Forschungszentrums *Empresa Brasileira de Pesquisa Agropecuária* (EMBRAPA); seit Mitte der 1980er-Jahre Entwicklung neuer (genveränderter) Sojasorten, die u. a. den klimatischen Verhältnisse in tropischen Regionen Brasiliens angepasst sind  Sojaernte in Mato Grosso (2018)

eigene Zusammenstellung, Daten nach: Blumenschein, Markus: Deregulierung in der brasilianischen Sojawirtschaft – Innovation oder Stagnation? In: Geographische Rundschau 56 (2004) H. 11, S. 34 ff.; Anec; Statistisches Bundesamt (Destatis), MCC-Berlin
Foto: Kelvin H. Haboski/Shutterstock.com

M 5 Sojaanbau in Brasilien – Flächenentwicklung und Betriebsgrößen

Anbauflächen

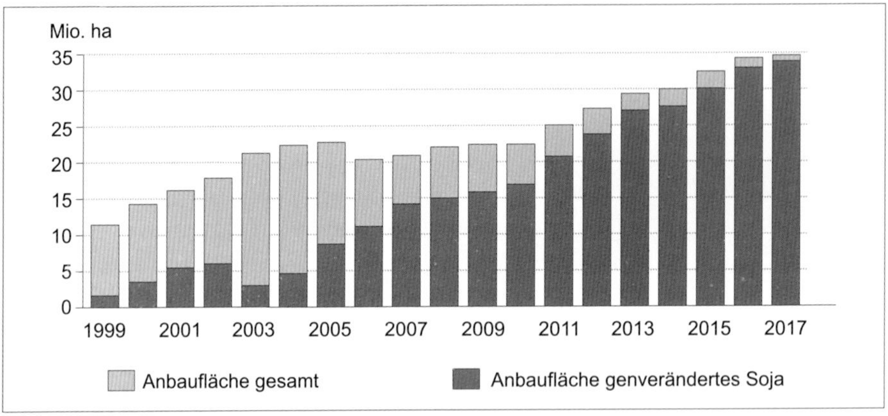

Betriebsgrößen (Stand 2015)

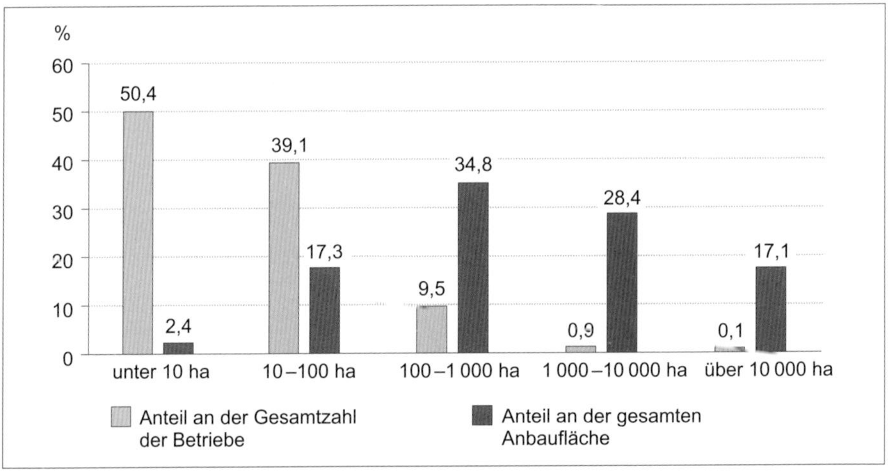

eigene Darstellungen, Daten nach: Öko-Institut e.V.; TopAgrar; Forum Bio- und Gentechnologie e.V.

M 6 Brasilien – Anbauflächen verschiedener Agrarprodukte

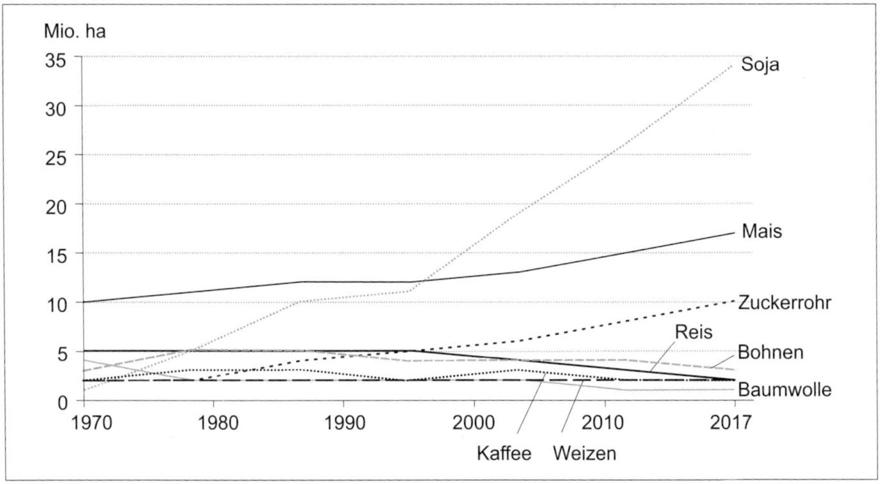

eigene Darstellung nach: https://www.ocl-journal.org/articles/ocl/full_html/2018/01/ocl170039/F3.html (verändert) (Zugriff 12. 10. 2020)

M 7 Brasilien – Arbeitsplätze im Agrarsektor

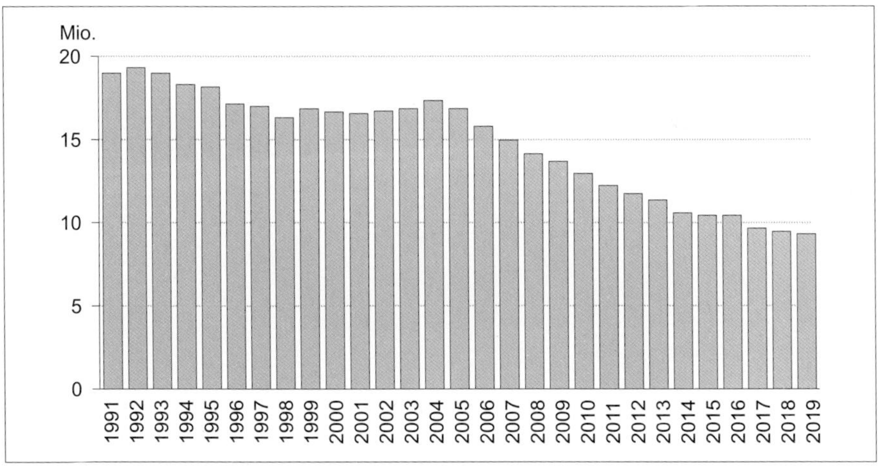

eigene Darstellung nach: https://www.theglobaleconomy.com/Brazil/Employment_in_agriculture/ (Zugriff 12. 10. 2020)

M 8 Soja – globales Handelsgut

Erntemengen der führenden Sojaanbauländer

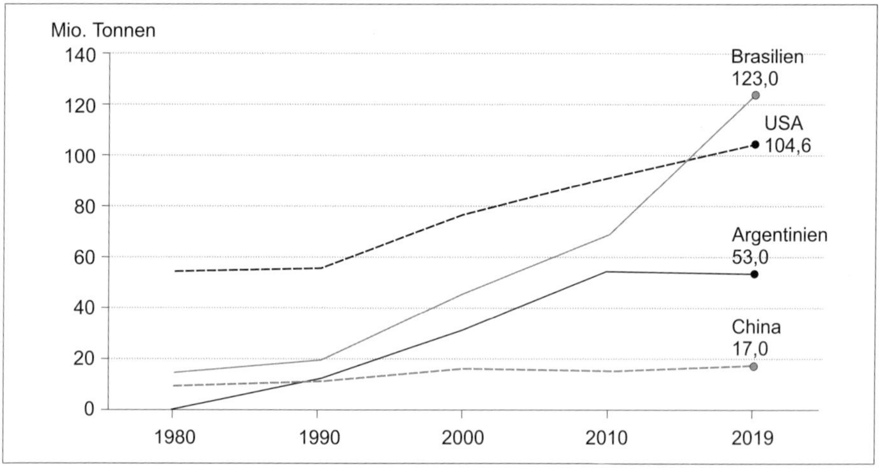

Anmerkung: Welterntemenge 2019: 335 Mio. Tonnen

Haupthandelsströme für Sojabohnen und Sojaschrot

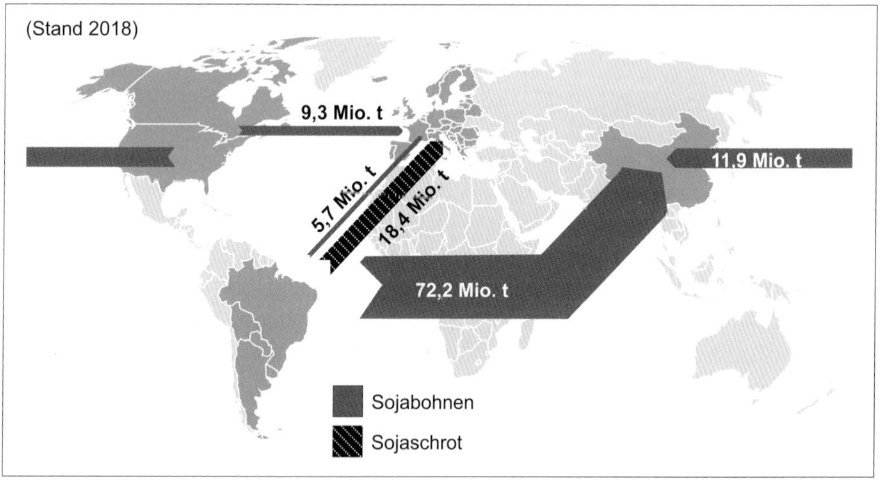

Anmerkung: Sojaschrot entsteht bei der Sojaölgewinnung durch Zerkleinerung von Sojabohnen

eigene Darstellung, Daten nach: Foreign Agricultural Service/USDA, EU-Kommission; www.transgen.de

M 9 Verbreitung der brasilianischen Cerrado
(siehe Farbkarten!)

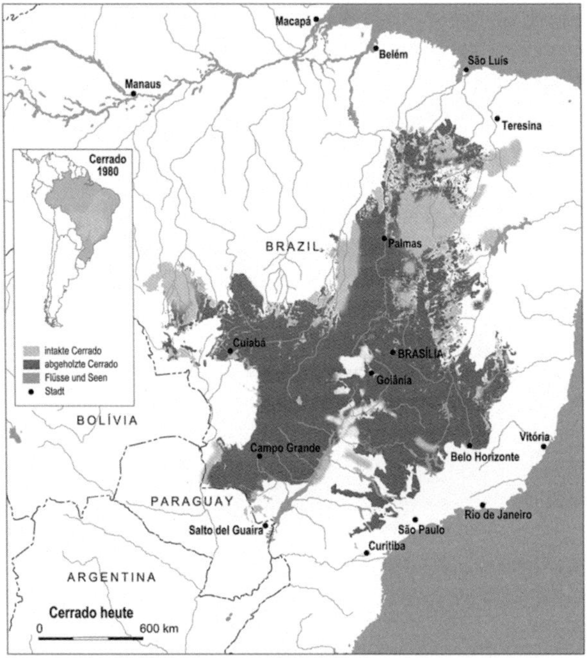

Anmerkung:
Als Cerrado bezeichnet man die Savannen in Südost-Brasilien mit einer Fläche von ursprünglich zwei Millionen Quadratkilometern. Die Cerrados gelten als eine der artenreichsten Savannen der Welt.

© cartomedia, Karlsruhe nach: WWF Schweiz, Brasilianisches Umweltministerium

M 10 Fleischproduktion und Fleischkonsum weltweit

Weltfleischproduktion

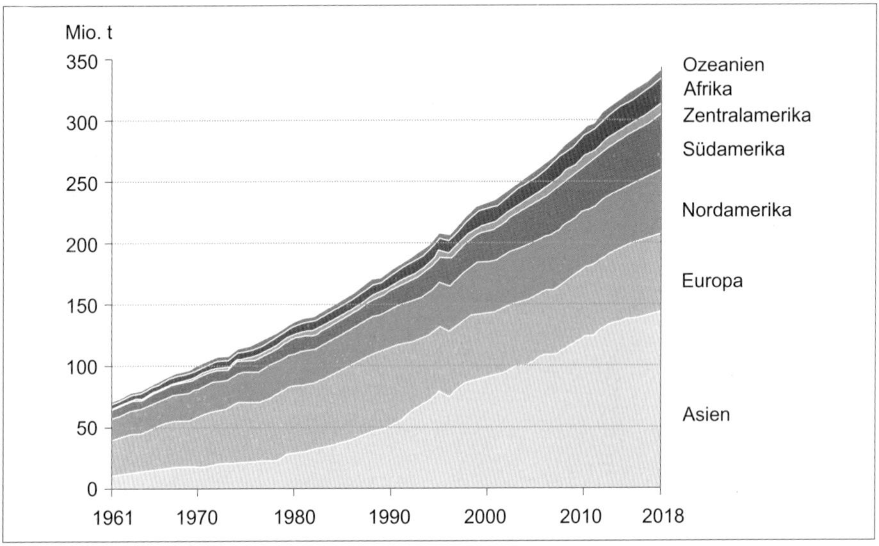

Fleischkonsum in ausgewählten Ländern (kg/Kopf/Jahr)

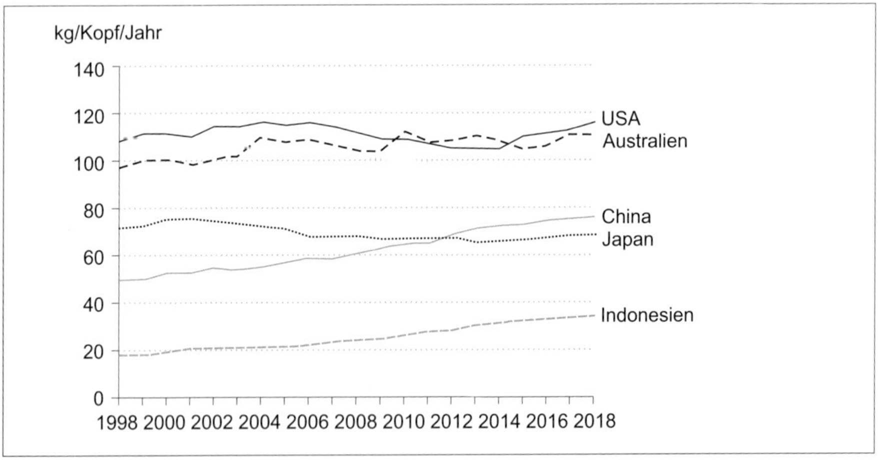

Ernährungs- und Landwirtschaftsorganisation der Vereinten Nationen (FAO) (2020), OurWorldInData.org/meat-production, CC BY 4.0; eigene Darstellung nach: www.agriculture.gov.au/abares/research-tropics/agricultural-outlook/meat-consumption (Zugriff 12. 10. 2020)

Die Aufgabe bezieht sich auf die folgenden Elemente des Kernlehrplans und die Vorgaben 2021:
- **Inhaltsfeld 3:**
  - Landwirtschaftliche Strukturen in verschiedenen Klima- und Vegetationszonen
  - Intensivierung der landwirtschaftlichen Produktion in der gemäßigten Zone und in den Subtropen
  - Landwirtschaft im Spannungsfeld zwischen Ressourcengefährdung und Nachhaltigkeit

Lösungsvorschlag

Teilaufgabe 1

In dieser Teilaufgabe sollen Sie zunächst die Anbaugebiete von Soja in Brasilien verorten. Anschließend sollen Sie die Anbaugebiete im Hinblick auf das Klima sowie weitere naturräumliche Voraussetzungen kennzeichnen. Hierzu müssen Sie sowohl den Atlas als auch M 2 und M 3 verwenden. Die Klimadiagramme (M 3) können Sie mithilfe des Atlas lokalisieren. Informationen zu den Standortbedingungen von Soja entnehmen Sie M 4.

Lokalisierung

Die Anbaugebiete von Soja in Brasilien befinden sich in den Provinzen in der Mitte sowie im Süden und erstrecken sich zwischen den **Tropen** und den **Subtropen**, von etwa 5 Grad bis 30 Grad südlicher Breite. Der Schwerpunkt des Anbaus liegt in der Provinz Mato Grosso sowie in den daran angrenzenden Provinzen südlich und südöstlich davon. Die Provinzen Rondônia, Mato Grosso, Pará und Maranhão haben Anteil am **tropischen Regenwald,** die südöstlichen Anbaugebiete liegen in der **Savanne** (M 1, M 2).

Klimatische Voraussetzungen

Da die fett- und eiweißhaltige Sojabohne leicht anzubauen ist und eine **hohe Ertragsleistung** hat, wird sie in Brasilien großflächig in **Monokultur** dort kultiviert, wo die **klimatischen Bedingungen** den **Standortansprüchen** entsprechen. Die Pflanze benötigt eine hohe Temperatur, optimal sind 25 Grad Celsius, und sie verträgt weder Kälteeinbrüche noch Trockenheit. Im Norden in der Provinz Mato Grosso ist die **Temperatur ganzjährig hoch**, im **Jahresdurchschnitt** beträgt sie 25,6 Grad Celsius. Auch die Niederschläge sind hier vor allem in den **humiden Monaten** von September bis Mai ausreichend vorhanden, der Jahresniederschlag beträgt 1 353 mm. Im Süden in der Provinz Paraná sind sowohl die Temperaturen als auch die Niederschläge anders verteilt. Im Juni – Juli liegt das **Monatsmittel** bei 15 Grad Celsius, im Januar – Februar wird das

Maximum von 20 Grad Celsius erreicht. Der Jahresniederschlag liegt mit 1 436 mm etwas höher als in Mato Grosso und es ist hier **ganzjährig humid** (M 1, M 3, M 4).

Merkmale des Anbaus

Ein weiterer günstiger Faktor für den Anbau von Soja in den brasilianischen Provinzen ist die große **potenzielle Flächenverfügbarkeit**. Bereits heute gibt es Anbauflächen auf **ehemaligen Regenwald- und zunehmend Savannenflächen**. Um diesen Anbau zu ermöglichen und auch weiter auszudehnen, wurde das Saatgut bereits Mitte der 1980er-Jahre durch **Genveränderung** den Bedingungen in den tropischen Regionen angepasst. Insgesamt werden durch den **intensivlandwirtschaftlichen Anbau** hohe Erträge erzielt. Etwas mehr als drei Viertel der Gesamtproduktion findet in fünf Bundesstaaten statt. Allein in Mato Grosso wird ein Drittel der Gesamtproduktion generiert. Die Erträge lagen hier 2018/19 bei 32 Mio. t. Ein weiteres Drittel wird in den südlichen Bundesstaaten Paraná und Rio Grande produziert. Die Bundesstaaten Goiás, im Zentrum des Landes, und das daran südwestlich angrenzende Mato Grosso do Sul tragen weitere 18 % zur Sojaproduktion bei (M 1, M 2, M 4).

Teilaufgabe 2

In dieser Teilaufgabe sollen Sie die Daten zur Entwicklung des Sojaanbaus in Brasilien näher betrachten. Dazu entnehmen Sie den Materialien 5 und 6 Informationen über die Entwicklung der Flächen und Betriebsgrößen für den Sojaanbau und verknüpfen diese mit den Daten zu Arbeitsplätzen in Material 7. Außerdem müssen Sie diese Entwicklung vor dem Hintergrund der (welt-)wirtschaftlichen Bedeutung von Soja und der sich verändernden Konsumgewohnheiten analysieren. Dazu ziehen Sie die Materialien 4, 8 und 10 heran.

Einflussfaktoren

Agrartechnische Innovationen wie die **Forschung und Weiterentwicklung** von **genverändertem Saatgut** sowie eine erhöhte Nachfrage nach Soja auf dem Weltmarkt haben die Entwicklung des Sojaanbaus in Brasilien entscheidend beeinflusst. Da Soja u. a. als Tierfutter verwendet wird, beruht die veränderte Nachfrage einerseits auf einem **wachsenden Fleischkonsum** weltweit. In den Industrieländern ist der Pro-Kopf-Verbrauch von Fleisch fast unverändert hoch geblieben, in Schwellenländern wie China ist dieser in den letzten 20 Jahren um fast 30 kg gestiegen. Die Fleischproduktion in Asien liegt inzwischen bei ca. 130 Mio. t. Andererseits steigt die Nachfrage durch die Produktion von **Biokraftstoffen**. Infolgedessen entfallen drei Viertel der brasilianischen Sojaproduktion auf Tierfutter, ein Viertel auf die Verwendung für Biodiesel oder Sojaöl (M 4, M 8, M 10).

Entwicklung des Sojaanbaus

Seit 1994 hat sich der Anteil am **Gesamtexport** Brasiliens von 4 % auf 11,6 % fast verdreifacht, was sich auch in der Entwicklung der **Anbaufläche** von Soja zeigt, die sich stetig vergrößert hat. Zum Ende des Jahrtausends betrug die Anbaufläche ca. 12 Mio. ha. Bereits 2005 hatte sie sich verdoppelt. Nach einem leichten Rückgang und einer Stagnation in den Folgejahren ist die Fläche seit 2011 kontinuierlich auf 35 Mio. ha (2017) gewachsen. Diese **Flächenerweiterung** wurde u. a. durch die **Nutzbarmachung** großer Savannenflächen in der brasilianischen Cerrado durch **großflächige Abholzung** erreicht. Diese befindet sich im Südosten des Landes, wo einige der Gebiete liegen, in denen am meisten Soja produziert wird. Auffällig ist zudem, dass in den letzten rund zwei Jahrzehnten der Anteil von Flächen mit **genverändertem Soja** immer mehr zugenommen hat. 2017 wurde fast ausschließlich diese Form des Saatguts für den Anbau verwendet. Im Vergleich zum steilen Anstieg der Anbaufläche für Soja seit Mitte der 1990er-Jahre zeigt sich bei anderen Anbauprodukten ein deutlich geringeres Wachstum, z. B. bei Mais und Zuckerrohr, oder sogar ein Rückgang, z. B. bei Kaffee oder Reis. Beides ist ein Hinweis auf **Intensivierung** und **Spezialisierung** als Merkmale der **industrialisierten Landwirtschaft** (M 2, M 4–M 6, M 9).

Der großflächige Sojaanbau spiegelt sich auch in den **Betriebsgrößen** wider. Zwar haben die Hälfte der Betriebe eine Größe von unter 10 ha, diese machen aber nur 2,4 % der Anbaufläche von Soja aus. 45,5 % der Anbaufläche gehören zu **Großbetrieben** zwischen 1 000 und 10 000 ha oder größer. Weitere 34,8 % der Anbaufläche liegen bei Betrieben mit einer Größe von 100 bis 1 000 ha. Allerdings stellen diese Großbetriebe nur einen Anteil von 9,5 % an der Gesamtzahl der Betriebe dar, was ein weiterer Beleg für die Industrialisierung der Landwirtschaft Brasiliens ist. Ein weiteres Merkmal dieser Form der Landwirtschaft ist die **Mechanisierung und Technisierung**, die an der Entwicklung der Arbeitsplätze deutlich wird, da der Einsatz von Maschinen und Technik Arbeitskräfte ersetzt. Ungefähr im gleichen Zeitraum, in dem die Anbaufläche vergrößert wurde, hat sich die Zahl der Arbeitsplätze halbiert: 1999 waren es noch ca. 17 Mio., 2019 nur noch ca. 9 Mio. Vor 1999 lag die Zahl sogar noch höher bei fast 20 Mio. (M 5, M 7).

Wirtschaftliche Bedeutung

Durch diese Entwicklungen hin zur **industriellen Massenproduktion** von Soja ist Brasilien der **führende Sojaproduzent** weltweit und hat seit 2015 die USA in der Produktionsmenge überboten. 123 Mio. t, d. h. ein Drittel der Welterntemenge von Soja werden aktuell in Brasilien produziert, weitere 105 Mio. t kommen aus den USA, während Argentinien und China eine vergleichsweise geringere Rolle spielen. Somit werden auch die **Haupthandelsströme** durch die Dominanz Brasiliens auf diesem Exportmarkt bestimmt. **Hauptimporteur** von Sojabohnen ist China, wo diese aufgrund des steigenden Fleischkonsums als Tierfutter benötigt werden. Sojaschrot und eine kleinere Menge von Sojabohnen werden nach Europa ausgeführt. Auf diese Weise stellt Soja ein wichtiges **Außenhandelsgut** für Brasilien dar, durch das Devisen ins Land fließen (M 8, M 10).

Teilaufgabe 3

Für diese Teilaufgabe sollen Sie unter Abwägung positiver und negativer Punkte kritisch Stellung zu dieser agrarwirtschaftlichen Entwicklung nehmen. Hierzu sollten Sie auf wirtschaftliche, soziale und ökologische Aspekte eingehen (M 4–M 10).

Wirtschaftsfaktor Soja

Es ist zu erwarten, dass sich die **wirtschaftliche Bedeutung** des Sojaanbaus für Brasilien noch weiter festigen wird. Hinweise hierauf geben die führende Stellung, die Soja in der brasilianischen Landwirtschaft einnimmt, aber auch das **Konsumverhalten** in anderen Regionen der Erde. Durch die wirtschaftliche Weiterentwicklung von Schwellenländern, insbesondere in Asien, wird der Fleischkonsum weiter zunehmen und die Handelsbeziehung zu China als Hauptabsatzmarkt Bestand haben bzw. ausgebaut werden können. Folglich ist ein **Ausbau der Produktion** durch **Ausweitung der Flächen** sowie **Steigerung der Ertragsmengen** zu erwarten. Andererseits begibt sich das Land durch die Spezialisierung auf dieses Anbauprodukt in eine **wirtschaftliche Abhängigkeit**, denn als Welthandelsgut unterliegen die Preise auf dem Weltmarkt Angebot und Nachfrage. Kommt es beispielsweise zu Ertragsrückgängen durch **Ernteausfälle**, weil in **Monokultur** angebaute Pflanzen anfälliger für Krankheiten sind, entsteht hieraus ein wirtschaftlicher Nachteil für Brasilien, der nicht so leicht aufgefangen werden kann, wenn andere Anbauprodukte kaum noch eine Rolle spielen (M 4, M 8, M 10).

Die stetige Ausweitung der Anbauflächen hat zudem weitreichende Folgen für **Ökosysteme** und **Biodiversität**. Durch den großflächigen Anbau in Monokultur werden die Artenvielfalt und ökologische Kreisläufe zerstört. Bis heute wurde beispielsweise bereits ein Großteil der Cerrado abgeholzt und so eine der **artenreichsten Savannen** der Welt für die industrialisierte Landwirtschaft und wirtschaftliche Interessen geopfert. Insgesamt umfasste die Cerrado 2 Mio. Quadratkilometer, sodass sich die Abholzung nicht nur auf das **Mikroklima** in Form von steigenden Temperaturen und geringeren Niederschlägen auswirkt, sondern auch Einfluss auf die **globale Erwärmung** und den **Klimawandel** hat (M 6, M 9).

Ökologische Folgen

Ein weiterer kritischer Aspekt ist der vermehrte Einsatz von genverändertem Saatgut, durch das versucht wird, Pflanzen den Standortbedingungen optimal anzupassen. Ungeklärt ist jedoch einerseits, welche Folgen für die Umwelt dieses Saatgut mit sich bringt, und andererseits, welche Auswirkungen es auf die Menschen hat, wenn sie indirekt über den Fleischkonsum genveränderten Soja zu sich nehmen (M 4, M 10).

Nicht zuletzt sollten die Folgen für den **Arbeitsmarkt** und **landwirtschaftliche Strukturen** bedacht werden. Zum einen ist es positiv, dass die Sojaproduktion eine immer noch recht **hohe Zahl an Arbeitsplätzen** generiert. Zum anderen gibt ihre kontinuierliche Verringerung Anlass zur Sorge. Durch den hohen Grad an Technisierung gehen auf Dauer v. a. Arbeitsplätze für **gering Qualifizierte** verloren. Ebenso ist die Dominanz der Sojaproduktion durch **Großbetriebe** kritisch zu sehen, da **bäuerliche Kleinbetriebe** aus diesem Sektor verdrängt werden und nicht vom Export profitieren können. Dagegen nehmen die wenigen Großbetriebe in gewisser Weise eine **Monopolstellung** ein und können die Entwicklungen im Sojaanbau weitgehend bestimmen (M 4, M 5, M 7, M 8).

Soziale Aspekte

Sicherlich bietet die industrialisierte Landwirtschaft mit Spezialisierung auf den Sojaanbau eine gute Chance für Brasilien, sich wirtschaftlich zu entwickeln, am Welthandel teilzuhaben und vielen Menschen ein Einkommen zu garantieren. Trotzdem geschieht dies auf Kosten der Umwelt mit weitreichenden lokalen und globalen Folgen. Der wirtschaftliche Gewinn ist ggf. bei sich verändernden Bedingungen auf dem Weltmarkt nur kurzfristig, die Zerstörung von Ökosystemen in den Tropen dagegen wirkt sich langfristig aus und ist irreversibel.

Fazit

Leistungskurs Geographie (NRW) – Abiturprüfung 2021
Aufgabe 2

Thema

Neugründung multifunktionaler Zentren im Randbereich von Metropolen als Beitrag zu einer nachhaltigen Stadtentwicklung? – Das Projekt Seestadt Aspern, Wien

Aufgabenstellung	Punkte
1. Lokalisieren Sie Wien und kennzeichnen Sie die wirtschaftliche Bedeutung und demografische Entwicklung der Stadt sowie die daraus resultierenden Herausforderungen im Bereich der Stadtentwicklung.	25
2. Erläutern Sie vor diesem Hintergrund Lage, Entwicklung und Strukturen des neuen Stadtteils Seestadt Aspern.	30
3. Nehmen Sie kritisch Stellung zur Themenfrage.	25

Zugelassene Hilfsmittel

- der an der Schule in der Qualifikationsphase überwiegend verwendete Atlas, in einer für alle Prüflinge gleichen Auflage
- Wörterbuch zur deutschen Rechtschreibung
- Taschenrechner

Materialgrundlage

M 1 Atlaskarten nach Wahl

M 2 Wien – administrative Gliederung

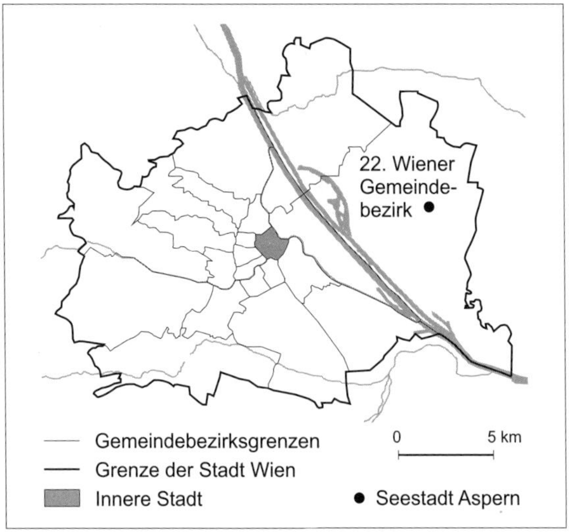

TomGonzales/Wikipedia, CC BY-SA 3.0

M 3 Wien – Wirtschaftsstandort

BIP / Kopf (in €)	1991	2000	2010	2018
Wien	24 871	37 200	46 100	51 000
zum Vergleich: Österreich	18 820	26 660	35 390	43 640

Anteil Wiens an der Bruttowertschöpfung Österreichs 2017 [%]	Wien gesamt	Private Dienstleistungen	Öffentliche Dienstleistungen	Produzierender Bereich
	25,4	31,3	28,7	13,4
Wirtschaftsstandort	• rund 100 000 Unternehmen, davon ca. 1 000 im Bereich Forschung und Entwicklung • über 200 internationale Firmenzentralen, häufig mit Zuständigkeit für Zentral- und Osteuropa • 20 Universitäten mit ca. 200 000 Studierenden			
Internationale Bedeutung	• seit 1989 Brückenfunktion Wiens zwischen West- und Osteuropa • seit 1994 Sitz der OSZE (Organisation für Sicherheit und Zusammenarbeit in Europa) • seit 2003 Bestandteil der grenzüberschreitenden Europaregion CENTROPE			

eigene Zusammenstellung, Daten nach: www.wien.gv.at/statistik/pdf/jahrbuch-2019.pdf; www.wien.gv. at/statistik/pdf/wirtschaftsstandort-2018.pdf; https://investinaustria.at/de/standort-oesterreich/bundeslaender/wien.php; www.wien.gv.at/wirtschaft/eu-strategie/centrope.html (Zugriff 12.06.2020)

M 4 Wien – Demografie

Räumliche Bevölkerungsentwicklung 2012 – 2017 *(siehe Farbkarten!)*

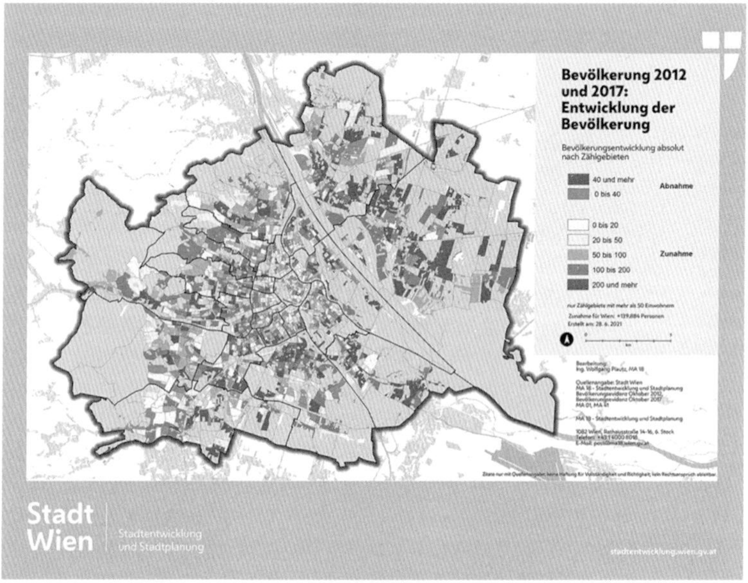

© Stadt Wien, Stadtentwicklung und Stadtplanung / Stand: 2020

Entwicklung der Gesamtbevölkerung

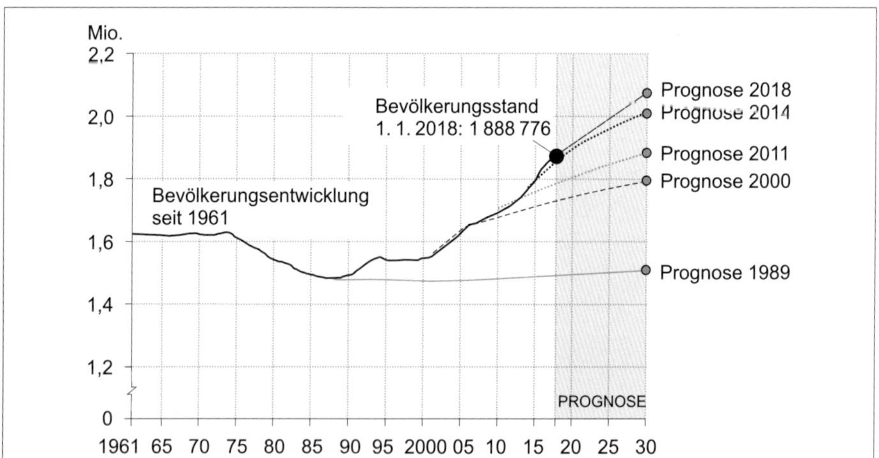

Statistik Austria, Lutz et al. (2003), Lebhart et al. (2014), S. 29, https://www.wien.gv.at/statistik/pdf/bev-prog-2018.pdf

M 5 Seestadt Aspern – Daten der Stadteilentwicklung

Vornutzung	1912–1977: Flughafen Wien-Aspern, einst größter österreichischer Flughafen und Vorgänger des heutigen Flughafens Wien-Schwechat	
Fläche	ca. 223 ha	
Investitions-volumen	5 Mrd. Euro	
Bevölkerungs-dichte	**Seestadt Aspern** ca. 8 333 EW/km² (geplant)	**Stadt Wien** 4 574 EW/km² (2019)
Klima- und Umweltschutz-ziele u. a.	• Reduktion des Energieverbrauchs der Gebäude durch energiesparenden Stadtgrundriss und höchstmögliche Energieeffizienz • Steigerung des Anteils des Bruttoendenergieverbrauchs aus erneuerbaren Quellen • Schaffung eines positiven Mikroklimas • Stärkung CO_2-armer Mobilität	
Zeitliche Entwicklung des Projekts	1992	erste Pläne für einen „innovativen Stadtteil" auf dem alten Flughafengelände
	2004	Gründung der Asperner Flugfeld Süd Entwicklungs- und Verwertungs-AG
	2009	Abbruch der Roll- und Landebahnen
	2012	Eröffnung des *aspern IQ* (Technologiezentrum) als erstes energieautarkes Gebäude in der Seestadt
	2013	Baustart für die ersten Quartiere südlich des Sees; Anteil an geförderten Mietwohnungen: 94 % Anteil an geförderten Eigentumswohnungen: 6 % Gründung der Forschungsgesellschaft *Aspern Smart City Research*: Seestadt Aspern wird zum Vorzeigeprojekt für die Erforschung der Energiezukunft von Städten
	2014	erste Bewohner ziehen in die Seestadt ein
	2015	Eröffnung Seepark, Einkaufsstraße im Süden, Bildungscampus (Kindergarten, Volksschule, allgemeinbildende und berufsbildende höhere Schule)
	2016	Auszeichnung des Forschungsprojektes *Aspern Smart City Research* mit dem *World Smart City Award*
	2017	Eröffnung Que[e]rbau-Seestadt-Haus (Wohnprojekt mit individuell geplanten Wohnungen für eine vielfältige, diverse Bewohner*-innenschaft)

Zeitliche Entwicklung des Projekts	2019	Baubeginn der ersten Ausbauphase nördlich des Sees mit 1 250 Wohnungen für 2 500 Menschen (davon 2/3 gefördert), Gewerbehof mit Lehrwerkstätten, Schulcampus, „Campus der Religionen“, Jugend- und Kultureinrichtungen, 5 000 m² Büroflächen sowie weiteren Gewerbe- und Einzelhandelsflächen; Teil der Internationalen Bauausstellung Wien 2022, Leitthema: „Neues soziales Wohnen“		
Bruttokaltmieten (2019)	**1 Seestadt Aspern** 2–14 EUR/m²		**22. Bezirk** 16 EUR/m²	**Wiener Innenstadt** 19 EUR/m²

eigene Zusammenstellung, Daten nach: Wikipedia; Caritas Wien; Transformplus; Aspern-Seestadt

M 6 Seestadt Aspern – Planung und Entwicklungsetappen
(siehe Farbkarten!)

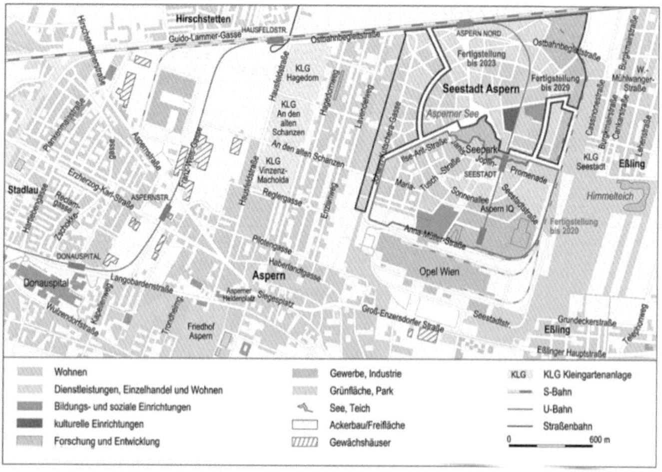

M 7 Seestadt Aspern – physiognomische Merkmale *(siehe Farbkarten!)*

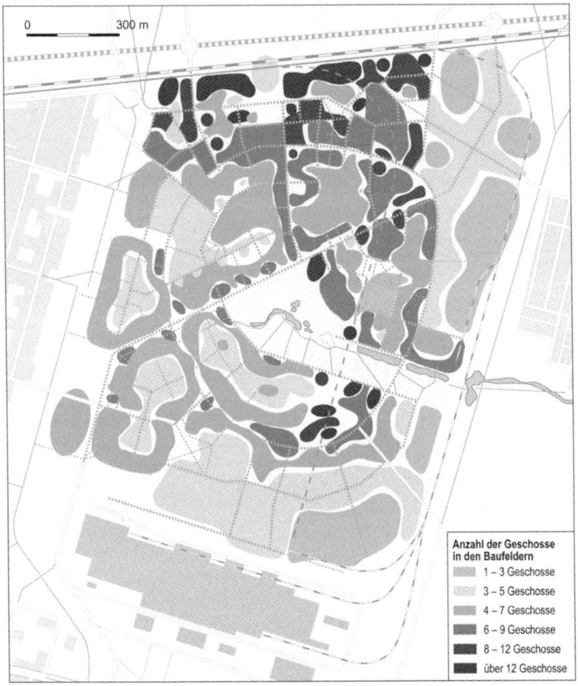

© cartomedia, Karlsruhe, nach: Tovatt Architects and Planners AB/Stadt Wien

Schrägluftbild Seestadt Aspern 2019

© Stadt Wien/ Christian Fürthner

M 8 Seestadt Aspern – Bevölkerungsstruktur

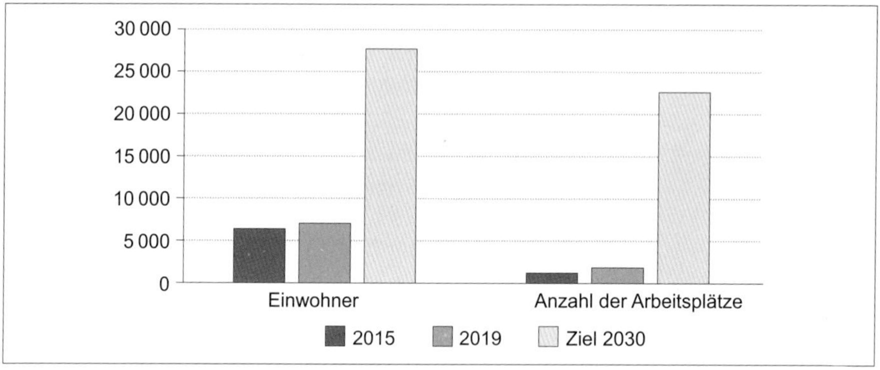

Personen pro Haushalt

Haushaltstyp	Seestadt Aspern	Wien
Einpersonen-Haushalt	22 %	45 %
Zweipersonen-Haushalt	42 %	30 %
Alleinerziehende	7 %	k. A.

Haushaltstyp	Seestadt Aspern	Wien
Eltern mit Kind/ern	25 %	k. A.
Wohn-gemeinschaft	3 %	k. A.
Sonstige	1 %	k. A.

(Angaben basierend auf der Stichprobe einer Befragung von 467 Bewohner*innen nach Besiedlung des ersten Quartiers im Südwesten der Seestadt 2015)

Altersstruktur (2016) [%]

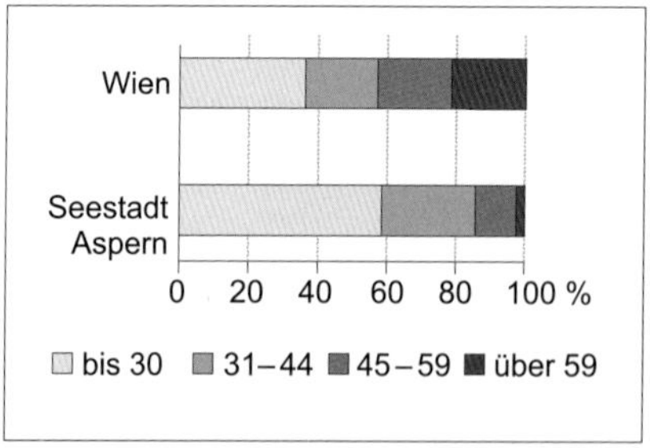

Bildungsniveau (2016)

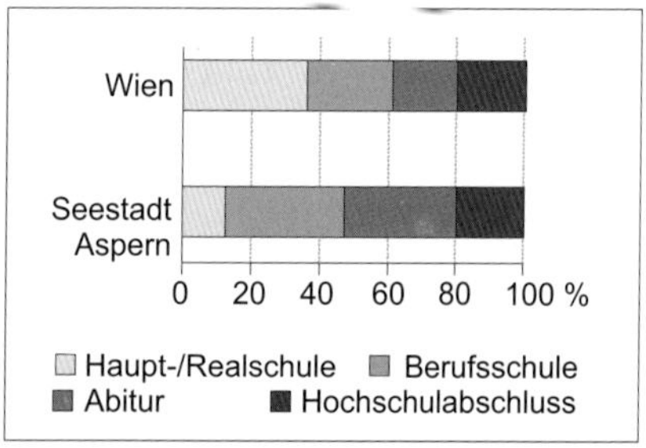

eigene Zusammenstellung, Daten nach: https://www.wohnbauforschung.at/index.php?inc=download&id =5808; https://www.stadtregionen.at/wien (Zugriff jeweils 22. 04. 2020)

M 9 Seestadt Aspern – Mobilitätskonzept
(siehe Farbkarten!)

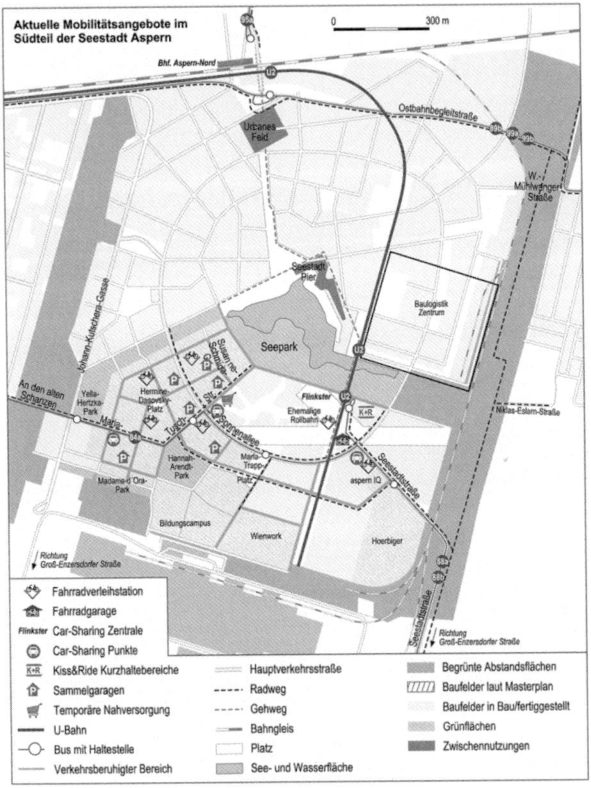

© cartomedia, Karlsruhe, nach: Mobilitätsangebote Aspern Seestadt (Stand 2016), https://www.wien.gv.at/stadtentwicklung/projekte/aspern-seestadt/verkehr/mobilitaet.html

Die Aufgabe bezieht sich auf die folgenden Elemente des Kernlehrplans und die Vorgaben 2021:

- **Inhaltsfeld 5:** Stadtentwicklung und Stadtstrukturen
  - Merkmale, innere Differenzierung und Wandel von Städten
  - Demografischer und sozialer Wandel als Herausforderung für zukunftsorientierte Stadtentwicklung
- **Inhaltsfeld 7:** Dienstleistungen in ihrer Bedeutung für Wirtschafts- und Beschäftigungsstrukturen
  - Entwicklung von Wirtschafts- und Beschäftigungsstrukturen im Prozess der Tertiärisierung

Lösungsvorschlag

Teilaufgabe 1

In dieser Teilaufgabe sollen Sie zunächst die Stadt Wien aufgabenbezogen räumlich einordnen. Berücksichtigen Sie hierbei verschiedene Karten sowie M 2. Im zweiten Teil der Aufgabe sollen Sie in einem ersten Schritt anhand von M 3 die wirtschaftliche Bedeutung der Stadt und mithilfe von M 4, M 5 und M 8 ihre demografische Entwicklung erarbeiten, um dann im zweiten Schritt auf die daraus resultierenden Herausforderungen in Bezug auf die Stadtentwicklung einzugehen.

Lokalisierung

Wien ist die **Hauptstadt** Österreichs und liegt im Osten des Landes in geringer Entfernung zur slowakischen Grenze im Osten und der tschechischen Grenze im Norden. Die Hauptstadt der Slowakei, Bratislava, ist die nächste größere Stadt im Umkreis von Wien und liegt etwa 60 km entfernt. Wien liegt am Fluss Donau, einer bedeutenden europäischen Wasserroute. Dieser fließt von Nordwesten nach Südosten durch die Stadt. Außerdem hat Wien durch zahlreiche Fernverkehrsstraßen, die sternförmig in alle Richtungen führen, eine Anbindung zu allen österreichischen Landesteilen sowie in die Nachbarländer Ungarn, Slowakei und Tschechien. Die Stadt ist eingeteilt in 22 Gemeindebezirke, die sich rund um die Innere Stadt nach außen ausdehnen. Die Nord-Süd-Ausdehnung beträgt ca. 23 km, von West nach Ost sind es ca. 30 km. Im 22. Gemeindebezirk östlich der Innenstadt liegt die Seestadt Aspern (M 1, M 2).

Wirtschaftliche Bedeutung

Der Stadt Wien kommt durch die **Funktion als Hauptstadt** des Landes auch in wirtschaftlicher Hinsicht eine besondere Bedeutung zu. Der Anteil der gesamten österreichischen **Bruttowertschöpfung** lag 2017 bei 25,4 %. Der wirtschaftliche Schwerpunkt liegt in den **öffentlichen** und **privaten Dienstleistungen**, die beide je ca. ein Drittel der Bruttowertschöpfung Österreichs ausmachen. Der

produzierende Bereich hat mit 13,4 % eine geringere Bedeutung. Der hohe Anteil an Dienstleistungen spiegelt sich in der Struktur des Wirtschaftsstandorts wider. Rund 100 000 Unternehmen insgesamt haben hier ihren Sitz. Etwa 1 000 davon sind im Bereich **Forschung und Entwicklung** tätig und können durch die Zusammenarbeit mit den ansässigen 20 Universitäten in Bezug auf den Austausch von Know-how und der Verfügbarkeit von Arbeitskräften profitieren. Außerdem ist Wien Standort von mehr als 200 Firmenzentralen internationaler Unternehmen, die für Zentral- und Osteuropa zuständig sind. Hier spielt sowohl die **Brückenfunktion** der Stadt zwischen Ost- und Westeuropa, die seit 1989 besteht, als auch die Lage in der **grenzüberschreitenden Europaregion** CENTROPE eine wichtige Rolle, um Unternehmen anzuziehen. Nicht zuletzt wird die wirtschaftliche Bedeutung der Hauptstadt durch das **BIP pro Kopf** hervorgehoben, das mit 51 000 Euro etwa 7 000 Euro über dem Österreichs liegt (M 3).

Demografische Entwicklung

Die **Bevölkerungszahl** lag 2018 mit 1 888 776 Mio. um etwa 300 000 höher als vor 50 Jahren. Dieser Anstieg verlief allerdings nicht kontinuierlich, ab Mitte der 1970er-Jahre sank vielmehr die Einwohnerzahl bis auf einen Tiefpunkt von ca. 1,5 Mio. um 1990. Davon ausgehend sagte eine Prognose bis 2030 nur ein leichtes Wachstum voraus. In der Realität war die Entwicklung jedoch gegenläufig. Insbesondere nach der Jahrtausendwende war ein **Bevölkerungszuwachs** von fast 400 000 innerhalb einer relativ kurzen Zeitspanne zu verzeichnen, was die Prognosen von 2000, 2011 und 2014 übertraf. Derzeitige Prognosen gehen von einem weiteren Anstieg auf über 2 Mio. Einwohner bis 2030 aus. Diese Entwicklung ist auch auf die wachsende Bedeutung Wiens als **Wirtschafts-** und **Dienstleistungsstandort** zurückzuführen (M 4).

Der Anstieg der Bevölkerung zeigt sich auch in der Bevölkerungsentwicklung im Stadtgebiet. Die **Bevölkerungsdichte** liegt bei durchschnittlich 4 574 Einwohnern pro Quadratkilometer, jedoch ist die Verteilung unterschiedlich. Es wird deutlich, dass es zwar in allen Stadtbezirken Zählgebiete gibt, in denen die Bevölkerung zwischen 2012 und 2017 abgenommen hat, z. B. im Zentrum. Auffälliger ist aber das Wachstum der Bevölkerung in weitaus mehr Zählgebieten. Diese verteilen sich über das gesamte Stadtgebiet, nordöstlich der Donau gibt es großflächige Zählgebiete, die einen Zuwachs zwischen 101 und 300 oder sogar darüber hinaus aufweisen (M 4, M 5).

Wien hat eine eher **junge Bevölkerung**. Die Altersgruppe der unter 30-Jährigen macht fast 40 % der Gesamtbevölkerung der Stadt aus, was u. a. auch auf die vielen Studierenden zurückzuführen ist. Die Altersgruppe der über 59-Jährigen ist mit etwas mehr als 20 % nur geringfügig größer als die mittleren Altersgruppen von 31–44 sowie 45–59 Jahren. Aufgrund der Altersstruktur ergibt sich ein hoher Anteil an **Einpersonen- und Zweipersonen-Haushalten**, die zusammen drei Viertel der Haushalte ausmachen (M 8).

Stadtplanerische Herausforderungen

Durch die starke Bevölkerungszunahme einerseits und die Bevölkerungsstruktur andererseits hat die Stadt Wien Herausforderungen in der **Stadtentwicklung** zu meistern. Diese bestehen vor allem darin, neuen **energieeffizienten Wohnraum** zu schaffen und Wohngebiete zu entwickeln, aber auch **Altbauten zu sanieren**, sodass alle Bevölkerungsgruppen berücksichtigt werden und Wohnen bezahlbar bleibt. Gleichzeitig muss auch die Entwicklung und Optimierung der **Verkehrsinfrastruktur** in den Blick genommen werden. Insbesondere, wenn neue Stadtteile und Wohngebiete erschlossen werden, stellt die Anbindung an den **ÖPNV** sowie die Entwicklung eines **Radwegenetzes** im Hinblick auf den **Umwelt- und Klimaschutz** eine besondere Herausforderung dar (M 4, M 8).

Teilaufgabe 2

In dieser Teilaufgabe sollen Sie basierend auf den Ergebnissen von Teilaufgabe 1 den neuen Stadtteil Seestadt Aspern genauer untersuchen. Mithilfe von M 2 und M 6 soll zunächst die Lage des Stadtteils erarbeitet werden. Außerdem soll seine Entwicklung erläutert werden. Für die Entwicklung bis heute verwenden Sie M 5, für weitere zukünftige Planungen M 6. Zur Erarbeitung struktureller Merkmale sind M 5 bis M 9 zu berücksichtigen. Während der Prüfung hilft es Ihnen, wenn Sie bei der Durchsicht des Materialteils notieren, welche Karten, Diagramme und Informationen Sie für welche Aufgabe benötigen. Ihre Notizen und Hervorhebungen zu ausgewerteten Materialien können Sie dann für Ihre Lösung verwenden.

Lage des Stadtteils

Die Seestadt Aspern liegt im 22. Wiener Gemeindebezirk östlich der Donau auf dem ehemaligen **Flughafengelände Wien-Aspern** nördlich des Standorts von Opel Wien. Er befindet sich in **randstädtischer Lage** ca. 8 km Luftlinie vom Stadtzentrum Wiens entfernt. Er liegt **verkehrsgünstig** in der Nähe verschiedener Eisenbahnlinien, u. a. an der Verbindung Wien-Bratislava, sowie an der nach Norden ausfallenden Schnellstraße A 23 und ist auch an den ÖPNV angebunden (M 1, M 2, M 5, M 6).

Begonnen wurde mit den Planungen für einen „innovativen Stadtteil" auf einer Fläche von 223 ha Anfang der 1990er-Jahre. Erst mehr als ein Jahrzehnt später wurde zum Zweck der Entwicklung des Geländes die Asperner Flugfeld Süd Entwicklungs- und Verwertungs-AG gegründet und in den Folgejahren der Abbruch der Flughafenanlagen durchgeführt. Ab 2012 wurde das Technologiezentrum *aspern IQ* als erstes energieautarkes Gebäude des Stadtteils eröffnet. Infolgedessen wurden nach und nach weitere Bauabschnitte, unter anderem für Wohnbebauung im südlichen Teil der Fläche, realisiert (M 5, M 6).

Entwicklung des Stadtteils

Das Herzstück und gleichzeitig namensgebend ist der Seepark mit einem künstlich angelegten See im Zentrum der Entwicklungsfläche. Um den See herum sieht die Planung eine **funktionale Mischung** von Wohnen, Dienstleistungsangeboten (z. B. Einzelhandel, Bildungs- und sozialen Einrichtungen), aber auch in den östlichen Randbereichen Gewerbe bzw. Industrie vor. Im Süden sollen Einrichtungen aus Forschung und Entwicklung angesiedelt werden, u. a. hat seit 2013 die Forschungsgesellschaft *Aspern Smart City Research* hier ihren Sitz, um die Energiezukunft von Städten zu erforschen (M 5, M 6).

Funktionale Mischung

Der Schwerpunkt der **Wohnbebauung** soll sich im Westen des Geländes ringförmig um den Seepark erstrecken und in drei Bauabschnitten bis 2029 realisiert werden. Fertiggestellt ist bereits die Wohnbebauung im Südwesten, die zu 94 % aus **geförderten Mietwohnungen** und 6 % **geförderten Eigentumswohnungen** besteht. Sie ist durch eine **kompakte Bauweise** mit mehrgeschossigen Gebäuden auf kleiner Fläche gekennzeichnet. Einige ähneln einer **Blockrandbebauung**. Nur in wenigen Baufeldern sollen die Gebäude weniger als drei Geschosse bekommen. Der Großteil der Gebäude aller Nutzungsformen soll zwischen drei und neun Geschossen liegen, vereinzelt, vor allem im für Dienstleistungen vorgesehenen Bereich im Norden nahe der Bahnlinie sind auch höhere Gebäude mit acht bis zwölf Geschossen oder sogar mehr geplant. Der Baubeginn des Bauabschnitts nördlich des Sees mit 1 250 Wohnungen für 2 500 Menschen war 2019 (M 5, M 6, M 7).

Wohnbebauung

Die **Einwohnerzahl** lag bereits 2015, also nur zwei Jahre nach Baubeginn, bei mehr als 5 000. Bis 2019 ist sie um weitere ca. 1 000 Einwohner gewachsen. Bis 2030 sollen hier 28 000 Menschen wohnen. In etwa gleichem Maße soll das **Arbeitsplatzangebot** steigen, das zurzeit noch ca. 2 000 Arbeitsplätze beträgt, 2030 aber bei 23 000 liegen soll (M 8). Im Gegensatz zur Stadt Wien ist die Zahl

Bevölkerung

der Einpersonen-Haushalte mit 22 % nur halb so hoch, aber dafür der Anteil der unter 30-Jährigen mit 60 % um ca. ein Drittel höher. Eltern mit Kindern machen ein Viertel der Haushaltstypen aus, was sicherlich auf ein im Vergleich zum 22. Bezirk oder zur Wiener Innenstadt **geringeres Mietniveau** von 12–14 € Kaltmiete pro Quadratmeter zurückzuführen ist. Die Hälfte der Einwohner hat einen **höheren Bildungs- oder Hochschulabschluss**, der Anteil dieser Gruppe in Wien insgesamt ist rund 10 % kleiner (M 5–M 8).

Mobilitätskonzept

Außer dem Seepark sind weitere **Grünflächen** vorhanden, die z. T. auch dazu dienen, Flächen mit unterschiedlicher Nutzung voneinander abzugrenzen. Die Bebauung orientiert sich entlang des Straßennetzes, das dem Gebiet eine klare Struktur gibt. Die **Ringstraße** Sonnenallee, von der mehrere **Hauptverkehrsachsen** in alle Richtungen abzweigen, setzt sich von den kleineren Straßen ab, die vor allem das Wohngebiet erschließen. Ergänzend zum **Individualverkehr** gibt es eine Anbindung an den **ÖPNV**. Die Abzweigung der vom Wiener Stadtzentrum nach Osten führenden U-Bahnlinie verläuft von Norden kommend in die Seestadt. Diese Verkehrswege sind Teil des **Mobilitätskonzeptes**, das für die Seestadt Aspern u. a. vor dem Hintergrund des Klima- und Umweltzieles, die CO_2-arme Mobilität zu stärken, entwickelt wurde. Dieses sieht neben der Vernetzung von Bus und U-Bahn weitere **Entlastungen des fahrenden und stehenden Verkehrs** vor. So gibt es Angebote für Car-Sharing oder Sammelgaragen als Parkflächen, aber auch die Fahrradmobilität wird durch ein Radwegenetz, den Bau einer Fahrradgarage und das Angebot von Leihfahrrädern berücksichtigt. Fußgängerwege und verkehrsberuhigte Zonen ergänzen das Verkehrskonzept für Fußgänger und Kinder (M 5, M 6, M 9).

Teilaufgabe 3

Für diese Teilaufgabe sollen Sie unter Abwägung positiver und negativer Punkte Stellung zu der Themenfrage der Klausur nehmen. Im Mittelpunkt steht dabei die Frage, ob die Entwicklung des Stadtteils Seestadt Aspern zur nachhaltigen Stadtentwicklung beiträgt. Um zu einem begründeten Urteil zu gelangen, müssen Sie sowohl sozioökonomische als auch ökologische Aspekte berücksichtigen. Zur Bearbeitung sind außer M 1 alle Materialien notwendig.

Leitbilder einer nachhaltigen Stadtentwicklung

Die Entwicklung des Stadtteils Wien Aspern ist sowohl vor dem Hintergrund der eingangs beschriebenen **stadtplanerischen Herausforderungen** Wiens als auch im Hinblick auf Kriterien der

nachhaltigen Stadtentwicklung zu bewerten. **Leitbilder** einer nachhaltigen Stadtentwicklung zielen darauf ab, die Dimensionen der Nachhaltigkeit im Rahmen der Stadtplanung in Einklang zu bringen. In Bezug auf den Wohnraum spielt das **Konzept der kompakten Stadt** eine wichtige Rolle. Um einer ausufernden **Wohnsuburbanisierung** vorzubeugen, werden **innerstädtische Freiflächen** bebaut und **multifunktional** genutzt. Ziel ist es auch, verschiedenen Bewohnergruppen **Wohn- und Freizeitraum** auf gemeinschaftlich genutzten Flächen zu bieten und so den Prozess der **Gentrifizierung**, der häufig steigende Mieten nach sich zieht, einzudämmen. Ökologische Gesichtspunkte wie **Ressourcenschonung**, z. B. in Bezug auf die Energieversorgung, sowie zeitgemäße Mobilitätskonzepte zur **Reduzierung des motorisierten Individualverkehrs** und der **CO_2-Emissionen** sind ebenfalls relevant.

Nachhaltige Stadtentwicklung in der Seestadt Aspern

In der Seestadt Aspern sind viele dieser Leitlinien in die Planung eingeflossen und wurden zum Teil auch schon realisiert. Zunächst befindet sich die Seestadt auf einer nicht mehr genutzten Freifläche im Wiener Stadtgebiet, die durch das Planungskonzept einer **vielfältigen Neunutzung** zugeführt wird. Durch die **Nachverdichtung** wird innerstädtischer Wohnraum geschaffen. Die geplante Bevölkerungsdichte soll nach kompletter Realisierung 8 333 Einwohner pro Quadratkilometer betragen, was deutlich über der Bevölkerungsdichte der Stadt Wien mit 4 574 Einwohnern pro Quadratkilometer liegt. Zudem wurden im Planungskonzept zentrale **Klima- und Umweltschutzziele** formuliert, die sowohl eine **energieeffiziente Bauweise** als auch die Nutzung **regenerativer Energiequellen** beinhalten. Darüber hinaus soll die Schaffung von Freiflächen, die z. B. als **Frischluftkorridore** dienen, das **Mikroklima** verbessern. Im Mobilitätskonzept wird durch die Förderung des Radverkehrs und des ÖPNV sowie durch Car-Sharing-Angebote versucht, die **CO_2-Bilanz** zu optimieren (M 5 – M 9).

Neben ökologischen Gesichtspunkten wird in der bisherigen Realisierung auch die **soziale Dimension** berücksichtigt. Die Tatsache, dass hier geförderter Wohnraum geschaffen wurde und die Mietpreise unter dem Niveau der Innenstadt Wiens liegen, macht das Quartier attraktiv für alle Einkommensgruppen. Aufgrund der Anlage von Grün- und Erholungsflächen sowie einem breiten Angebot an Bildungseinrichtungen, aber auch der guten Anbindung ans Wiener Zentrum zieht es aber insbesondere Familien in den neuen Stadtteil (M 5 – M 9).

Dieser positiven Entwicklung sind jedoch auch einige negative Punkte entgegenzusetzen. Der bereits fertiggestellte Teil der Wohnbebauung weist Merkmale einer **Großwohnsiedlung** auf und die **hohe Wohndichte** widerspricht dem Wunsch vieler Menschen nach dem Wohnen im Grünen. Bei zunehmender Bebauung und Bevölkerungszahl könnte dies zu Problemen führen, wenn die Infrastruktur nicht schrittweise angepasst wird. Insbesondere müssen Bildungsangebote, Erholungsflächen und das Verkehrskonzept mitentwickelt werden. Zurzeit ist das Arbeitsplatzangebot im Stadtteil noch relativ gering. Gelingt es nicht, wie geplant, dieses auszubauen, würde die Chance verpasst, einen **Stadtteil der kurzen Wege** zu gestalten und die **Abhängigkeit vom ÖPNV und funktionierenden Pendlerrouten** bliebe groß. Ein weiterer Aspekt ist, dass bisher – trotz des Ziels, eine soziale Mischung der Bevölkerung zu erreichen – eher **Besserverdienende** mit höheren Bildungsabschlüssen in die Seestadt gezogen sind, und es bleibt abzuwarten, ob sich dies über den relativ **langen Zeitraum der Projektrealisierung** bis 2029 noch verändern lässt (M 5, M 7–M 9). Nachteile

2016 wurde das von der seit 2013 in der Seestadt Aspern ansässigen Forschungsgesellschaft durchgeführte Forschungsprojekt *Aspern Smart City Research* mit dem ***World Smart City Award*** ausgezeichnet. Im Jahr 2022 soll das Projekt Seestadt Aspern Teil der **Internationalen Bauausstellung** Wien mit dem Leitthema „Neues soziales Wohnen" sein. Dies sind Belege dafür, dass die Neugründung des multifunktionalen Zentrums im Sinne einer nachhaltigen Stadtentwicklung realisiert wurde und wird. Dennoch birgt der weitere Ausbau der Fläche auch einige Risiken und es ist notwendig, dass die gesetzten Klima- und Umweltziele sowie die Leitlinien sozialen Wohnens nicht verwässert, sondern konsequent umgesetzt werden. Fazit

Haben Sie daran gedacht?

- *Auf den ersten Seiten dieses Buches finden Sie Hinweise zur Anfertigung Ihrer Lösung.*
- *Ihre Ausführungen sollten mithilfe von Zwischenüberschriften gegliedert sein.*
- *Sind Materialbelege in Klammern angegeben?*
- *Haben Sie auf eine allgemein- und fachsprachlich angemessene Darstellung geachtet?*

Leistungskurs Geographie (NRW) – Abiturprüfung 2021
Aufgabe 3

Thema
Zukunftsfähige Regionalentwicklung unter dem Einfluss sich wandelnder Industriebranchen? – Das Beispiel der Automobilproduktion in Zwickau-Mosel

Aufgabenstellung Punkte

1. Lokalisieren Sie Zwickau-Mosel und kennzeichnen Sie die Eignung der Stadt als Standort für ein zu Beginn der 1990er-Jahre neu anzusiedelndes Automobilwerk. 22

2. Erläutern Sie die Entwicklung, Strukturen und Bedeutung der Automobilindustrie in der Region Zwickau-Mosel seit den 1990er-Jahren. 30

3. Nehmen Sie unter Einbezug von aktuellen Produktinnovationen in der Automobilindustrie kritisch Stellung zur Themenfrage. 28

Zugelassene Hilfsmittel
- der an der Schule in der Qualifikationsphase überwiegend verwendete Atlas, in einer für alle Prüflinge gleichen Auflage
- Wörterbuch zur deutschen Rechtschreibung
- Taschenrechner

Materialgrundlage

M 1 Atlaskarten nach Wahl

M 2 Automobilstandort Zwickau-Mosel

Verkehrsanbindung

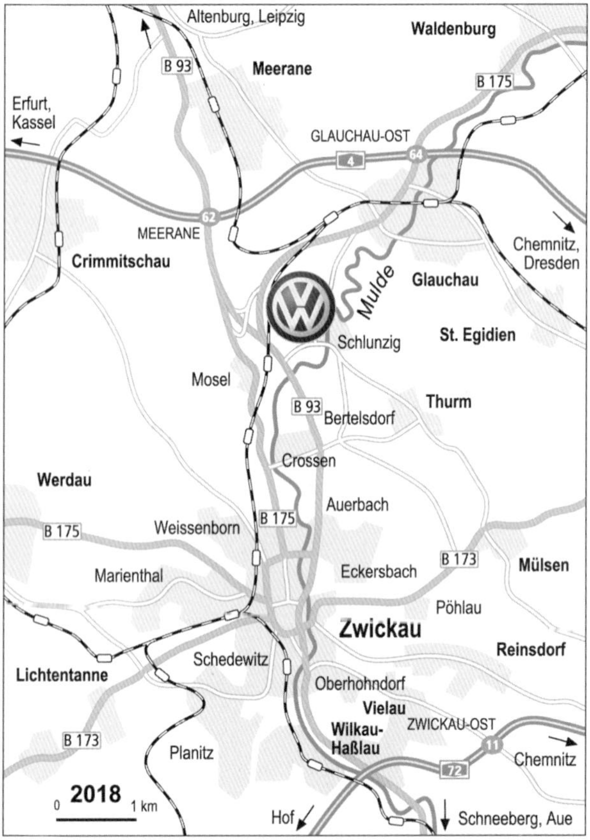

Karte: © cartomedia, Karlsruhe; Chronik: eigene Zusammenstellung nach Angaben und Daten aus: Volkswagen Sachsen GmbH (Hrsg.): Ideen, die bewegen. Volkswagen. Informationen. Zwickau 2002; Statistisches Jahrbuch für das Ausland 1997. Stuttgart: Metzler-Poeschel Verlag 1997, S. 328

Chronik

1904	Beginn des Automobilbaus in Zwickau
seit 1948	Automobilbau durch Audi Zwickau und Volkseigenen Betrieb (VEB) Horch Zwickau
1958–1989	VEB Sachsenring Automobilwerke Zwickau (Bau des wichtigsten Automobils der DDR, des „Trabant“); Ansiedlung zahlreicher Zulieferer in der Region
Juli 1990	Abwicklung des VEB Sachsenring und Ausgründung von Sachsenring Automobilwerke GmbH; Weiterbau des Trabant, nach 7 Monaten Produktionseinstellung
September 1990	Gründung des Volkswagenwerkes Sachsen GmbH in Zwickau-Mosel; Bau eines neuen Automobilwerks; Lohnkosten in der Automobilindustrie in Ostdeutschland: 12 €/Std. (in Westdeutschland: 29 €/Std.)
15. 02. 1991	Beginn der Fahrzeugproduktion des Modells *Golf* im neuen Automobilwerk
1991–2006	Zufluss von ca. 100 Mrd. Euro öffentlicher Fördermittel in die ostdeutschen Bundesländer, insbesondere zum Ausbau von Industrie und Infrastruktur
2018	VW beschließt die Umstellung der Fahrzeugproduktion in Zwickau vom Verbrennungsmotor auf Elektromotor; Zwickau soll das größte und leistungsfähigste E-Auto-Werk des Konzerns werden; Investitionsvolumen: 1,2 Mrd. EUR
04. 11. 2019	Produktionsstart des Elektroautos *ID.3*

M 3 Zwickau-Mosel 1988/2018 *(siehe Farbkarten!)*

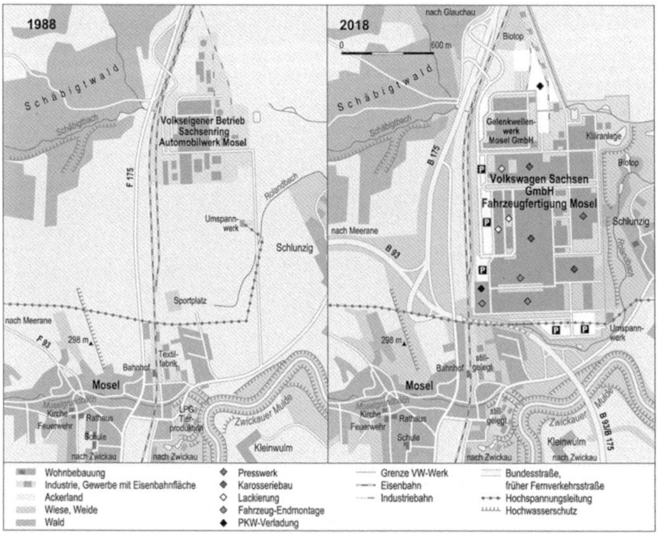

M 4 Volkswagen Zwickau-Mosel

Fahrzeugproduktion

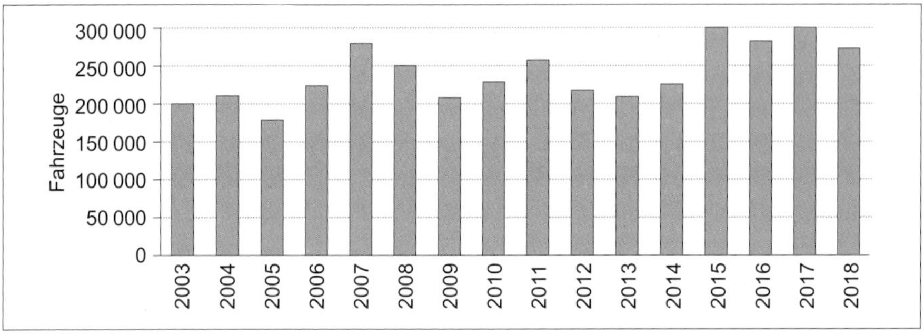

Beschäftigung

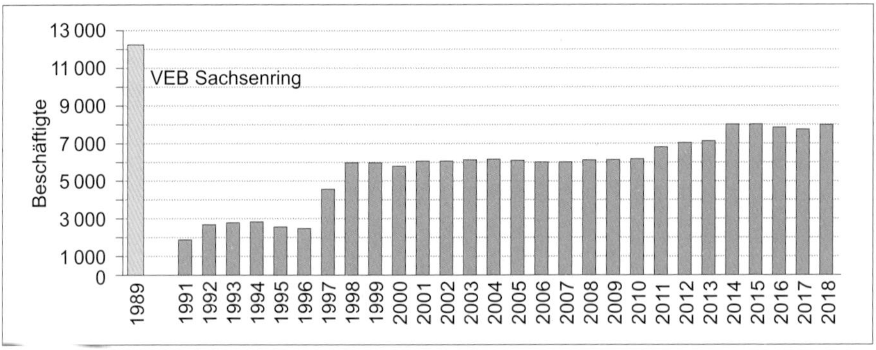

Anmerkung: insgesamt 9 850 Beschäftigte an den drei sächsischen VW-Standorten Zwickau, Dresden und Chemnitz (2018); ca. 30 000 weitere indirekt Beschäftigte (Zulieferindustrie, Handel und Service)

Unternehmenspräsentation Volkswagen Sachsen, Volkswagen Sachsen GmbH 08/2018, S. 9/19, www.volkswagen-sachsen.de/content/dam/companies/de_vw_sachsen/dokumente/pressemitteilungen/ Unternehmenspr%C3%A4sentation.pdf

M 5 Zwickau – Daten und Fakten

	1990	2001	2006	2018
Bevölkerung	123 641	101 726	96 786	90 105
Sozialversicherungspflichtig Beschäftigte	k. A.	52 831	44 362	52 492

Bruttoinlandsprodukt je Einwohner

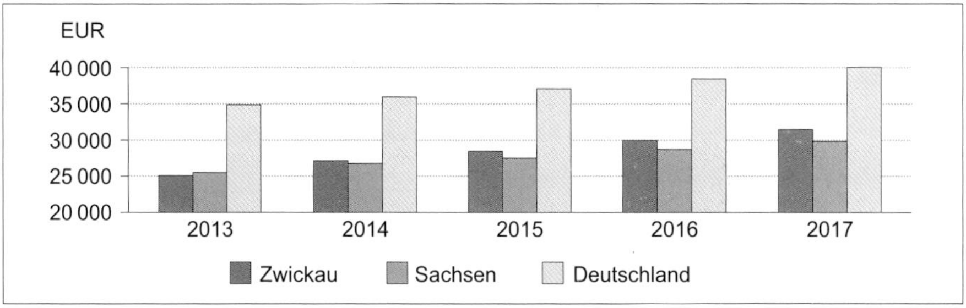

	Zwickau	zum Vergleich: Sachsen
Steuereinnahmen/Einwohner 2017	994 €	834 €

Öffentliche Einrichtungen

- Bildungseinrichtungen
  - Westsächsische Hochschule Zwickau (FH-Neugründung 1992) Ausbildungsschwerpunkte: Kraftfahrzeugtechnik, Maschinenbau, Verkehrssystemtechnik, Wirtschafts-Ingenieurwesen
  - berufliche Schulzentren; Schulen aller Schulformen
- Gesundheits- und Sozialwesen
  - Städtisches Klinikum (bis 2017 Ausbau zum überregionalen medizinischen Zentrum)
  - 48 Kindertagesstätten und Horte, 3 Kinderheime; 8 Senioren- und Pflegeheime
- Kultur, Sport, Freizeit und Erholung
  - Stadthalle mit 6 000 Plätzen (Neubau 2000); mehrere Theater; Konzerthaus (Sanierung 2016–2020 für 14 Mio. €); 7 Kinos; Museen (u. a. Automobilmuseum, Neueröffnung 2004), Bibliotheken; Parkanlagen; 3 Freibäder, 2 Schwimmhallen; Sportanlagen u. a. für Pferdesport, Tennis, Golf, Kanu

Daten nach: Statistisches Landesamt des Freistaates Sachsen/Kommunale Statistikstelle; eigene Darstellung, Daten nach: Bruttoinlandsprodukt, Arbeitskreis „Volkswirtschaftliche Gesamtrechnungen der Länder"; www.zwickau.de/de/wirtschaft/standort/faktoren/wirtschaftsdaten.php; eigene Zusammenstellung, Daten nach: Zahlen · Daten Ansprechpartner 2018, Stadtverwaltung Zwickau Büro für Wirtschaftsförderung, S. 16/17/21/27, www.zwickau.de/media/downloads/image/02_wirtschaft/publikationen/Z-ZahlenDatenAnsprechpartner2018_neu2.pdf

M 6 Sachsen – Automobilindustrie und Automobilzulieferer

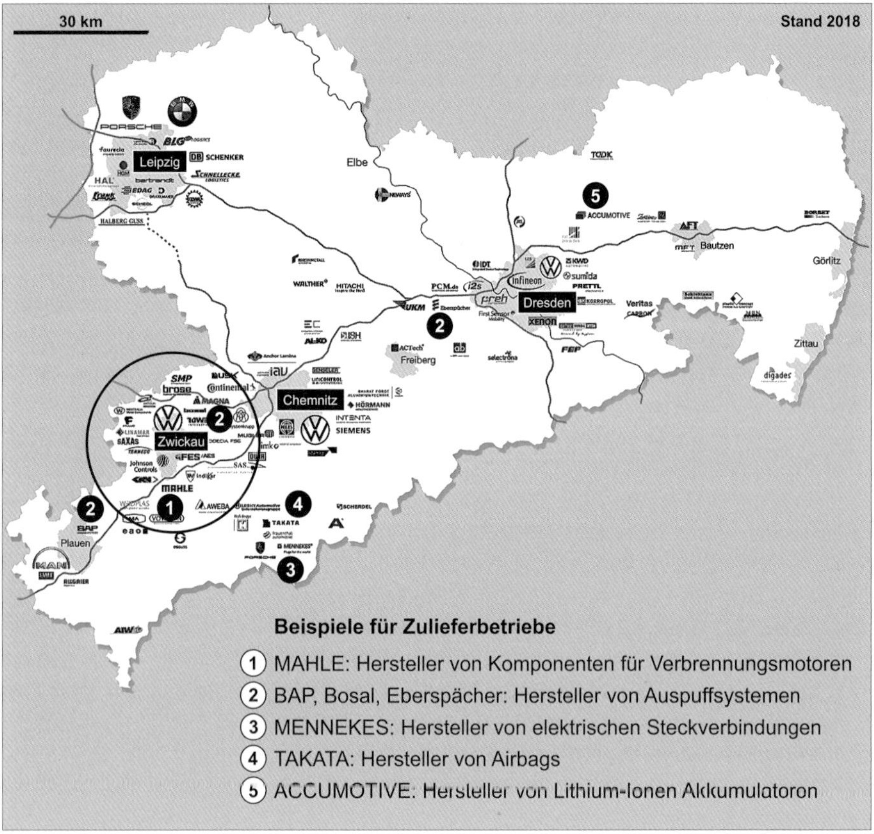

Wirtschaftsförderung Sachsen GmbH

M 7 Sachsen – Industriestruktur *(siehe Farbkarten!)*

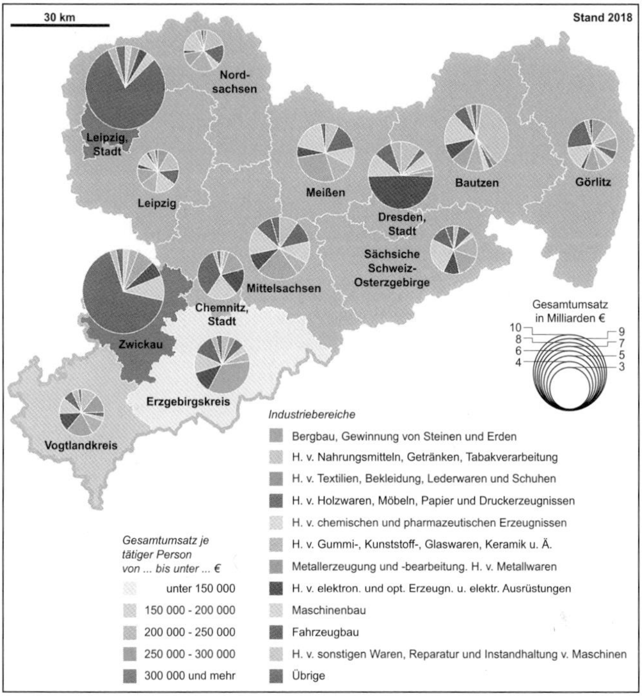

Gesamtumsatz in Bergbau - Gewinnung von Steinen und Erden sowie Verarbeitenden Gewerbe 2017, https://standort-sachsen.de/de/kaeufer/sachsens-wirtschaft/industrie © Statistisches Landesamt des Freistaates Sachsen, Kamenz, 2021

M 8 Volkswagen Zwickau-Mosel – aktuelle Standortentwicklung

Pressemeldung (04. 11. 2019)

VW startet Elektro-Offensive in Zwickau

Der VW-Konzern will Elektroautos für die Massen verkaufen und beginnt jetzt in Zwickau die Serienproduktion seines ersten vollelektrischen Fahrzeugs. […] Im Zwickauer VW-Werk hat am Montag im Beisein von Bundeskanzlerin Angela Merkel offiziell die Großserienproduktion von Elektroautos mit dem Modell ID.3 begonnen.

Produktionsentwicklung am Standort Zwickau

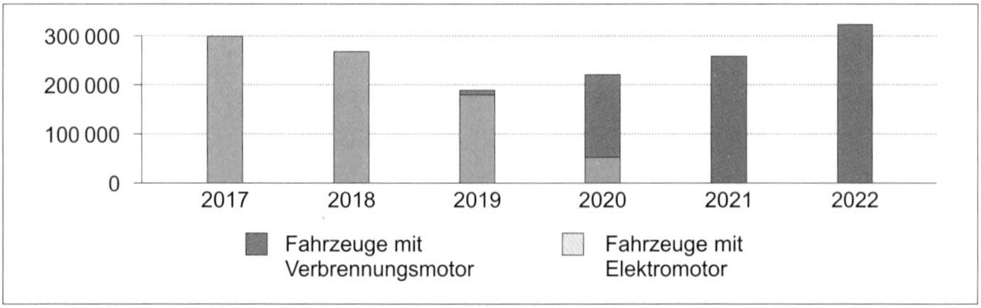

nach: www.mdr.de/sachsen/chemnitz/zwickau/vw-massenproduktion-elektro-autos-100.html; nach: Volkswagen Sachsen, Standort Zwickau, 09.01.2020, www.volkswagen-sachsen.de/content/dam/ companies/ de_vw_sachsen/200113_Unternehmenspraesentation.pdf

M 9 Entwicklung der Elektromobilität

Marktanteilsprognose über neu zugelassene Elektro-Pkw nach Ländern/Regionen

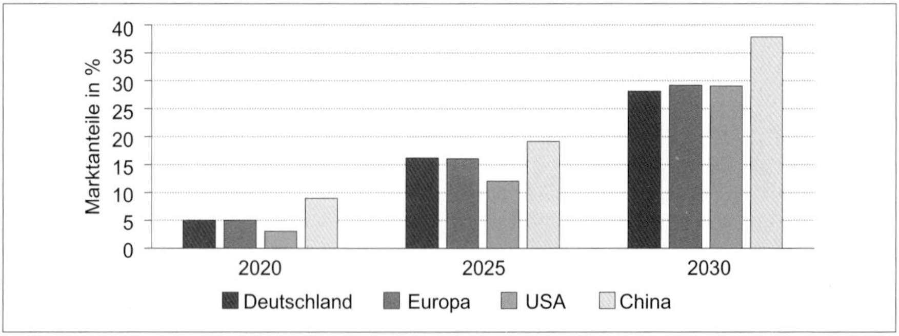

eigene Darstellung, Daten nach: Center of Automotive Management

M 10 Pressemeldung

Automobilindustrie (02. Februar 2020)

Mehr Elektroautos, weniger Jobs?

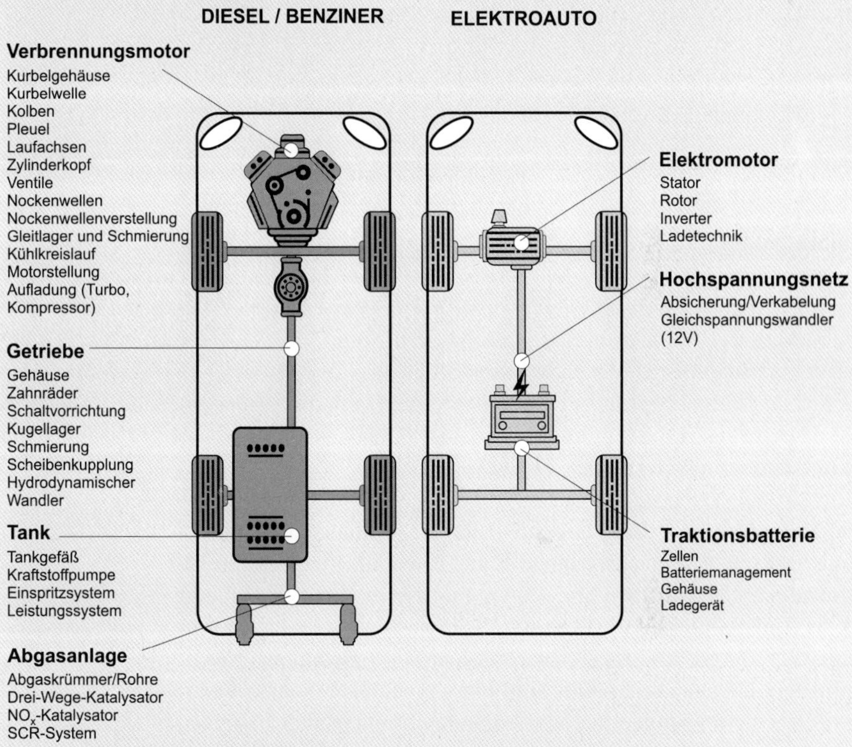

Aus komplex wird einfach, BMVIT/Kleebinder, Semmer 2019/DERSTANDARD, www.derstandard.at/story/2000114037789/mehr-elektroautos-weniger-jobs

Die Aufgabe bezieht sich auf die folgenden Elemente des Kernlehrplans und die Vorgaben 2021:

- **Inhaltsfeld 4:** Bedeutungswandel von Standortfaktoren
  - Herausbildung von Wachstumsregionen
  - Strukturwandel industriell geprägter Räume
  - Modell des Produktlebenszyklus in seiner räumlichen Dimension
- **Inhaltsfeld 6:** Sozioökonomische Entwicklungsstände von Räumen
  - Merkmale und Ursachen räumlicher Disparitäten

Lösungsvorschlag

Teilaufgabe 1

In dieser Teilaufgabe sollen Sie zunächst die Stadt Zwickau-Mosel aufgabenbezogen räumlich einordnen. Berücksichtigen Sie hierbei verschiedene Atlaskarten sowie M 2. Im zweiten Teil wird gefordert, dass Sie den Raum auf der Grundlage von Gunstfaktoren für die Ansiedlung eines Automobilwerkes zu Beginn der 1990er-Jahre untersuchen und diesen begründet charakterisieren. Hier ist es erforderlich, dass Sie neben den Materialien 2, 3 und 4 auf Ihr Hintergrundwissen zu Standortanforderungen von Industrieunternehmen zurückgreifen.

Lokalisierung

Die Stadt Zwickau-Mosel liegt im Osten Deutschlands im Bundesland Sachsen. Die nächstgrößere Stadt Chemnitz liegt ca. 30 km nordöstlich hiervon, ungefähr 100 km in gleicher Richtung entfernt ist die **Landeshauptstadt Dresden**. Nordwestlich in 70 km Entfernung liegt die Stadt Leipzig. Zwickau-Mosel ist sowohl ans **Eisenbahnnetz** als auch ans **Autobahnnetz** angebunden, sodass **Fernverkehrsverbindungen** in alle Richtungen Deutschlands bestehen, insbesondere aber auch in die bereits genannten Städte Chemnitz, Dresden und Leipzig (M 1, M 2).

Standortfaktoren der Automobilproduktion

Eine gut ausgebaute **Verkehrsinfrastruktur** ist ein wichtiger **Standortfaktor** für die Automobilindustrie, um den Transport von unterschiedlichsten **Zulieferern** zum Standort der Fertigung zu gewährleisten. Darüber hinaus müssen **Flächen** verfügbar sein, die gegebenenfalls bei sich verändernden Produktionsbedingungen anpassungs- bzw. ausbaufähig sind. Ebenso bedeutend ist das Vorhandensein qualifizierter **Arbeitskräfte** sowie eine gute Lage zu Absatzmärkten mit Potenzial zur Erschließung **neuer Märkte**. Diese Faktoren dürften zu Beginn der 1990er-Jahre maßgeblich für die Ansiedlung eines neuen Automobilwerks von VW gewesen sein (M 2).

Gunstfaktoren in Zwickau-Mosel

Zwickau-Mosel blickte 1990 bereits auf eine 86-jährige **Geschichte als Standort der Automobilproduktion** zurück. Ende der 1950er-Jahre wurden Audi Zwickau und die VEB Horch Zwickau zur **VEB** Sachsenring Automobilwerke auf einem Gelände nördlich des Stadtteils Mosel zusammengeschlossen. Hier wurde der Trabant, das wichtigste Fahrzeug der DDR, produziert. Dies zog die **Ansiedlung von Zulieferern** nach sich, u. a. eine im Norden von Mosel in unmittelbarer Bahnhofsnähe gelegene Textilfabrik.

1989 war der volkseigene Betrieb (VEB) mit etwas mehr als 12 000 Beschäftigten ein wichtiger **Arbeitgeber** in der Region. Außerdem verfügte dieser Standort über eine für die Größe des Werkes gut ausgebaute **Infrastruktur**. Ein zweigleisiger Bahnanschluss, der in Nord-Süd-Richtung am Werk vorbeilief, gehörte ebenso dazu wie eine dazu parallel verlaufende Fernverkehrsstraße (M 2–M 4).

Situation zu Beginn der 1990er-Jahre

Die **politische Umbruchsituation** Ende der 1980er- und zu Beginn der 1990er-Jahre machte eine **Umstrukturierung** notwendig. Der bisher volkseigene Betrieb wurde im Juli 1990 abgewickelt und die Weiterproduktion des Trabant schließlich nach sieben Monaten eingestellt. Von den vorhandenen Strukturen und dem **Know-how** durch in der Automobilproduktion **erfahrene Arbeitskräfte** profitierte der VW-Konzern, der im September 1990 die Werksfläche der VEB Sachsenring mit der Gründung des Volkswagenwerkes Sachsen GmbH übernahm und dort ein **neues Automobilwerk** errichtete. Bereits im Februar des folgenden Jahres wurde mit der Produktion des Golf begonnen. Weitere Anreize für die **Standortentscheidung** waren die **niedrigen Löhne** in Ostdeutschland, die mit 12 € Stundenlohn deutlich unter dem Niveau von 29 €/Stunde in Westdeutschland lagen, sowie eine **unternehmensfreundliche Politik**, die ab 1991 **Fördermittel**, insbesondere für den Aufbau von Industrie und Infrastruktur in den östlichen Bundesländern bereitstellte (M 2, M 3, M 4).

Teilaufgabe 2

In dieser Teilaufgabe sollen Sie basierend auf den Ergebnissen von Aufgabe 1 die Entwicklung, Strukturen und Bedeutung der Automobilindustrie seit den 1990er-Jahren erläutern. Unterscheiden müssen Sie zwischen räumlichen Entwicklungen, die vor allem in M 3 deutlich werden, und sozioökonomischen Entwicklungsprozessen, die in M 4 und M 5 verdeutlicht werden. Weiterhin müssen Sie wirtschafts- und industriestrukturelle Aspekte untersuchen. Hierbei sollten Sie die wirtschaftliche Bedeutung der Automobilindustrie genauso wie die Anpassung von Produktionsprozessen erarbeiten. Die nötigen Informationen entnehmen Sie M 6, M 7 und M 8.

Entwicklung des Automobilstandortes

Im Jahr der Schließung der VEB Sachsenring 1990 wird deutlich, dass diese einen gravierenden Einschnitt in die **regionale Wirtschaftsstruktur** bedeutete. Innerhalb des folgenden Jahres sank die Zahl der Beschäftigten um mehr als 10 000. Trotz leichten Anstiegs in den Folgejahren blieben die **Beschäftigtenzahlen** bis 1996 auf einem niedrigen Niveau (M 2, M 4).

Die Übernahme durch VW hat zunächst eine **räumliche Entwicklung** ausgelöst, in deren Folge auch **sozioökonomische und wirtschaftliche Auswirkungen** festzustellen sind. Das ursprüngliche Gelände der VEB ist insbesondere nach Süden deutlich erweitert worden und erstreckt sich nun bis zum Siedlungsgebiet des Stadtteils Mosel. Die Vergrößerung ist vor allem auf den Bau neuer Betriebsstätten zurückzuführen, die Teil der **Produktions- und Lieferkette** im Werk sind, z. B. Karosseriebau, Lackierung, Endmontage und Pkw-Verladung. Alte **Industrie- und Gewerbeflächen** in Mosel wurden inzwischen stillgelegt. Auf dem Betriebsgelände befinden sich zudem eine Kläranlage sowie ein Umspannwerk, von dem aus Teile einer bereits zu DDR-Zeiten bestehenden Hochspannungsleitung über das Werksgelände führen (M 3).

Mit der Entwicklung des Betriebsgeländes wurde auch die **Verkehrsinfrastruktur** rund ums Werk ausgebaut. Die schon vor 1990 vorhandene Fernverkehrsstraße wurde zu einer **Bundesstraße**, die im Süden auf die neu gebaute B93 führt, die das Betriebsgelände von der Wohnbebauung Mosels abgrenzt. Diese hat sowohl im Norden als auch im Süden eine Anbindung an die Bundesautobahnen A4 und A72. Die am Automobilwerk gelegene Eisenbahnfläche wurde ebenfalls erweitert. Die westlich am Werksgelände vorbeiführende **Eisenbahnstrecke** bildet eine Verbindung zu weiteren Linien im Norden und Süden. Sowohl durch die Bundesstraßen als auch durch die Eisenbahnlinien sind in alle Richtungen **überregionale Anbindungen** gewährleistet (M 2, M 3).

Die **Umstrukturierung** und Ausweitung des Werkes hat seit 2003 insgesamt zu einer **Erhöhung der Fahrzeugproduktion** von 200 000 auf mehr als 250 000 Fahrzeugen geführt, wenngleich die Produktionszahlen immer wieder Schwankungen unterlagen und der Höchstwert von 300 000 in den Jahren 2015 und 2017 zuletzt nicht mehr erreicht wurde (M 4).

Sozio-ökonomische Entwicklung

Die Beschäftigtenzahlen stiegen seit Mitte der 1990er-Jahre zunächst sprunghaft und bewegten sich bis 2010 auf fast gleichbleibendem Niveau von 6 000. Seit 2014 werden rund 7 000 Menschen beschäftigt. An allen drei sächsischen VW-Standorten Zwickau, Dresden und Chemnitz zusammen sind 9 850 Beschäftigte tätig. Diese Entwicklung spiegelt sich auch in den **Steuereinnahmen** und dem **BIP pro Kopf** der Stadt Zwickau wider. Zwar ist eine deutliche **Abnahme der Einwohnerzahl** seit 1990 von 123 641 auf 90 105 im Jahr 2018 erkennbar und auch die Zahl der **sozialversicherungspflichtig Beschäftigten** ist von 2001 bis 2006 ebenfalls gesunken, hat bis 2018 aber wieder das Niveau von 2001 erreicht. Infolgedessen ist das BIP pro Kopf in den letzten Jahren kontinuierlich gestiegen und lag 2017 ca. 6 000 € höher als 2013. Seit 2014 liegt das BIP/Einwohner in Zwickau auch etwas über dem des Bundeslandes Sachsen. Die Steuereinnahmen in Zwickau sind pro Einwohner mit 994 € ebenfalls höher als in ganz Sachsen, wo diese bei 834 € liegen, was auch **Investitionen** in öffentliche Einrichtungen im Bildungs-, Gesundheits- bzw. Sozialwesen sowie in Kultur-, Freizeit- und Sporteinrichtungen möglich gemacht hat. Im Bildungsbereich sind zudem **industrienahe Ausbildungsschwerpunkte** geschaffen worden, z. B. Kraftfahrzeugtechnik oder Maschinenbau (M 4, M 5).

Bedeutung der Automobilindustrie

Innerhalb der **Industriestruktur** Sachsens kommt dem Fahrzeugbau eine große Bedeutung zu. Insbesondere in den Regionen Leipzig und Zwickau sind sie bestimmend für die Wirtschaft gemessen am **Gesamtumsatz**. In Zwickau selbst erwirtschaftet jede in der Industrie tätige Person mehr als 300 000 € jährlich. Der Gesamtumsatz der Industrie beträgt in Zwickau – genauso wie in Leipzig – 10 Mrd. €. Der Fahrzeugbau in Zwickau macht allein mehr als etwa zwei Drittel des Gesamtumsatzes aus. Der Automobilstandort Chemnitz erwirtschaftet zusätzlich ca. eine weitere Mrd. €., in Dresden werden von 7 Mrd. € Jahresumsatz ca. 10 % durch den Fahrzeugbau beigetragen (M 7).

Die wirtschaftliche Bedeutung der Industrie in Sachsen insgesamt und des Fahrzeugbaus im Besonderen ist auf die Ausbildung eines **Automobilclusters** zurückzuführen. Die Ansiedlung von Automobilwerken von VW in Zwickau, Dresden und Chemnitz sowie von BMW in Leipzig hat die Ansiedlung von Zuliefererbetrieben rund um die Automobilstandorte nach sich gezogen und ist ein Merkmal **vertikaler Integration**. Die logistische Vernetzung von Zulieferern, durch die **just-in-time** bzw. **just-in-sequence-Produktion** ermöglicht wird, verkürzt **Lieferwege** und senkt **Transport- und Lagerkosten**. Zudem werden Kompetenzen an einem Standort gebündelt. Durch die Investition in Bildungseinrichtungen und Ausweisung von Ausbildungsschwerpunkten fließt zusätzlich **wissenschaftliches Know-how** ein. Auf diese Weise hat sich die Automobilindustrie in Zwickau zu einer **Schlüsselindustrie** für die Region entwickelt (M 6, M 7).

Aktuelle Entwicklungen

Neueste Entwicklungen in der **Elektromobilität** haben am Standort Zwickau bereits zu weiteren Veränderungen geführt. 2018 wurde daher in Zwickau die Umstellung auf die Produktion von E-Autos beschlossen. Um das größte und leistungsfähigste E-Auto-Werk des VW-Konzerns aufzubauen, sind Investitionen in Höhe von 1,2 Mrd. € vorgesehen. Im November 2019 wurde am Standort Zwickau mit der Produktion des ID.3 begonnen, was erneut die Bedeutung des VW-Konzerns für die **Standortsicherung** hervorhebt (M 2, M 8).

Teilaufgabe 3

Für diese Teilaufgabe sollen Sie unter Abwägung positiver und negativer Punkte begründet Stellung zu der Themenfrage der Klausur nehmen. Im Mittelpunkt steht dabei die Frage, welche positiven und negativen Auswirkungen die Anpassung der Industriebranche Fahrzeugbau in Zwickau auf die Regionalentwicklung hat. Diese Frage ist vor allem vor dem Hintergrund der Innovationen durch Elektromobilität zu bewerten. Hierzu benötigen Sie die Materialien M 4 bis M 10.

Innovation durch E-Mobilität

Die Anpassung des Standortes Zwickau an die Nachfrage nach **emissionsärmeren E-Autos** ist grundsätzlich positiv zu bewerten. Die Produktion muss generell diesen Anforderungen angepasst werden. Diese Veränderungen betreffen sowohl das Betriebsgelände selbst, v. a. Abläufe in der Produktion, aber insbesondere auch das Netz von Zulieferern. Denn für einen Elektromotor sind zum einen im Vergleich zum Verbrennungsmotor deutlich weniger Komponenten nötig und zum anderen aufgrund der komplett anderen Funktionsweise auch andere Teile notwendig (M 3, M 10).

Diese Veränderung könnte positive Effekte für die Automobilbranche und die Region Zwickau haben. Geplant ist, die Produktion von Fahrzeugen mit Verbrennungsmotor sukzessive, mit einer kurzen Übergangsphase zu reduzieren und ab 2021 komplett auf die Produktion von E-Fahrzeugen umzustellen. Bereits 2022 soll die Zahl der produzierten Fahrzeuge den Höchstwert von 2017 von 300 000 Autos an diesem Standort übersteigen. Da bis 2030 in Deutschland ein **Marktanteil** von ca. 27 % in Deutschland und fast 30 % in Europa erwartet wird, erscheint die **Produktionssteigerung** an diesem Standort durchaus realistisch und ein Anstieg – zumindest aber die Sicherung – der Beschäftigtenzahlen ist nicht auszuschließen. Hiervon würde auch die Region durch **höhere Steuerzahlungen** und ein **steigendes BIP pro Einwohner** profitieren, wie es bereits seit Bau des VW-Werks Anfang der 1990er-Jahre feststellbar ist (M 4, M 5, M 8, M 9).

Negative Auswirkungen

Andererseits birgt die Veränderung auch **Risiken** für den Standort Zwickau. Da sich vor allem die Zuliefererindustrie verändern muss, könnten **Betriebsschließungen** die Folge sein. Insbesondere wären die Betriebe betroffen, die Komponenten für Verbrennungsmotoren herstellen und ihre Produktion nicht an die Anforderungen von E-Mobilität anpassen können. Dadurch wären Verluste von Arbeitsplätzen möglich, die durch andere Zulieferer für E-Motoren gegebenenfalls nicht aufgefangen werden können. Dadurch würde die **diversifizierte Industriestruktur** in Mitleidenschaft gezogen werden und Umsätze aufgrund der geringeren Zahl von Zuliefererbetrieben sinken. Ein weiterer **Bevölkerungsrückgang** ist in diesem Fall nicht abzuwenden, da die Menschen dorthin ziehen, wo sie einen Arbeitsplatz finden (M 5, M 6, M 10).

Ein weiterer Nachteil ist die **Konkurrenz** im Sektor E-Mobilität. Für die USA wird für das Jahr 2030 ebenso wie für Europa ein Marktwert an Elektro-Pkw von knapp unter 30 % prognostiziert. Für China wird sogar ein Marktwert von mehr als 35 % erwartet. Die höhere Nachfrage in anderen Regionen der Erde könnte zu **Standortverlagerungen** aufgrund von **Kostenminimierung** führen, die sich nachteilig auf Standorte in Deutschland auswirken. Ebenso kann die Konkurrenz zwischen den Automobilkonzernen die Produktions- und Beschäftigtenzahlen im VW-Werk Zwickau negativ beeinflussen, z. B. wenn der Konkurrent BMW im nahegelegenen Leipzig ebenfalls Marktanteile und Umsätze in diesem Sektor sichern möchte. Die starke **wirtschaftliche Abhängigkeit** von der Schlüsselindustrie Automobilproduktion einerseits und von einem einzigen Konzern wie VW andererseits stellen für die Region demnach bei den anstehenden Veränderungen einen großen Nachteil dar (M 6, M 9).

Fazit

Der **Standort** Zwickau ist seit mehr als einem Jahrhundert in der Automobilproduktion **etabliert** und hat trotz enormer Umstrukturierungen und Herausforderungen durch die Globalisierung weiterhin Bestand. Dennoch bleibt abzuwarten, ob die komplette **Umstellung auf E-Mobilität** innerhalb relativ kurzer Zeit die Erwartungen an die Produktionszahlen erfüllen wird. Im Sinne der Standortsicherung und der Erhaltung von Arbeitsplätzen ist diese Anpassung des VW-Werkes an die Marktanforderungen allerdings ein wichtiger und notwendiger Schritt, um zumindest **mittelfristig innovativ und konkurrenzfähig** zu bleiben.

Haben Sie daran gedacht?

- *Auf den ersten Seiten dieses Buches finden Sie Hinweise zur Anfertigung Ihrer Lösung.*
- *Ihre Ausführungen sollten mithilfe von Zwischenüberschriften gegliedert sein.*
- *Sind Materialbelege in Klammern angegeben?*
- *Haben Sie auf eine allgemein- und fachsprachlich angemessene Darstellung geachtet?*

M 3 Madagaskar – Landwirtschaft (GK 2019, Aufgabe 1)

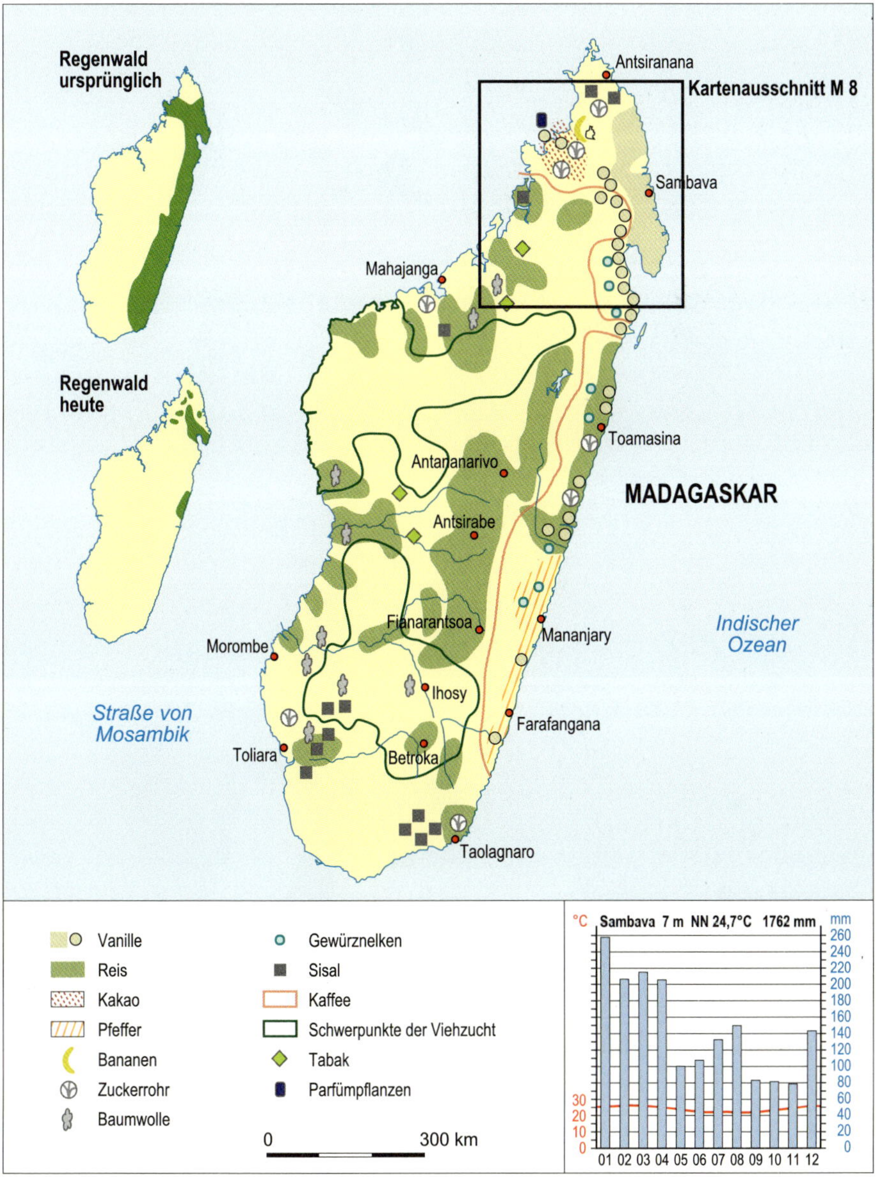

eigene Darstellung nach https://raw.githubusercontent.com/ghislainv/deforestation-maps-Mada/ master/ manuscript/figs/fig_fcc.png; http://fao.org/faostat/en/#data/QC; http://www.vanille-info.de/geschichte/ (Zugriff jeweils 27.06.2018)

M 8 Die Region Sava – grundlegende Daten (GK 2019, Aufgabe 1)

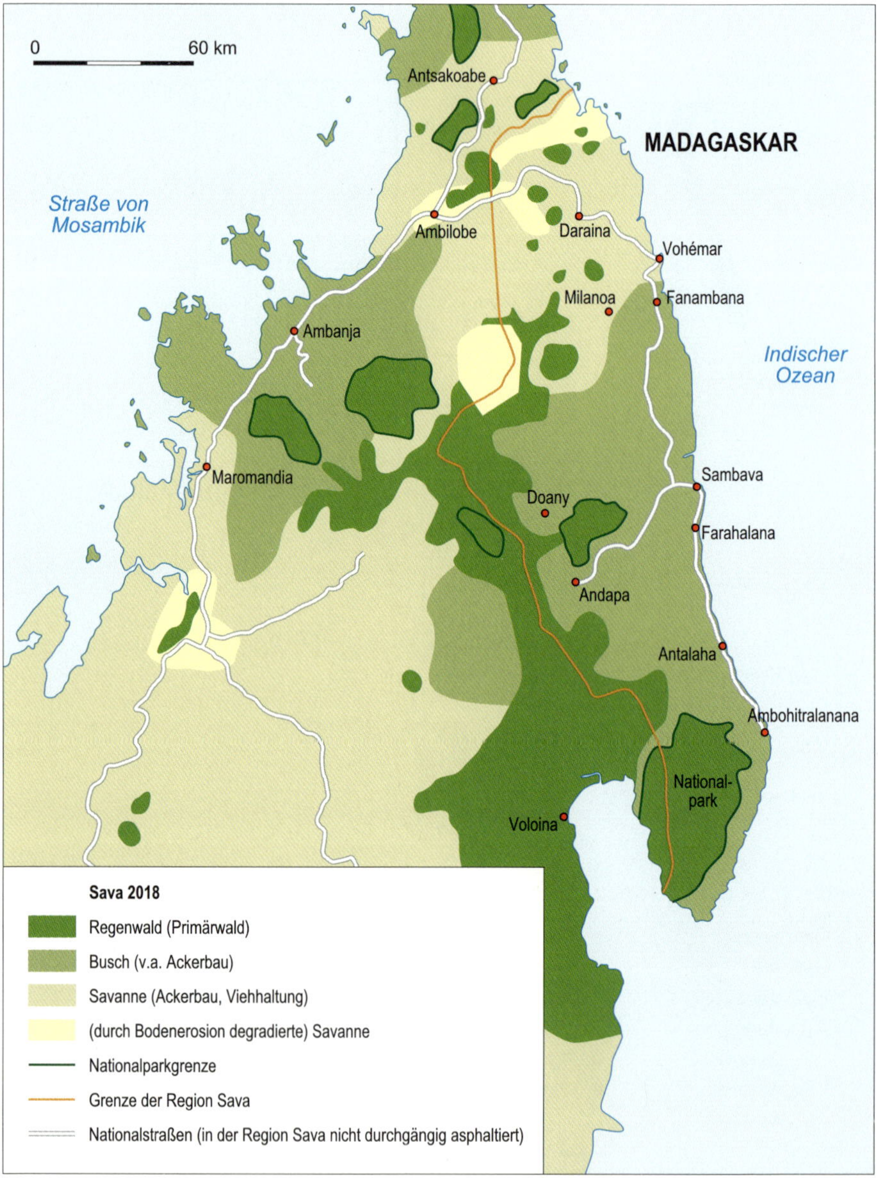

M 7 Botsuana – Regionale Potenzialanalyse für Luxustourismus (Zeitraum der Bestandsaufnahme: 2000 – 2006) (GK 2019, Aufgabe 2)

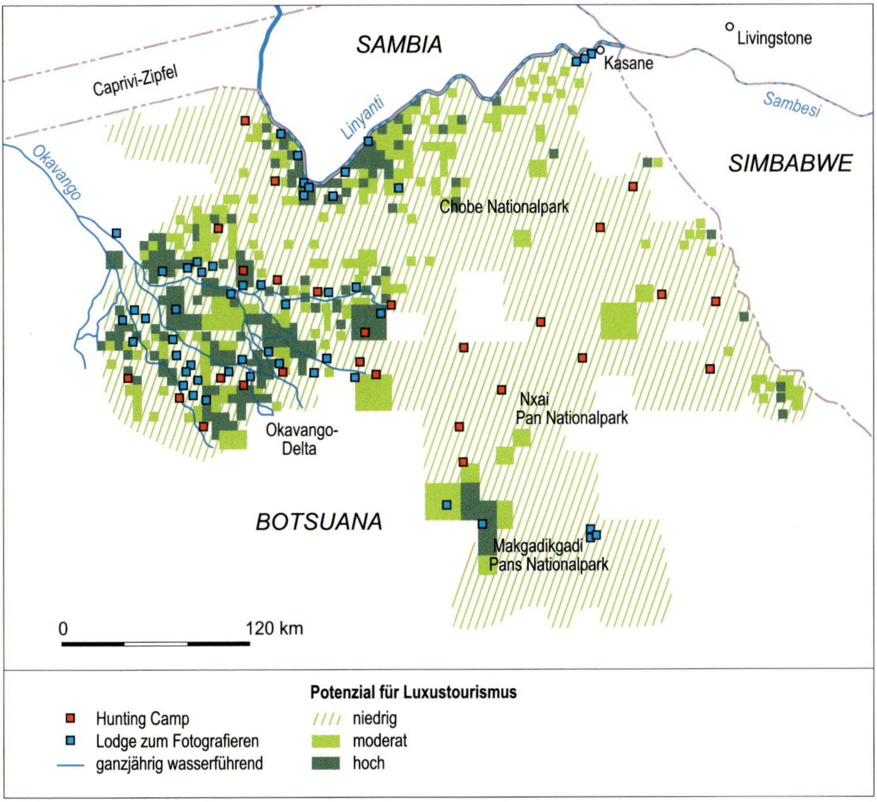

Winterbach, CW., Whitesell, C., Somers, MJ., Wildlife Abundance and Diversity as Indicators of Tourism Potential in Northern Botswana, PLoS ONE 10(8) August 2015, https://www.researchgate.net/figure/The-potential-for-High-Paying-Low-Volume-tourism-in-the-Northern-Conservation-Zone-of_fig3_281291736 (Zugriff 15. 11. 2017) (verändert), CC BY 4.0

M 3 Botsuana – touristische Sehenswürdigkeiten (GK 2019, Aufgabe 2)

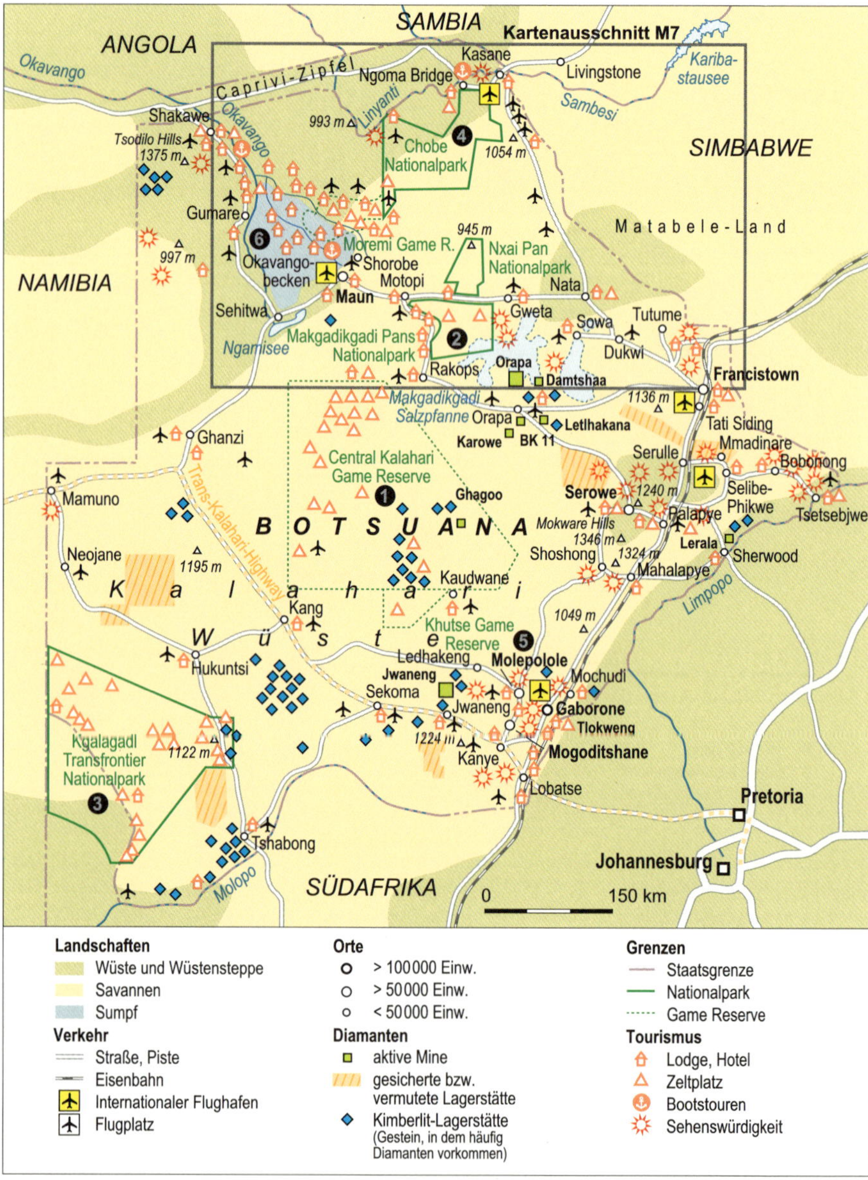

© cartomedia, Karlsruhe;
eigene Zusammenstellung nach: http://botswanatourism.eu/category/hoehepunkte/ (Zugriff 15. 11. 2017)

1 Central Kalahari Game Reserve*
- zählt zu den fünf größten Naturreservaten der Erde
- seit 1998 für Individualtourismus geöffnet

2 Makgadikgadi Pans
- mit 12 000 km² weltweit größte Salzpfanne
- zahlreiche archäologische Spuren
- Möglichkeit zu Jeep Safaris

3 Kgalagadi-Transfrontier-Nationalpark
- Wilderness Trail (Möglichkeit zum Outdoor-Erlebnis)
- spektakuläre Dünen

4 Chobe-Nationalpark
- ca. 60.000 Elefanten und 440 Vogelarten
- zahlreiche Lodges und Bush Camps

5 Gaborone
- boomende Hauptstadt (208 000 Einwohner)
- internationales Kongresszentrum, Spielcasino
- internationaler Flughafen

* Game Reserve: privates kommerzielles Naturreservat für exklusiven Safaritourismus mit weitaus weniger Touristen als in staatlichen Nationalparks

6 Okavango-Delta
- größtes Binnendelta der Welt mit einzigartiger Fauna und Flora, UNESCO Weltkulturerbe
- mit Abstand wichtigste Tourismusdestination Botsuanas
- Anreise von Maun aus mit kleinen Flugzeugen zu den Lodges und Zeltcamps
- Möglichkeit zu Safaris (per Jeep oder Flugzeug) sowie zu Bush Walk-Touren
- Gefährdung durch Staudammprojekte in den Nachbarländern

M 9 Projekt Sustainable Land Management Programme (SLMP) (LK 2019, Aufgabe 1)

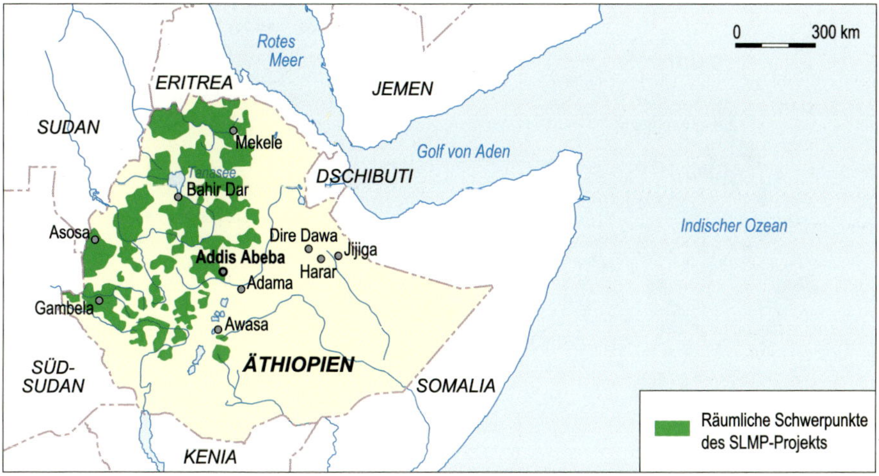

© cartomedia, Karlsruhe

M 2 Äthiopien – aktuelle Raumstrukturen (LK 2019, Aufgabe 1)

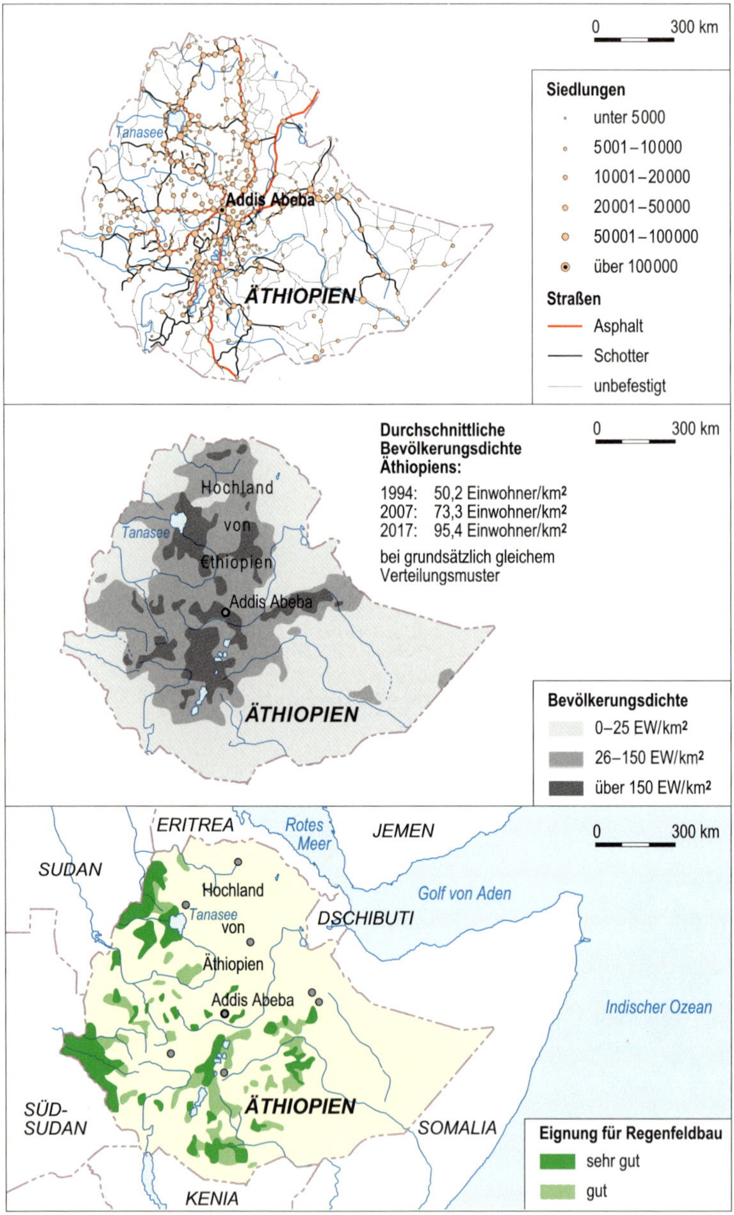

M 4 Kaiserslautern – funktionale Gliederung (GK 2020, Aufgabe 1)

Anmerkung:
PRE GmbH = Pfälzische Regionalentwicklung GmbH; Verbund sechs ortsansässiger Unternehmer

M 6 Kaiserslautern – militärische Standorte (GK 2020, Aufgabe 1)

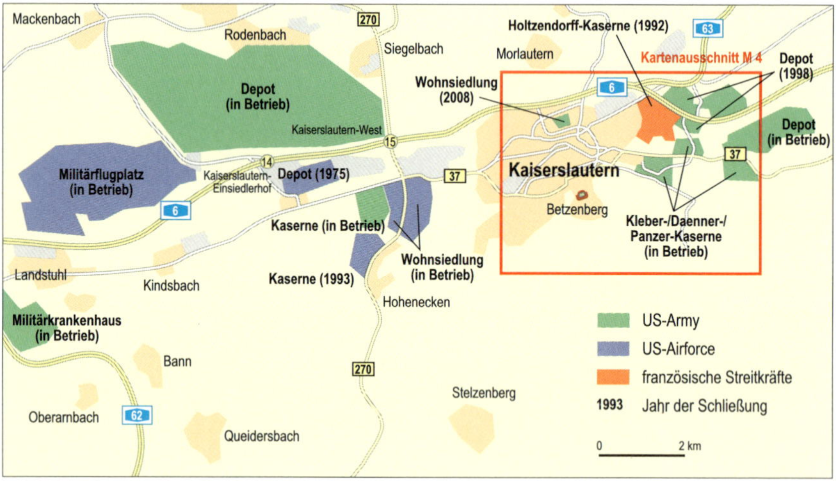

Kaiserslautern ist aktuell Standort der größten US-Militärgemeinde außerhalb der USA.

© cartomedia, Karlsruhe

M 8 Weitere PRE-Projekte: PRE-Projekt „Uni-Park" (GK 2020, Aufgabe 1)

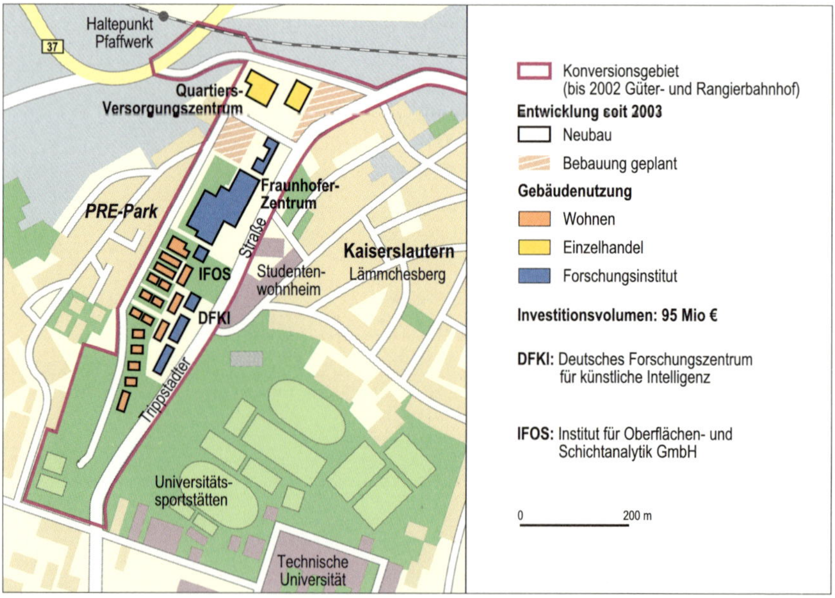

Anmerkung: Studierende in Kaiserslautern: 1999: 11.000; 2019: 20.000

© cartomedia, Karlsruhe

M 7 PRE-Projekt „Park“ (GK 2020, Aufgabe 1)

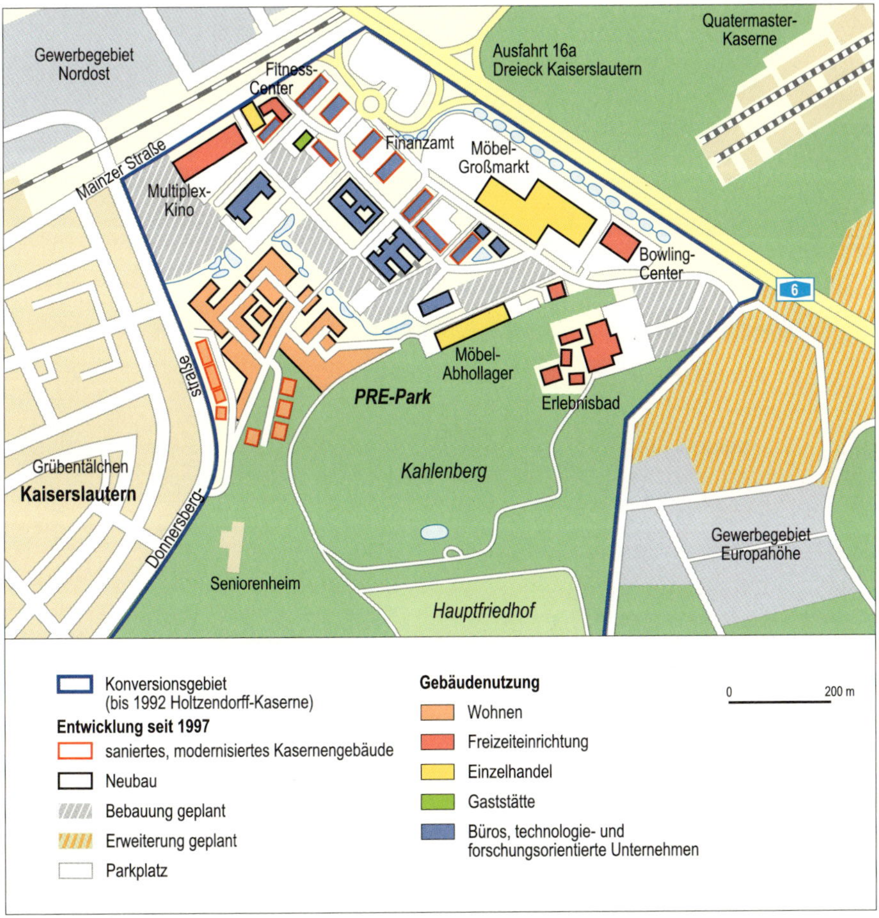

Anmerkung: südliche Grenze des Konversionsgebiets: siehe M 4

© cartomedia, Karlsruhe; eigene Zusammenstellung, Daten nach: www.pre-projekte.de

M 4 Laos – Niederschlag und Reisanbau (GK 2020, Aufgabe 2)

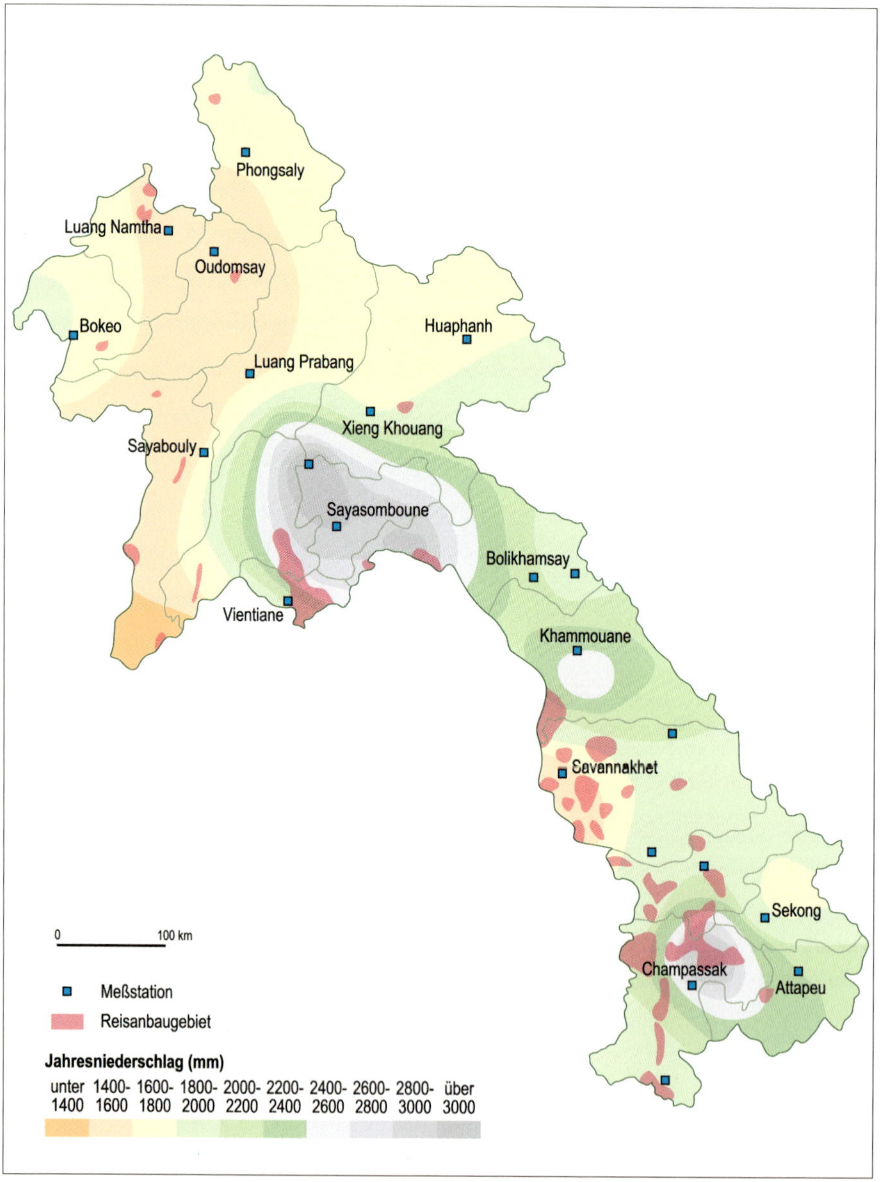

M 7 Landkonzessionen und Armut – räumliche Verteilung (GK 2020, Aufgabe 2)

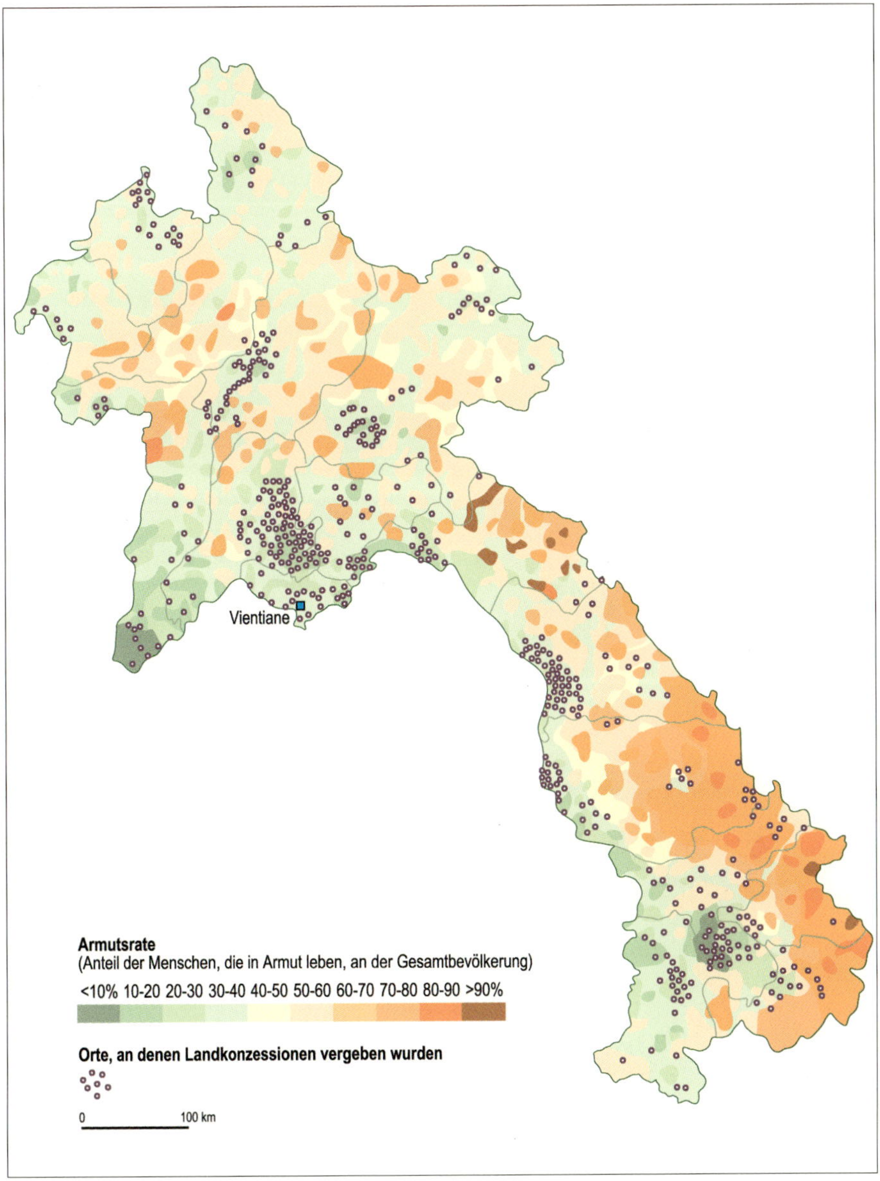

Stand der Karte: Mitte 2010er-Jahre

Anmerkung: Landkonzessionen: Vergabe von zeitlich begrenzten Nutzungsrechten an in- oder ausländische Investoren durch staatliche Behörden gegen Zahlung einer Pacht

M 2 Alabama – allgemeine Informationen (GK 2020, Aufgabe 3)

Zusammengestellt nach: https://nationalmap.gov/srnall_scale/printable/images/pdf/reference/pagegen_al.pdf; https://www.americanimmigrationcouncil.org/sites/default/files/research/irnrnigrants_in_alabama.pdf; https://www.roedl.de/de-de/de/themen/ documents/riw-2017-usa.pdf (Zugriff jeweils 22.05.2019)

M 3 Automobilindustrie USA – Endmontagewerke (GK 2020, Aufgabe 3)

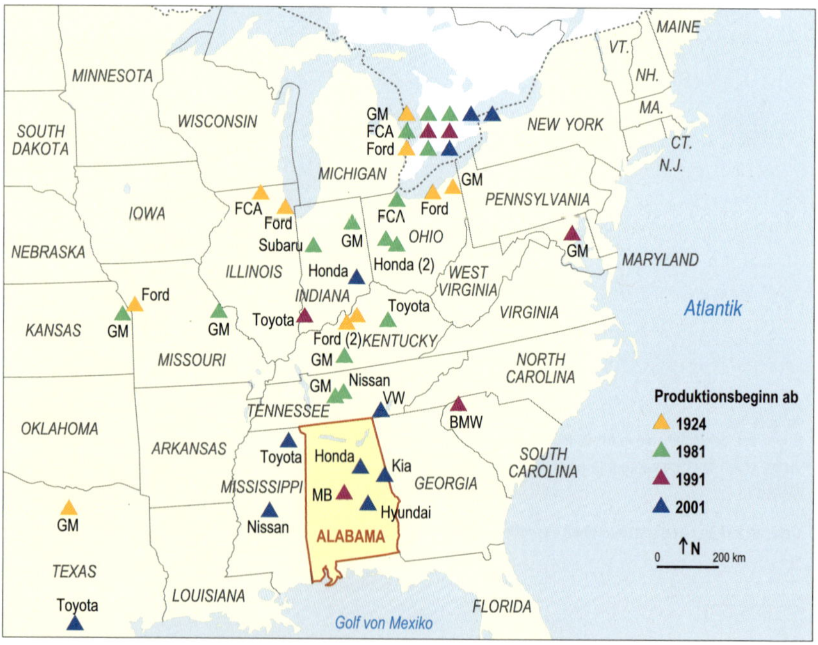

GM: General Motors / MB: Mercedes Benz / FCA: Fiat/ Chrysler

Anmerkung: Endmontagewerk: Karosseriebau inklusive Lackiererei, Einbau von individuellen Modulen wie Sitzen, Motoren etc.

M 4 Automobilindustrie USA – Produktions-, Forschungs- und Entwicklungsstandorte (GK 2020, Aufgabe 3)

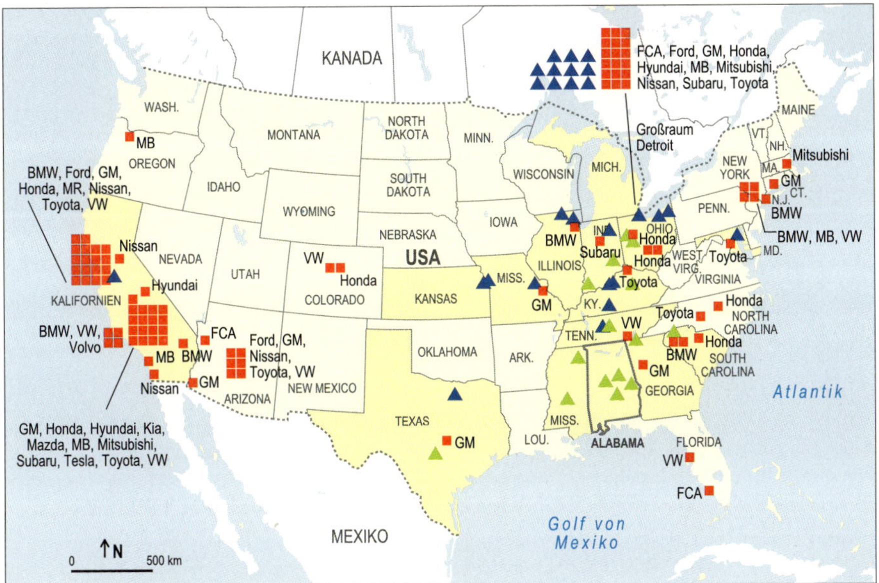

Endmontagewerke

▲ **US-Hersteller**

Fiat Chrysler (FCA), Ford, General Motors (GM), Tesla

▲ **Ausländische Hersteller**

BMW, Honda, Hyundai, Kia, Mercedes-Benz (MB), Mitsubishi, Nissan, Subaru, Toyota, Volkswagen (VW)

☐ Bundesstaat mit Produktionsbetrieb

Forschung & Entwicklung (Forschungs- und Entwicklungseinrichtungen, Teststrecken & Designzentren)

■ Firma

M 4 Hafen Nürnberg – räumliche Entwicklung (LK 2020, Aufgabe 2)

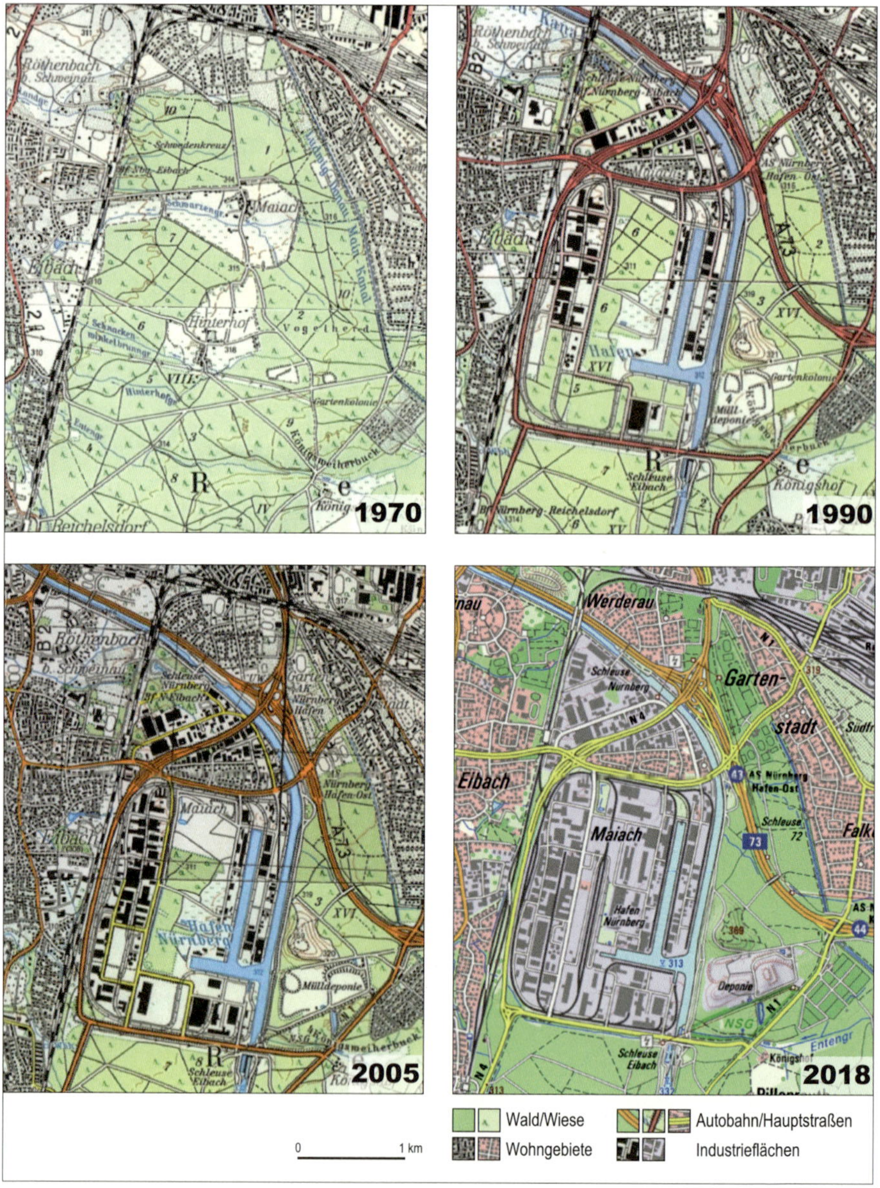

nach: Bayerische Vermessungsverwaltung, EuroGeographics

M 5 Hafen/GVZ Nürnberg – Verkehr und Unternehmen (LK 2020, Aufgabe 2)

Verkehrsanbindung 2018

© bayernhafen

Unternehmen

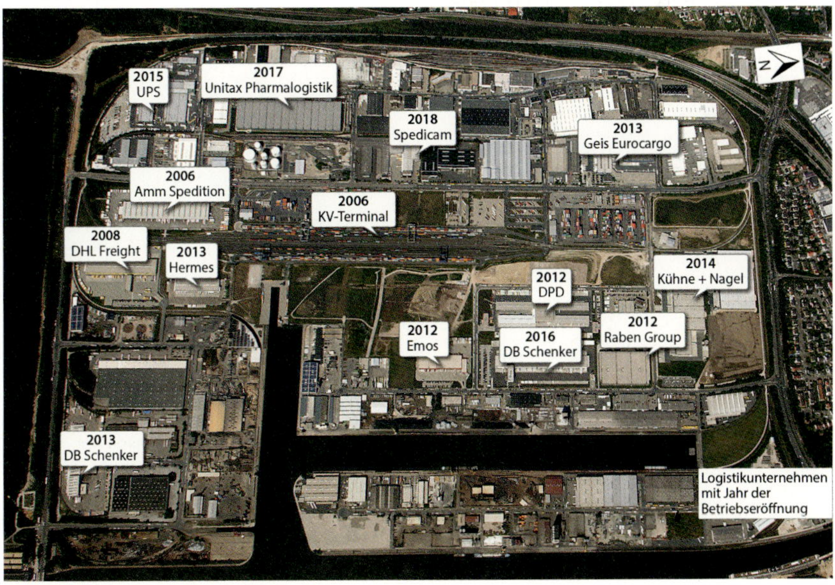

© Bavaria Luftbild Verlags GmbH

M 2 Ukraine – Klima (LK 2020, Aufgabe 3)

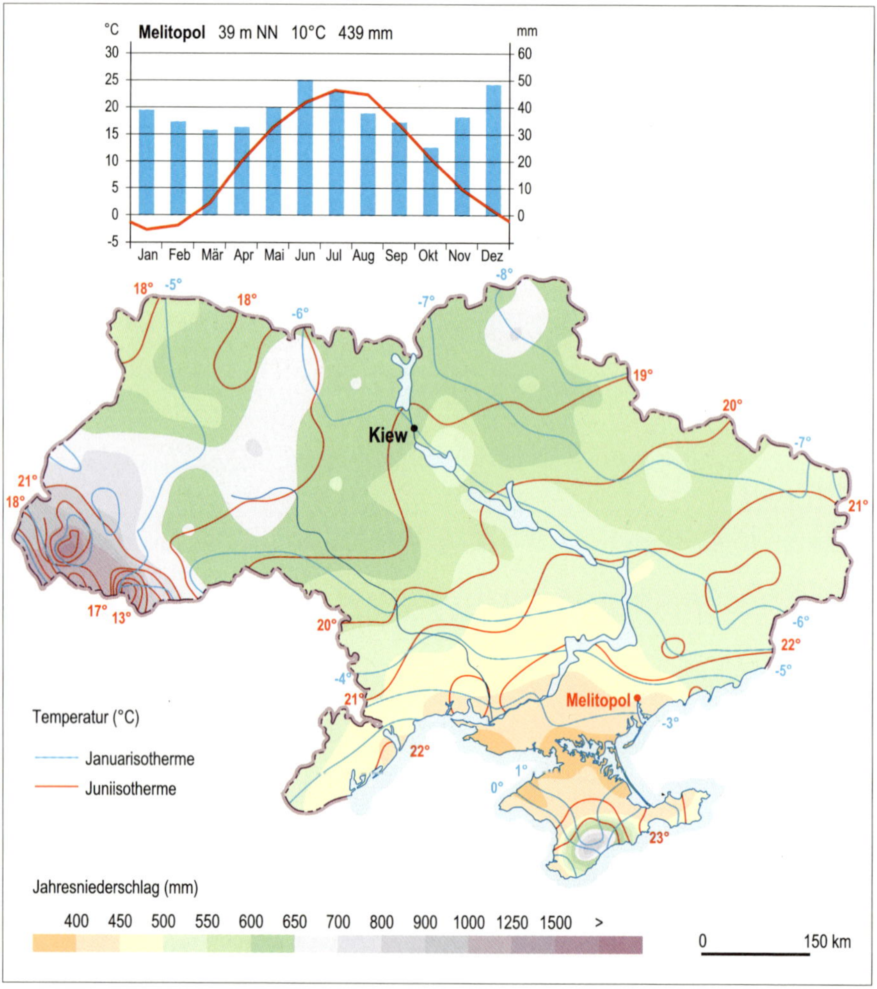

© cartomedia, Karlsruhe, © Climate-Data.org

M 4 Ukraine – Landwirtschaft (LK 2020, Aufgabe 3)

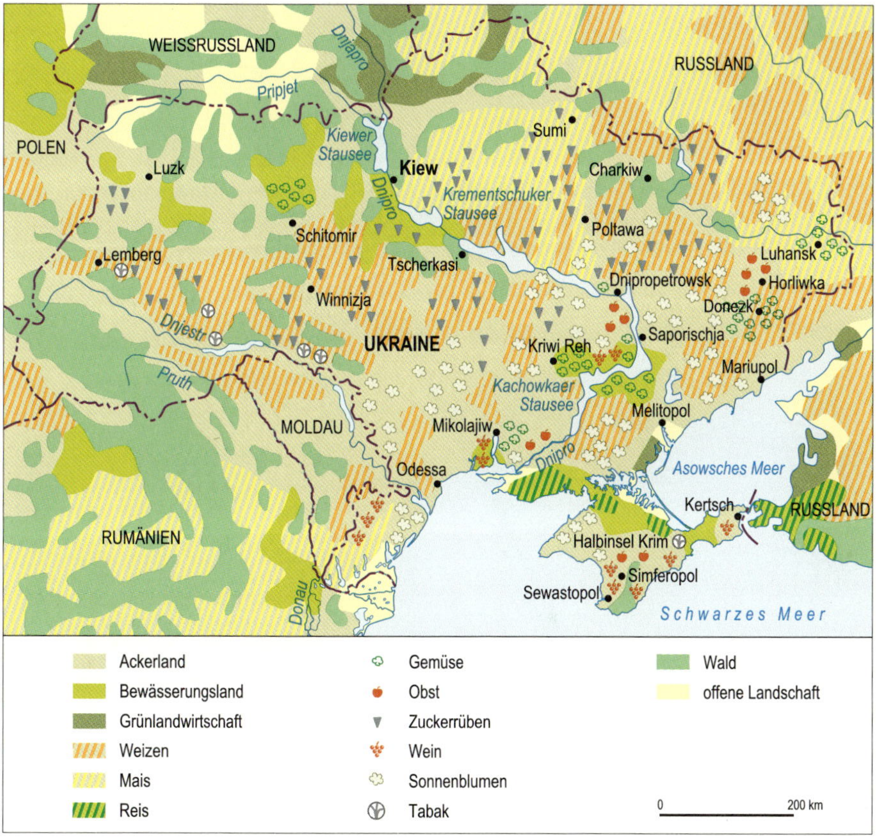

© cartomedia, Karlsruhe

M 9 Agroholding Nibulon (LK 2020, Aufgabe 3)

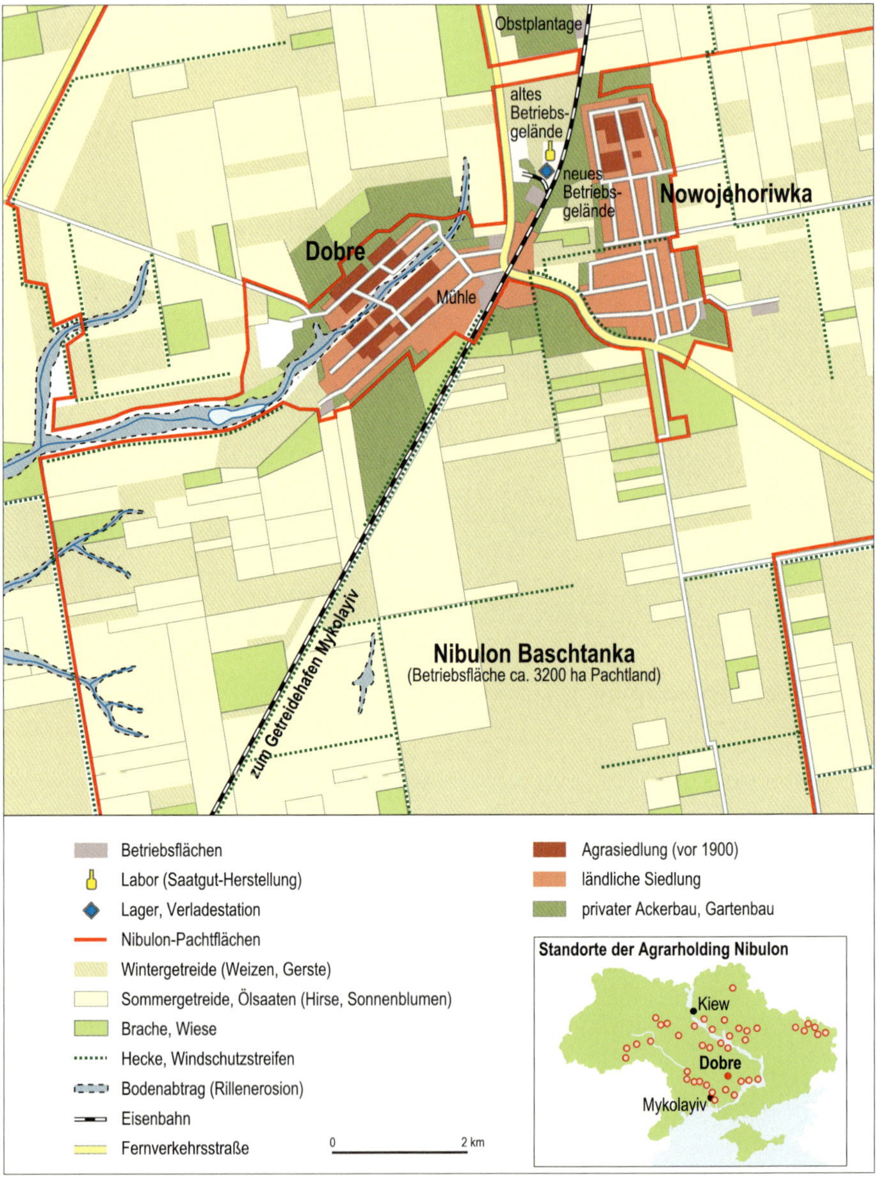

M 6 Västra Hamnen 2002/2018 (GK 2021, Aufgabe 1)

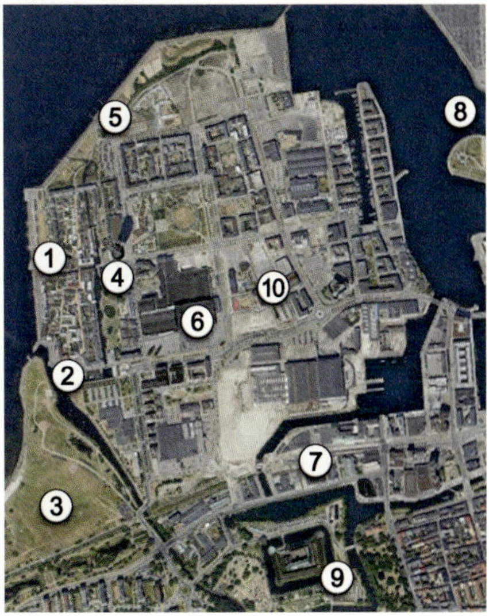

2002

1 Ökoquartier Bo01

2 ehemaliges Werftgelände

2018

1 Ökoquartier Bo01

2 Sport- und Freizeithafen

3 Park/Grünanlage

4 Turning Torso*

5 Uferpromenade mit Restaurants, Bars

6 Dienstleistungszentrum

7 Ökoquartier Bo01

8 Neuer Campus der Universität Malmö

9 Malmöhus, Burg aus dem 16. Jh. (tourist. Sehenswürdigkeit)

10 Skatepark „Stapelbäddsparken", beliebter Jugendtreff

* Turning Torso: höchstes Gebäude Skandinaviens (190 m); im unteren Teil Büros, im oberen Teil insgesamt 147 Wohnungen

Västra Hamnen 2018 (Schrägluftbild, Blickrichtung Nordosten)

Google Earth, www.google.com/intl/de_de/earth; Foto: Dcastor/Wikipedia

M 2 Zermatt – Schutzgebiete und Tourismus (GK 2021, Aufgabe 2)

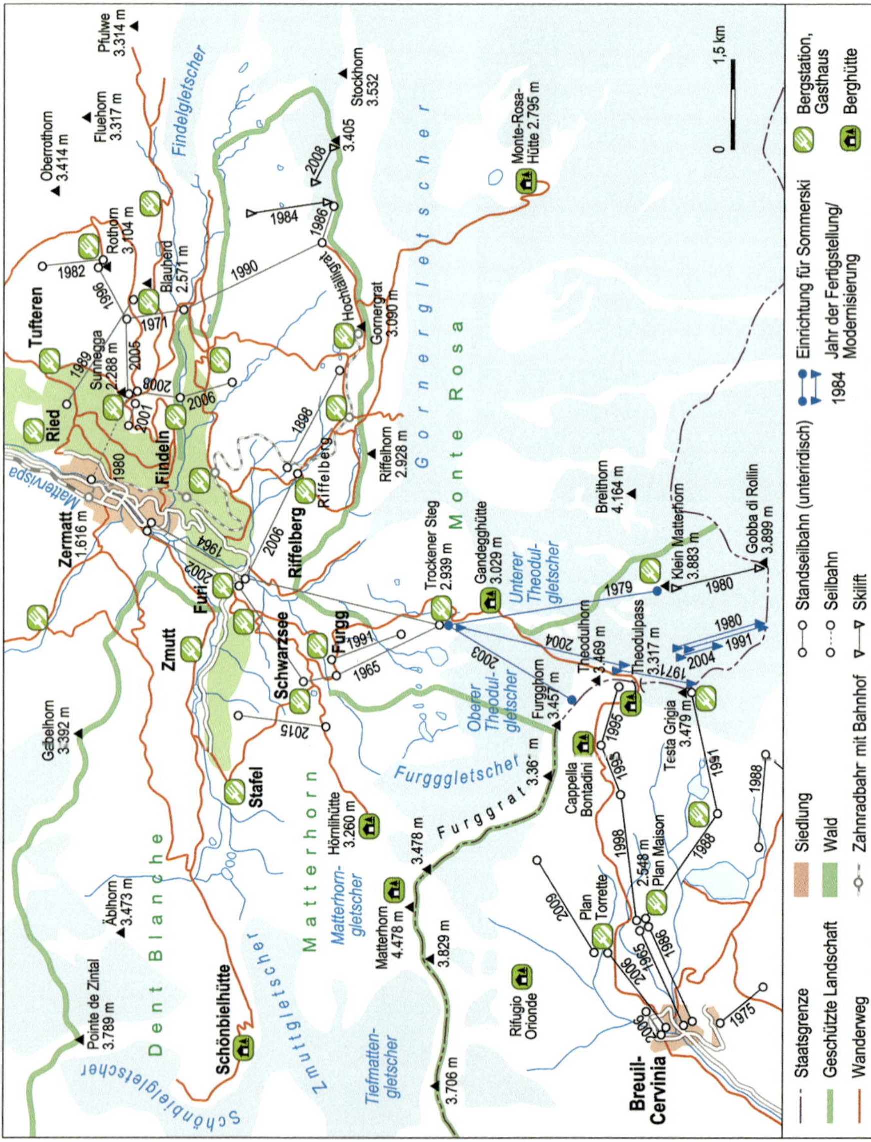

© cartomedia, Karlsruhe

M 3 Zermatt – Klima (GK 2021, Aufgabe 2)

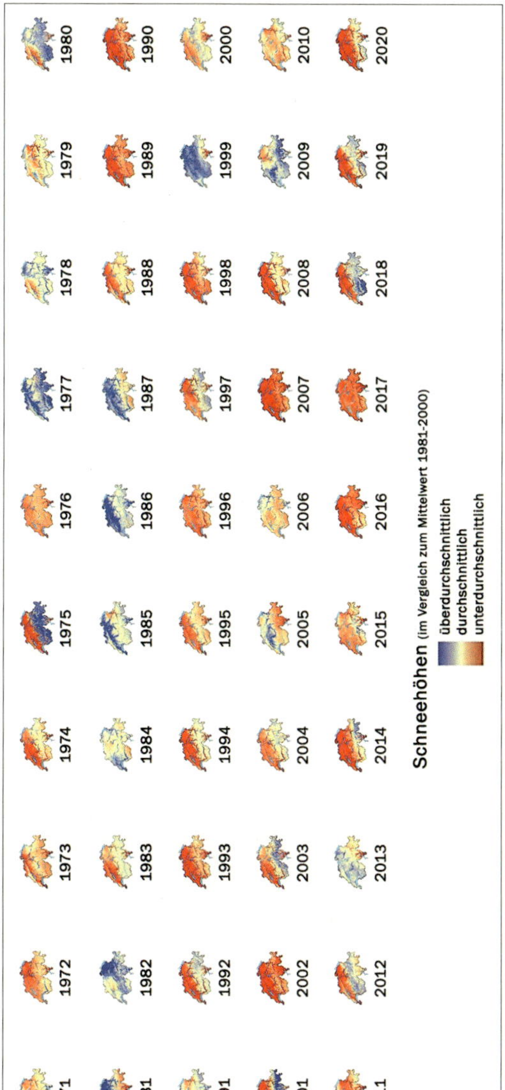

WSL-Institut für Schnee-und Lawinenforschung SLF

M 8 Zermatt – Naturgefahren (GK 2021, Aufgabe 2)

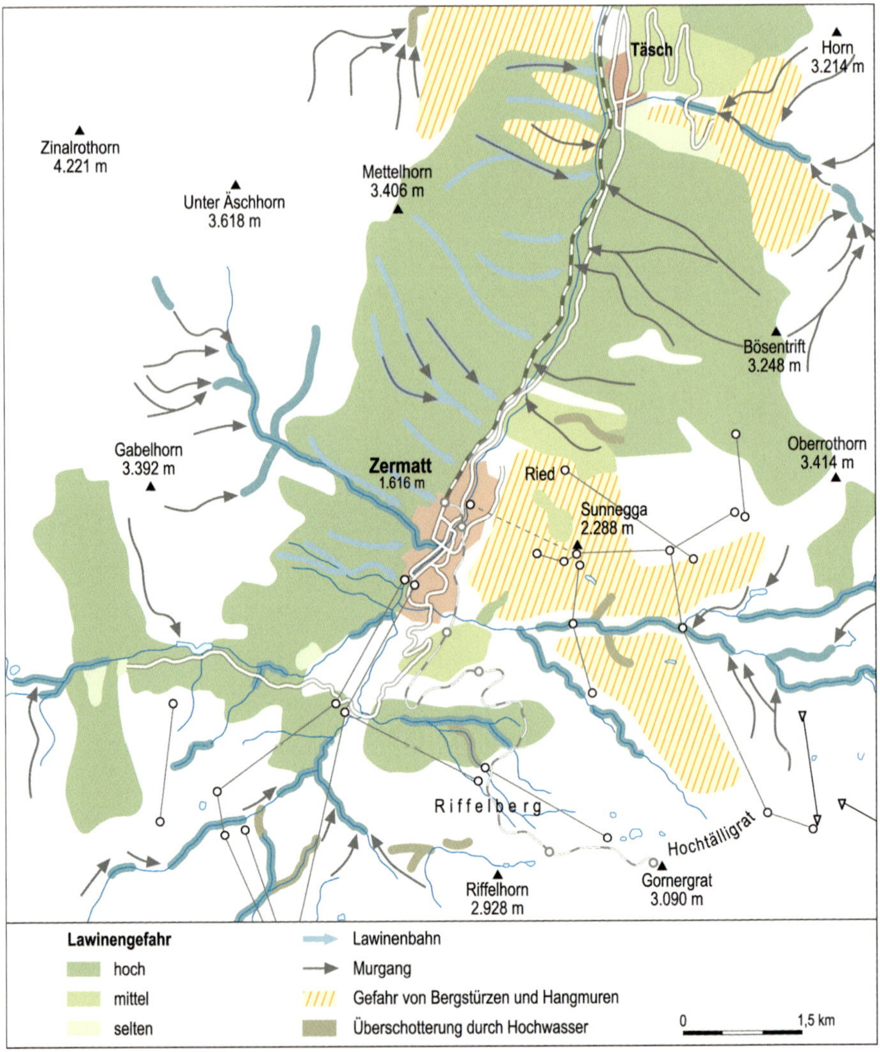

Anmerkung: Muren / Hangmuren: Erdrutsche aus Schlamm und Gesteinsmaterial

M 3 Tansania physisch (GK 2021, Aufgabe 3)

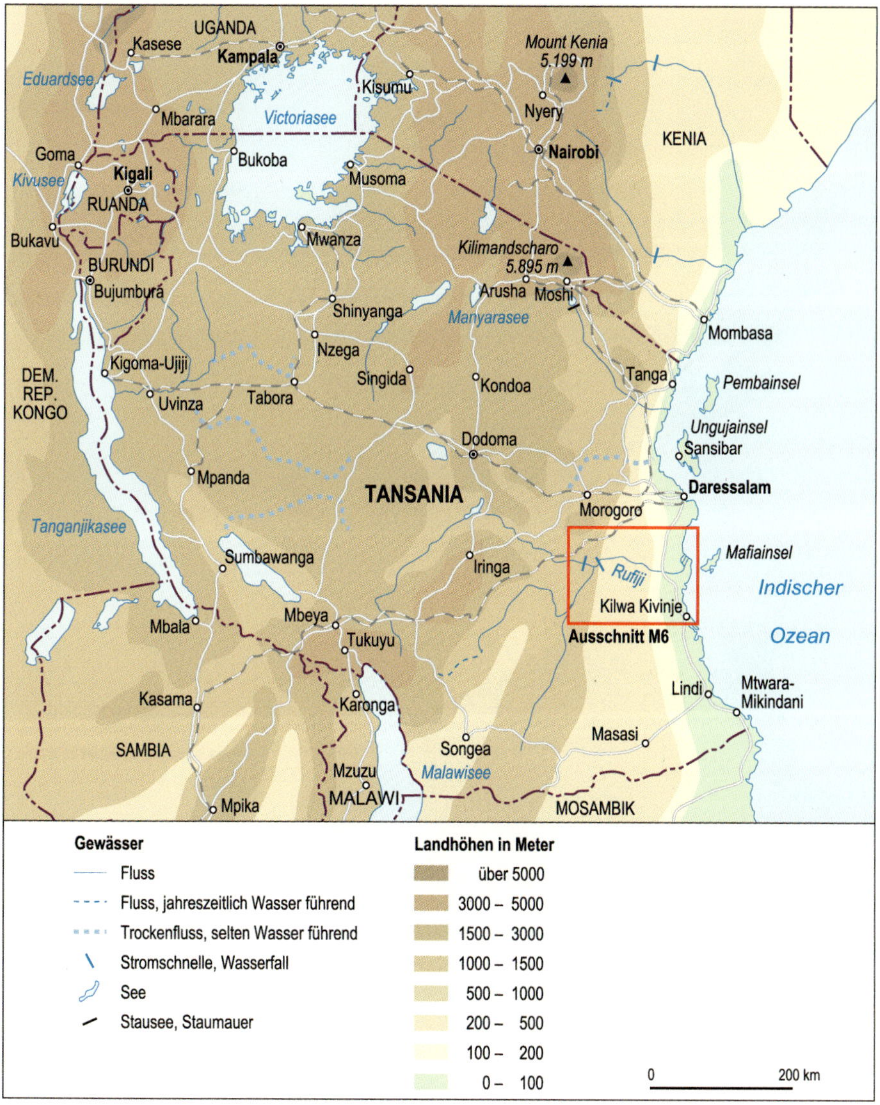

M 4 Tansania – Niederschlag (GK 2021, Aufgabe 3)

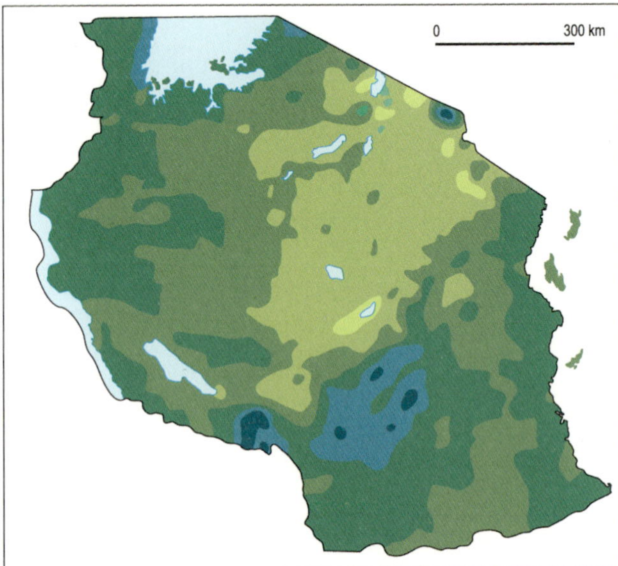

mittlerer Jahresniederschlag (2001 – 2015)

Niederschläge (in mm)

- 400 – 500
- 500 – 750
- 750 – 1000
- 1000 – 1250
- 1250 – 1500
- über 1500
- Seen

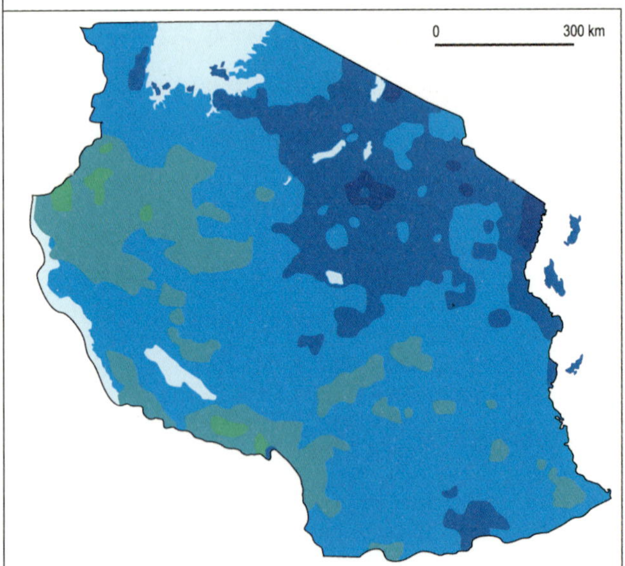

Niederschlagsvariabilität

Abweichung vom Mittel in %

- 7 – 8
- 9 – 10
- 11 – 15
- 16 – 20
- 21 – 30
- Seen

M 9 Verbreitung der brasilianischen Cerrado (LK 2021, Aufgabe 1)

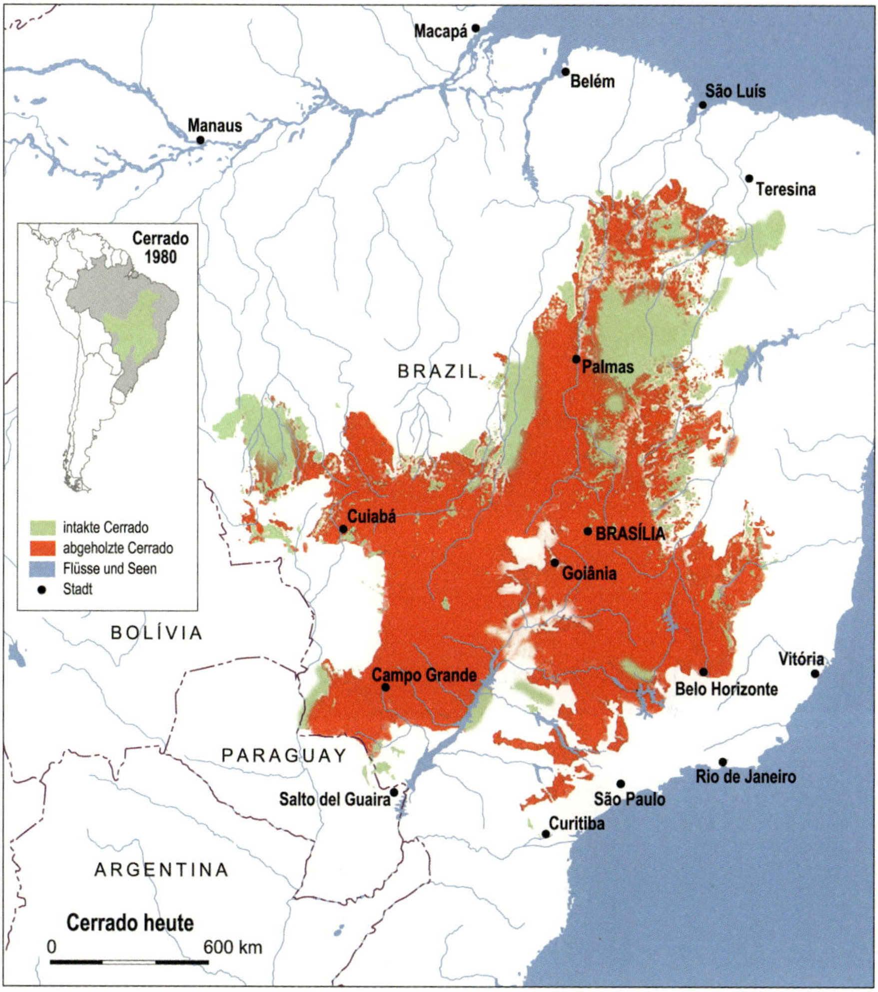

Anmerkung: Als Cerrado bezeichnet man die Savannen in Südost-Brasilien mit einer Fläche von ursprünglich zwei Millionen Quadratkilometern. Die Cerrados gelten als eine der artenreichsten Savannen der Welt.

M 4 Wien – Demografie (LK 2021, Aufgabe 2)
Räumliche Bevölkerungsentwicklung 2012 – 2017

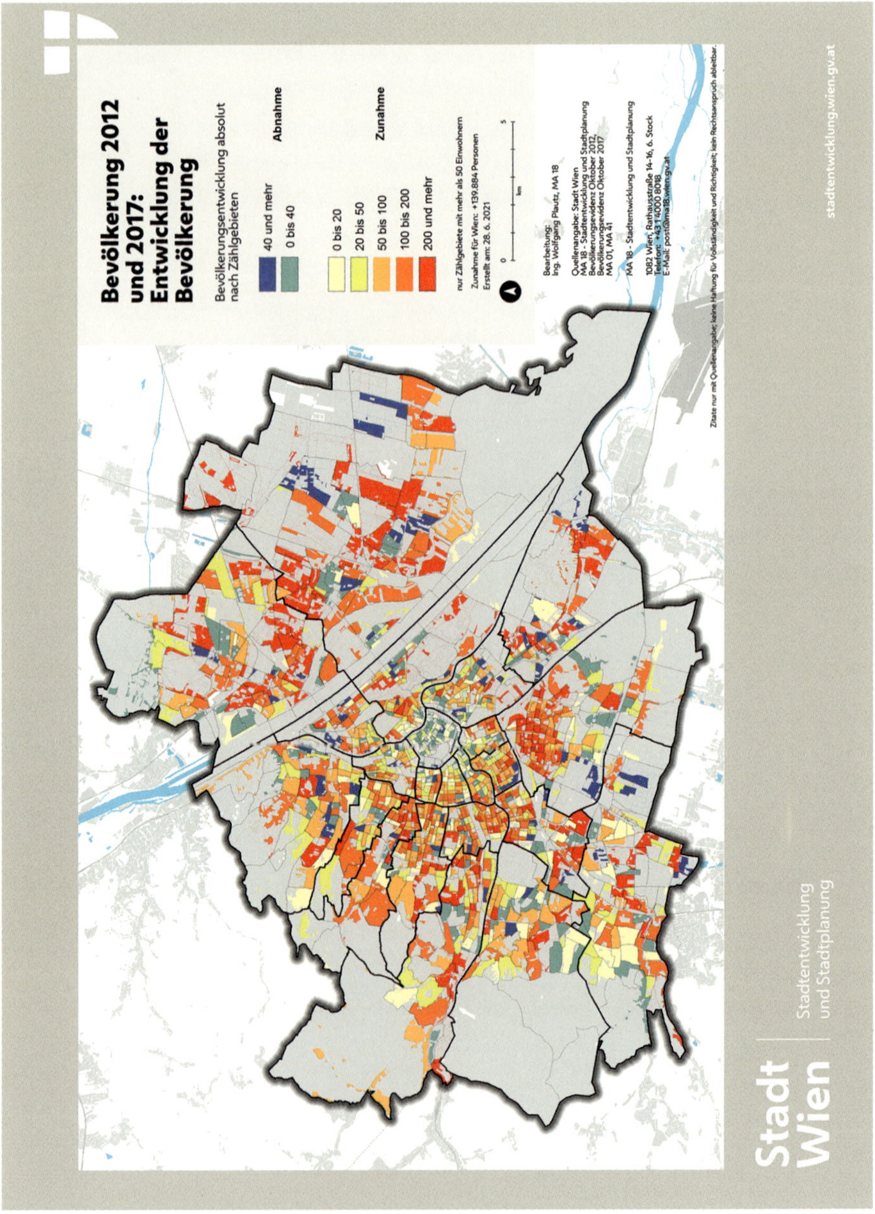

M 6 Seestadt Aspern – Planung und Entwicklungsetappen (LK 2021, Aufg. 2)

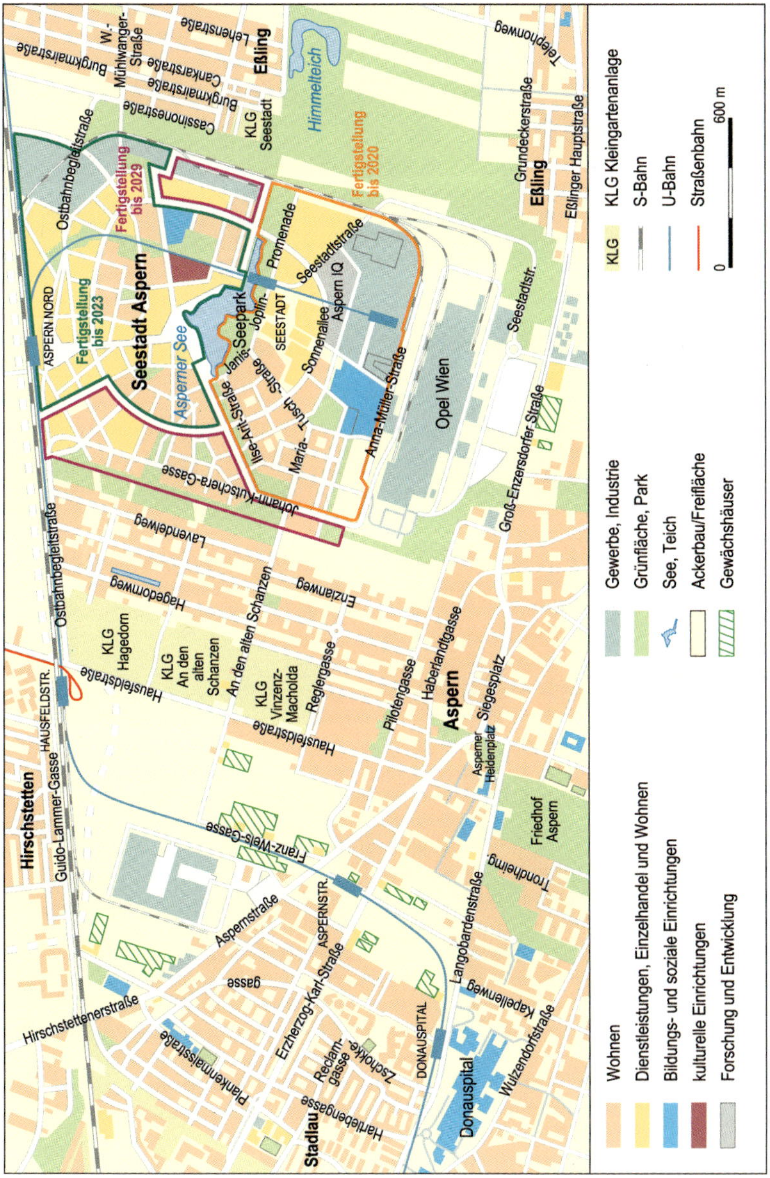

© cartomedia, Karlsruhe

M 7 Seestadt Aspern – physiognomische Merkmale (LK 2021, Aufgabe 2)

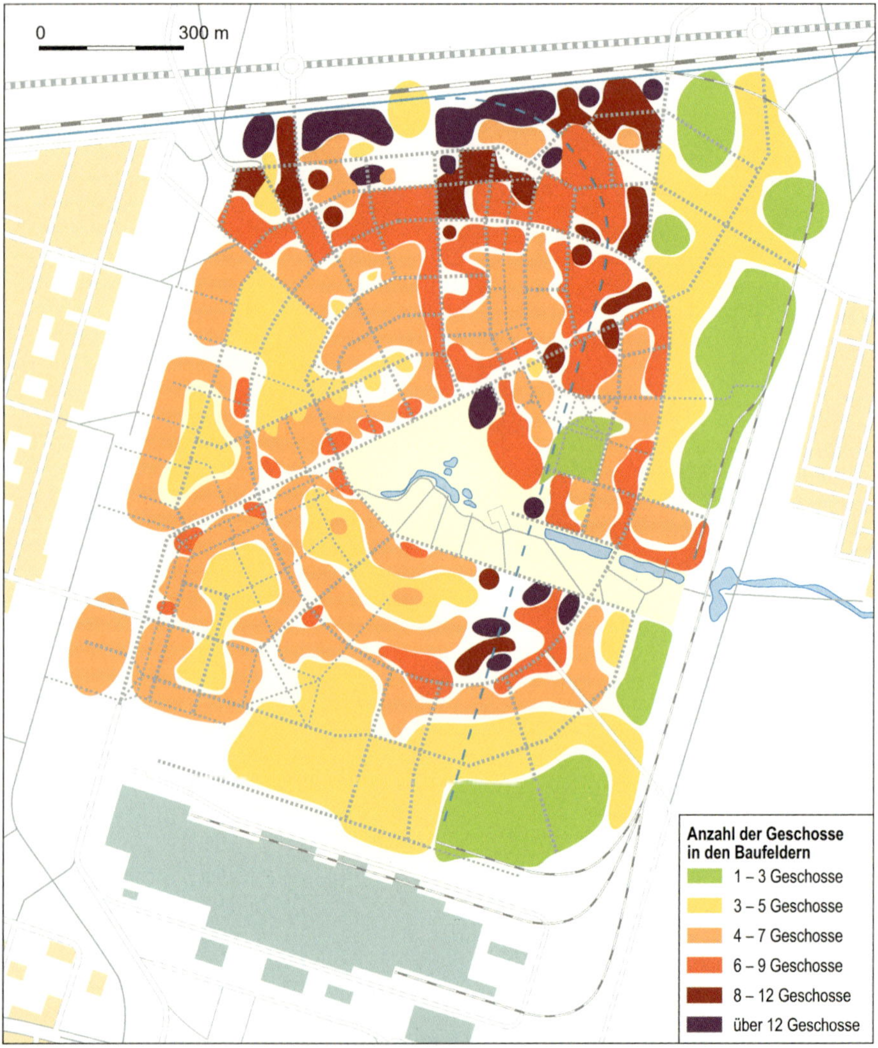

M 9 Seestadt Aspern – Mobilitätskonzept (LK 2021, Aufgabe 2)

© cartomedia, Karlsruhe, nach: Mobilitätsangebote aspern Seestadt (Stand 2016), https://www.wien.gv.at/stadtentwicklung/projekte/aspern-seestadt/verkehr/mobilitaet.html

M 3 Zwickau-Mosel 1988 / 2018 (LK 2021, Aufgabe 3)

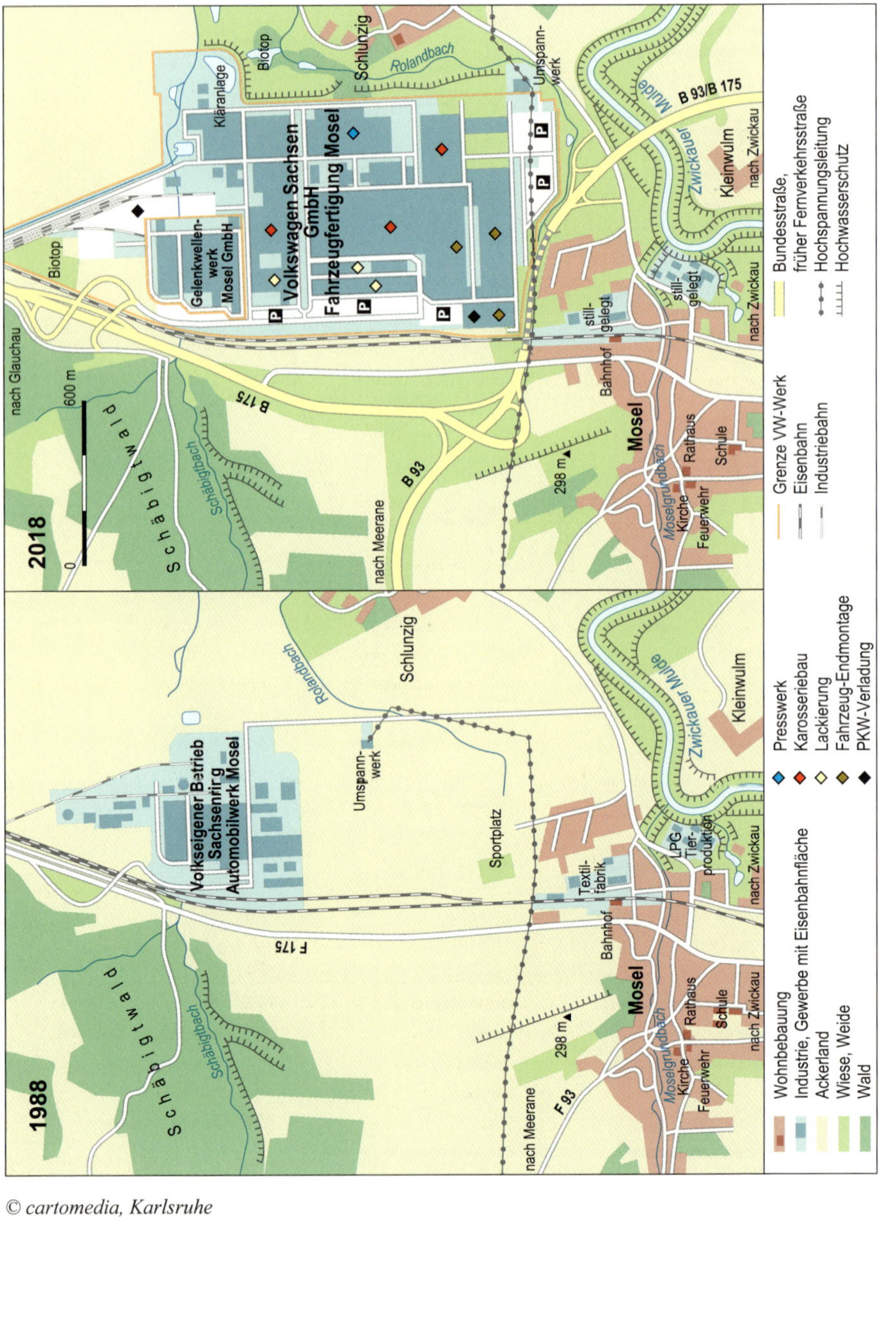

M 7 Sachsen – Industriestruktur (LK 2021, Aufgabe 3)

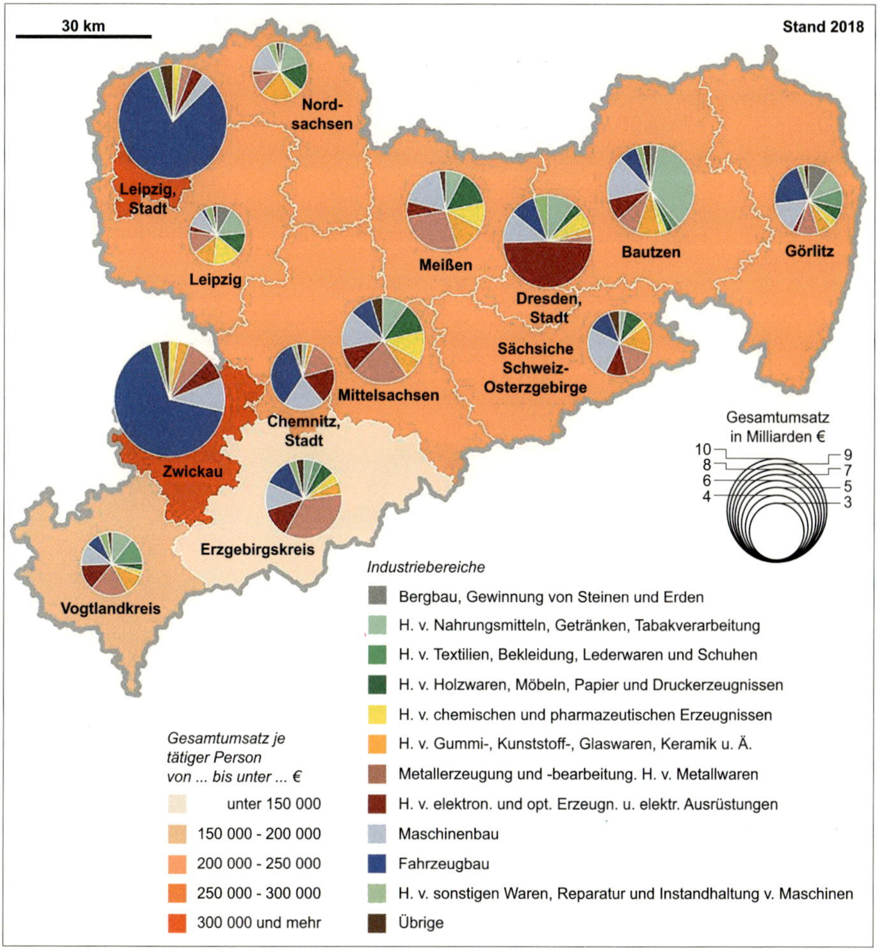

Gesamtumsatz in Bergbau - Gewinnung von Steinen und Erden sowie Verarbeitenden Gewerbe 2017, https://standort-sachsen.de/de/kaeufer/sachsens-wirtschaft/industrie © Statistisches Landesamt des Freistaates Sachsen, Kamenz, 2021

Abiturprüfung NRW – Geographie 2022
Grund- und Leistungskurs

Um Ihnen die Prüfung 2022 schnellstmöglich zur Verfügung stellen zu können, bringen wir sie in digitaler Form heraus.

Sobald die Original-Prüfungsaufgaben 2022 freigegeben sind, können sie als PDF auf der Plattform **MyStark** heruntergeladen werden (Zugangscode vgl. Farbseiten vorne im Buch).

Prüfung 2022

www.stark-verlag.de/mystark